Geowissenschaften + Umwelt

Reihenherausgeber: Gesellschaft für UmweltGeowissenschaften

D1657344

Springer
Berlin
Heidelberg
New York
Hongkong
London
Mailand
Paris
Tokio

Dieter D. Genske • Susanne Hauser (Hrsg.)

Die Brache als Chance

Ein transdisziplinärer Dialog über verbrauchte Flächen

Mit 149 Abbildungen und 3 Tabellen

Herausgeber:
Gesellschaft für UmweltGeowissenschaften (GUG)
in der Deutschen Geologischen Gesellschaft (DGG)
GUG im Internet: http://www.gug.org

Bandherausgeber:

Dieter D. Genske
Falkenweg 9
3012 Bern
Schweiz

Susanne Hauser
Dunckerstraße 1
10437 Berlin
Deutschland

Schriftleitung:
Monika Huch
Lindenring 6
29352 Adelheidsdorf
Deutschland

Umschlagabbildung:
links: Gleise; *rechts*: Glasbrocken auf der LGO Industrieblumenfelder. Beide Bilder stammen aus dem Beitrag von P. Drecker in diesem Band.

ISBN 3-540-43665-0 Springer-Verlag Berlin Heidelberg New York

Bibliographische Information der Deutschen Bibliothek
Die Deutsche Bibliothek verzeichnet diese Publikation in der Deutschen Nationalbibliografie; detaillierte bibliografische Daten sind im Internet über <http://dnb.ddb.de> abrufbar.

Dieses Werk ist urheberrechtlich geschützt. Die dadurch begründeten Rechte, insbesondere die der Übersetzung, des Nachdrucks, des Vortrags, der Entnahme von Abbildungen und Tabellen, der Funksendung, der Mikroverfilmung oder der Vervielfältigung auf anderen Wegen und der Speicherung in Datenverarbeitungsanlagen, bleiben, auch bei nur auszugsweiser Verwertung, vorbehalten. Eine Vervielfältigung dieses Werkes oder von Teilen dieses Werkes ist xzauch im Einzelfall nur in den Grenzen der gesetzlichen Bestimmungen des Urheberrechtgesetzes der Bundesrepublik Deutschland vom 9. September 1965 in der jeweils geltenden Fassung zulässig. Sie ist grundsätzlich vergütungspflichtig. Zuwiderhandlungen unterliegen den Strafbestimmungen des Urheberrechtgesetzes.
Die Wiedergabe von Gebrauchsnamen, Handelsnamen, Warenbezeichnungen usw. in diesem Werk berechtigt auch ohne besondere Kennzeichnung nicht zu der Annahme, daß solche Namen im Sinne der Warenzeichen- und Markenschutz-Gesetzgebung als frei zu betrachten wären und daher von jedermann benutzt werden dürften.

Springer-Verlag Berlin Heidelberg New York
ein Unternehmen der BertelsmannSpringer Science+Business Media GmbH

http://www.springer.de

© Springer-Verlag Berlin Heidelberg 2003
Printed in Germany

Umschlaggestaltung: E. Kirchner, Heidelberg
Reproduktionsfertige Vorlage von Monika Huch

SPIN: 10879427 30/3140 - 5 4 3 2 1 0 - Gedruckt auf säurefreiem Papier

Geowissenschaften + Umwelt

Vorwort

Die Geowissenschaften befassen sich mit dem System Erde. Dazu gehören neben den Vorgängen im Erdinneren vor allem auch jene Vorgänge, die an der Erdoberfläche, der Schnittstelle von Atmo-, Hydro-, Pedo-, Litho- und Biosphäre auftreten. Alle Sphären sind nur sehr vordergründig betrachtet singuläre und damit klar voneinander abgrenzbare Einheiten. Sowohl die chemische Zusammensetzung in einem Systemkompartiment als auch die Transport- und Reaktionsvorgänge darin sind abhängig von den jeweiligen Wechselwirkungen mit den benachbarten Kompartimenten und deren Strukturen.

Gleichzeitig sind wir mit sehr hoch variablen zeitlichen Dimensionen konfrontiert. Von gebirgsbildenden Prozessen im Maßstab von Jahrmillionen über die Genese von Böden innerhalb von Jahrhunderten und Jahrtausenden bis hin zu Wechselwirkungen zwischen Sickerwasser und Bodenkrume oder Molekülen in der Troposphäre innerhalb von Nanosekunden treffen nahezu beliebige Raum-Zeit-Dimensionen aufeinander. Für Wissensdurstige erwächst daraus zwangsläufig die Notwendigkeit, sich dieser gegebenen Vieldimensionalität anzupassen – kein einfacher Anspruch.

Nicht weniger anspruchsvoll ist es, die Wechselwirkungen zwischen diesen Sphären und dem Wirken der Menschen zu erfassen und qualitativ wie quantitativ zu bewerten. Wie in den Biowissenschaften wird auch in den Erdwissenschaften zunehmend erkannt, dass es hierzu der eingehenden Systembetrachtung bedarf. Dazu gehören neben den Naturwissenschaften oft auch Erkenntnisse der Ökonomie, der Soziologie und anderer Geisteswissenschaften.

Obwohl sich diese Erkenntnis zumindest verbal durchgesetzt hat, sind wir von einer Umsetzung und einem Systemverständnis in den meisten Fällen noch weit entfernt. Es ist nicht einmal trivial, eine sinnvolle Verknüpfung zu finden zwischen den klassischen Herangehens- und Betrachtungsweisen der Geowissenschaften und den Fragen, die aus der Umweltproblematik resultieren.

Dabei haben die Geowissenschaften einen potentiellen Erkenntnisvorsprung, den es für die Umweltforschung und -diskussion zu nutzen gilt: ihr spezifisches Raum- und Zeitverständnis. Aufgaben und Ziele der Umweltgeowissenschaften ergeben sich daraus zwanglos. Die diversen Belastungen der Sphären durch anthropogene Eingriffe sind aufzuzeigen und Ansätze zur Problemlösung zur Diskussion zu stellen oder bereitzuhalten. Sowohl die direkten Auswirkungen als auch längerfristige Folgewirkungen menschlicher Eingriffe müssen qualitativ und quantitativ erfasst werden, um negative – oder gar katastrophale – Entwicklungen zu verhindern, bereits eingetretene Schäden zu beseitigen und künftige Störungen zu vermeiden.

Die von den unterschiedlichen Teildisziplinen erarbeiteten Erkenntnisse sollen durch die Umweltgeowissenschaften zu einer Synthese gebracht werden. Vor dem Hintergrund der Nachhaltigkeitsdiskussion ergeben sich auch hier für die Geowissenschaften künftig verstärkt folgende Zielrichtungen im wissenschaftlichen Problemlösungsverständnis:

- Die stärkere Einbeziehung der Geistes- und Sozialwissenschaften, um aktuelle Fragestellungen in einem echten disziplinübergreifenden Ansatz lösen zu können.
- Die verstärkte Vermittlung von Fachwissen an die breite Öffentlichkeit, da umweltgeowissenschaftliches Problembewusstsein auch vor dem Hintergrund eigener Wahrnehmung und Bewertung entwickelt werden kann.

Vor diesem Hintergrund wurde die Gesellschaft für UmweltGeowissenschaften (GUG) in der Deutschen Geologischen Gesellschaft gegründet. Als Diskussionsforum für die genannten Zielsetzungen gibt die GUG seit einer Reihe von Jahren die Schriftenreihe „Geowissenschaften + Umwelt" heraus. Dieses Forum wird von der Gesellschaft selbst zur Aufarbeitung eigens durchgeführter Fachveranstaltungen bzw. zur Herausgabe eigener Ausarbeitungen in Arbeitskreisen genutzt.

Darüber hinaus ist die Reihe offen für Arbeiten, die sich den Leitgedanken der Umweltgeowissenschaften verbunden fühlen. Unter der Herausgeberschaft der GUG und den jeweiligen Verantwortlichen des Einzelbandes können nach einer fachlichen Begutachtung in sich geschlossene umweltrelevante Fragestellungen als Reihenband veröffentlicht werden. Dabei sollten eine möglichst umfassende Darstellung von Umweltfragestellungen und die Darbietung von Lösungsmöglichkeiten durch umweltwissenschaftlich arbeitende Fachgebiete im Vordergrund stehen. Ziel ist es, möglichst viele umweltrelevant arbeitende Fachdisziplinen in diese Diskussion einzubinden.

Wir freuen uns über die gute Akzeptanz dieser Schriftenreihe und wünschen Ihnen viele gute Anregungen und hilfreiche Informationen aus diesem Band sowie den bisherigen und den folgenden Bänden.

Prof. Dr. Joachim W. Härtling
(1. Vorsitzender der GUG)

Prof. Dr. Peter Wycisk
(2. Vorsitzender der GUG)

Die Brache als Chance

Prolog

Das Worldwatch Paper 109 „Mining the Earth“ (1991) konstatiert, dass zur Zeit mehr Rohstoffe abgebaut werden als alle Flüsse dieser Erde ins Meer erodieren. Die Ausbeutung und Aufbereitung von Rohstoffen verschlingt ein Zehntel des Weltenergiebedarfs und verursacht eine Abfallawine, die, in Milliarden von Tonnen gemessen, alle anderen Abfallströme übertrifft. Damit einher geht ein enormer Verbrauch von Naturraum.

Märkte verschieben sich, orientieren sich neu, nehmen Natur in Besitz, lassen benutztes Land – eben Brachflächen – zurück.

Im Jahre 1999, anlässlich des 7. Internationalen Kongresses für Semiotik, wurden auf dem Workshop „Verbrauchte Räume – zur Semiotik der Brachfläche" damit verbundene Fragen diskutiert. Welche Nachrichten werden über Brachflächen vermittelt? Welche Interpretationen und Zeichenprozesse gehen von ihnen aus? Wie nehmen wir Fragmente verfallender Fundamente, zerschlagene Kacheln neben geborstenen Öfen, dickbäuchige Rohre, die nirgendwo enden, wahr? Die Brachfläche signalisiert uns den Wandel eines temporären, anthropogenen Ordnungsprinzips zur regulativen Kraft natürlicher Sukzession. Wie sind Natur- und Kulturkonzepte mit der Wahrnehmung von Brachen verbunden? Und wie verarbeiten wir diese Phänomene?

Spätestens seit Descartes denken wir „rational" und trennen Geist von Natur, von der wir erwarten, dass sie uns diene. Doch halt: wer dient hier wem? Nach dem Erdgipfel von Rio und der Agenda 21 verweisen uns Brachflächen mit Nachdruck auf die Notwendigkeit, die so wertvolle Ressource „Land" bewusster zu nutzen. Wir sehen heute die Schäden, die wir anrichteten, indem wir Land besinnungslos verbrauchten. Heute nutzen wir verbrauchtes Land erneut, wir rezyklieren es, wir handeln „nachhaltig".

Und doch: ein paar Brachflächen sollten bleiben. Als Denk-Räume. Als Zeichen der Zeit.

Dieser transdisziplinäre Band versammelt Reaktionen aus vielen Disziplinen auf Brachflächen. Die Texte und Bilder kommen aus den Umweltwissenschaften ebenso wie aus der Kunst, aus der Landschaftsplanung und -architektur ebenso wie aus der Stadttheorie, aus der Kultur- und Kunstgeschichte ebenso wie aus der Architekturtheorie und der politisch-künstlerischen Praxis.

Der Beitrag von Susanne Hauser befasst sich mit den konzeptionellen Strategien, die sich in den letzten Jahrzehnten für die planerische Auseinandersetzung mit alten Industriearealen ausgebildet haben – von ihrer Musealisierung bis zur Öffnung der Industriebrache für naturästhetische Betrachtung.

Peter Arlt und Franz Xaver haben 1995 in Ampflwang das Projekt „Im Weststollen" initiiert, in dem sie in einem stillgelegten Stollen eine Kamera installiert haben, die seinen Verfall dokumentierte. Ihr Beitrag berichtet darüber.

Eduard Führ präsentiert eine Geschichte der Beschreibungen und der fotografischen Darstellung des Ruhrgebiets als Kulturlandschaft mit Eigenart – von der Hochzeit bis zum Niedergang der Schwerindustrie.

Stefan Körners Beitrag fasst die Geschichte und das Programm des Natur- und Heimatschutzes zusammen und charakterisiert ihre aktuelle Beziehung zu den „Neuen Landschaften" in alten Industrieregionen.

Tim Collins berichtet über das Nine Mile Run Project, ein ehrgeiziges Unternehmen, mit dem ein mit Hochofenschlacken verfülltes und von einem hochgradig belasteten Bach durchflossenes Gebiet am Rande von Pittsburgh in sozialer, ökologischer und ästhetischer Hinsicht aufgewertet wird.

Peter und Anneliese Latz stellen zusammen mit Christine Rupp-Stoppel den Landschaftspark Duisburg-Nord vor, eines der markantesten Projekte der Internationalen Bauausstellung Emscher Park, das das Büro Latz + Partner seit Anfang der 1990er Jahre sukkzessive auf den Geländen eines ehemaligen Hüttenwerkes und einer Kokerei realisiert.

Peter Drecker berichtet über Projekte seines Büros, das mehrere Gärten und Parks auf früher industriell genutzten Arealen realisiert hat – ausgehend von der Überzeugung, daß Industrielandschaften ihren eigenen Formenkanon, ihre eigenen Symbole und ihre eigene Ästhetik haben.

Antonia Dinnebier lädt Leser und Leserinnen zu einem Spaziergang über die Wilde Kippe Lüntenbeck in Wuppertal ein. Diese Müllkippe ist Gegenstand eines Projektes des Deutschen Werkbundes (DWB NW), das die Resozialisierung der Deponie mit der Absicht betreibt, daraus einen Park zu machen.

Nicole Huber fragt nach den Prinzipien, die die Veränderungen des städtischen Raumes bestimmen. Um diese Frage zu beantworten, schlägt sie eine Sichtweise vor, die neben den Räumen der Konvention auch die Räume der Konversion, die Brachen, in den Blick nimmt und von da aus einen neuen Blick auf die Stadt organisiert.

Boris Sieverts erkundet seit mehr als fünf Jahren systematisch Stadtränder von Metropolen und Zwischenräume in Ballungsgebieten zur fotografischen Dokumentation und zur Ausarbeitung mehrtägiger Gruppenreisen. Dabei stößt er immer wieder auf erstaunlich „wilde" landschaftliche und soziale Ereignisse. Sein Beitrag stellt zwei ungewöhnliche Siedlungen vor.

Im Beitrag von Dieter Genske und Klemens Heinrich steht die Rolle von (Stadt)Karten für die Sanierung alter Industrieareale im Mittelpunkt. Sie zeigen am Beispiel einer Industriefläche in den Niederlanden, wie unscharfe Zeichen von Luftbildkarten genutzt werden können, um aktuelle Gefährdungspotentiale zu kartieren.

Der Epilog berichtet über ein Projekt, in dem es darum ging, angesichts der Brache *nichts* zu tun. Die Fabrikanten (Gerald Harringer & Wolfgang Preisinger) und Peter Arlt kommentieren ihr Projekt „Areal Linz-Ost: Wegsuche."

Dieter Genske & Susanne Hauser

Prologue

In 1991, the Worldwatch Paper 109 « Mining the Earth » (1991) stated that presently more raw material is extracted than all the rivers on Earth would wash into the sea. Processes of extraction and refinement of raw materials exhaust 10 % of the world energy consumption and leave behind billions of tons of refuse and other types of wastes. One consequence of excessive mining is the depletion and destruction of land.

However, markets change and new industries emerge. The land left by previous industrial use looses its function and remains as wasteland or „brownfields".

In 1999, during the 7. International Congress on Semiotics, the section on « Brownfields – the semiotics of wasteland » discussed the question: which kinds of messages are expressed via degraded land? Which kinds of interpretations and sign-processes do they arouse? How do we perceive fragments of buildings, broken windows, destroyed furnaces, wires and pipes which lead nowhere? Brownfields illustrate that a temporary human intervention has ceased. Now, natural succession takes over. How are concepts of nature and culture tied to the perception of wastelands? How do we process these phenomena?

And how are these concepts tied to Cartesian concepts of rationality that oppose mind and nature? We also might ask whether and how land has to be treated as a resource, an issue that has been widely discussed especially after the Earth summit in Rio and the Agenda 21. The destruction of natural and cultural landscapes has lead to concepts of reuse and attempts to define and produce a sustainable economy of landuse.

And still, some wasteland should remain untouched. As places of reflection, as signs.

This transdisciplinary edition brings together the reactions of a variety of different disciplines to the phenomenon of brownfields. Texts and pictures came from fields as divers as environmental sciences and art-history, landscape planning and urban theory, cultural history, architecture, and artistic comments on wastelands.

The contribution of Susanne Hauser addresses conceptual strategies that have been created during the past decades in the process of dealing with industrial fallows. These strategies include their development as open-air museums as well as their interpretation from the point of view of natural aesthetics.

Peter Arlt and Franz Xaver comment on their project “Im Weststollen”. In 1995 they installed a video camera in an abandoned mining gallery to record and to transmit its degradation.

Eduard Führ presents the cultural history of the discription of the German Ruhr District as a “Kulturlandschaft” with special qualities and refers to texts and historic photographs depicting the rise and fall of an industrial region.

Stefan Körner reports on the history and on the aims of the German “Natur- und Heimatschutz” and relates its program to the creation of “new landscapes” in former industrial regions.

Tim Collins explains the Nine Mile Run Project, an ambitious attempt to revitalise the valley of a small and polluted creek on the outskirts of Pittsburgh/Pennsylvania, partly covered with slags from steel mills. The project aims at the social, ecological and aesthetic revaluation of the area.

Peter and Anneliese Latz with Christine Rupp-Stoppel introduce the Landscape Park Duisburg-Nord, one of the most prominent projects of the International Building Exhibition (IBA) Emscher Park. The office Latz + Partner began to build the park in the first years of the 1990s on the former site of a steelwork and a coking plant.

Peter Drecker reflects on a number of garden and park projects that his office was in charge of. His approach is based on the idea that industrial fallow land has its own canon of forms, symbols and aesthetics.

Antonia Dinnebier invites the reader for a walk over an abandoned illegal landfill, the “Wilde Kippe Lüntenbeck” in Wuppertal, that has become a project of the “Deutsche Werkbund” (DWB NW) who intends to rehabilitate the fill and to convert it into a park.

Nicole Huber raises questions on the principles that dominate change in urban settings. She proposes a view that includes the spaces of convention as well as the spaces of conversion and thus an approach that includes the potential of urban fallow land.

Since more than five years, Boris Sieverts systematically investigates the urban fringe and gaps between urban agglomerations. He documents them in photographs and develops group-travel programs leading to these areas, where he often meets an exiting blend of "wild" spaces, landscapes and social events. His paper presents two uncommon settlements.

The paper of Dieter Genske and Klemens Heinrich focuses on the role of aerial photos in the analysis of fuzzy signs of former use. It demonstrates their findings by means of a derelict harbour terrain in the Netherlands.

The epilogue presents a project whose intention was *to do nothing* on a brownfield. "Die Fabrikanten" (Gerald Harringer & Wolfgang Preisinger) and Peter Arlt comment on their project "Areal Linz-Ost: Wegsuche".

Dieter Genske & Susanne Hauser

Inhaltsverzeichnis

I Ästhetik der Revitalisation

Ästhetik der Revitalisierung

Susanne Hauser

Die planerische Auseinandersetzung mit alten Industriearealen hat eine Vielzahl von konzeptionellen Strategien hervorgebracht. Sie nehmen ihren Ausgang von verschiedenen Disziplinen über neue Lesarten des dort vorgefundenen und unterstützen die Wiedernutzung. Zu diesen Strategien gehören unter anderem Verfahren der Integration industrieller Überreste in das kulturelle Erbe wie Verfahren der Öffnung der Brache für ihre naturästhetische Betrachtung. Die Phasen, in denen sich neue Konzepte für Industriebrachen in den letzten 50 Jahren entwickelt haben, die typischen Ergebnisse dieser Entwicklungen sowie ihre konzeptuellen Voraussetzungen und Konsequenzen sind Thema dieses Beitrags.

Revitalising brownfields requires a variety of conceptual strategies and approaches originating from several disciplines. Some of today's well established strategies are based on the reinterpretation of the remains of industrial production. These remains are for example redefined as part of the heritage of the industrialised societies or appreciated as "nature" from an aesthetic point of view. The author proposes four stages and types of approaches to brownfields, shows some characteristic traits of the most common strategies and discusses their conceptual premises and consequences.

Ein Gegenstand und viele Disziplinen

Termini

Die Beiträge zu diesem Band gehen auf eine Tagung zurück, deren Thema semiotische Aspekte der Wiedernutzung von altem Industrieland waren. Vor etwa 50 Jahren wäre ein solches Thema befremdlich gewesen, denn zu der Zeit waren die Termini „Industriebrachen", „derelict land" oder „friches industrielles" noch nicht verbreitet, und der heute in der internationalen Diskussion meist benutzte Term „brownfields" existierte noch nicht einmal. Er ist erst Anfang der 1990er Jahre in der USA geprägt worden, um die Wiedernutzung ehemaliger Industriegelände für neue Produktion oder andere Zwecke zu propagieren. Heute wissen die meisten Bürger und Bürgerinnen industrialisierter Länder, wie aufgelassene Industrieareale zu bezeichnen sind, und viele Unternehmen, Organisationen und wissenschaftliche Disziplinen befassen sich mit ihnen.

Bild 1. Lagerhäuser und alte Kräne in den London Docklands / *Storehouses and old cranes of Docklands* (Foto: S. Hauser)

Eine andere Veränderung betrifft die Reihe der Disziplinen und Berufe derjenigen, die sich mit alten Industriegeländen befassen. Vor etwa 50 Jahren hätte niemand angenommen, dass es irgendeinen pragmatischen Grund für ein Treffen von Wissenschaftlern und Wissenschaftlerinnen aus den Ingenieurwissenschaften, der Stadtplanung, der Landschaftsarchitektur, der

Kultur- und Geschichtswissenschaft, von Künstlern und Künstlerinnen geben könnte. Die Idee, dass diese Disziplinen in der Lage sein könnten, ein gemeinsames Thema zu finden, wäre verblüffend gewesen. Und das hätte auch für den Ort des Treffens gegolten, eine Konferenz, die sich mit Zeichen und ihren Prozessen befasst.

Diese Gegenstände waren in den 1950er Jahren vor allem die Domäne der Philosophie und der Geisteswissenschaften, nicht aber Gegenstände und Aspekte anderer wissenschaftlicher und technischer Forschungen. Die Naturwissenschaften wie die technischen Disziplinen waren gerade erst auf dem Wege, das Konzept der Information zu integrieren und damit ein Konzept, das die Idee der Maschine wie die Idee lebender Materie verändern sollte, während das Konzept des Signals und das der Information noch kaum die Kulturwissenschaften erreicht hatte.

Konzept des Signals

Heute ist die Nachfrage nach Beiträgen aus allen diesen Bereichen angesichts eines Gegenstandes oder einer Problemstellung nicht ungewöhnlich, und ein Thema, bei dem dieses Zusammenspiel mit einiger Selbstverständlichkeit zustande kommt, ist die Frage des Umgangs mit den Überresten industrieller Produktionen.

Das Ziel, Industriebrachen wieder nutzbar zu machen, fordert einen multidisziplinären Zugang. Und in vielfacher Weise kann die Diskussion von Zeichenprozessen dabei ein Platz sein, auf dem sich die Disziplinen treffen.

multidisziplinärer Zugang

In diesem Text geht es um kulturwissenschaftliche Fragestellungen, die sich mit der Brache und ihrer Gestaltung verbinden. Dabei stehen Konzepte und Strategien im Vordergrund, die die Wiedernutzung alter Industrieareale über neue Lesarten des dort Vorgefundenen unterstützen. Diese Konzepte greifen in vielfältiger Weise auf verschiedene Typen des Wissens zurück und nutzen sie zur Erzeugung eines neuen Blicks auf die Brache. Die Phasen dieser Entwicklung sowie ihre konzeptuellen Voraussetzungen und Konsequenzen sind Gegenstand dieses Beitrags.

Phasen

Ansätze für den Umgang mit alten Industrieregionen

Es haben sich in den letzten fünf Jahrzehnten Ansätze herausgebildet, die für den Umgang mit alten Industrieregionen erprobt, verfügbar und auf neue Gegenstände übertragbar sind. Sie lassen sich charakterisieren über ihr Auftreten in der zeitlichen Abfolge verschiedener Zugriffe auf Brachen wie über die Art, die Übergänge zu konzipieren, die eine Brache zu einem ansehnlichen, wenn nicht nutzbaren Gebiet machen können.

Bild 2.
Schlackenhalde im Tal des Nine Mile Run, Pittsburgh, Pennsylvania / *Slate heaps in the Nine Mile Run Valley, Pittsburgh, Pennsylvania* (Foto: S. Hauser)

vier Phasen

So können vier Phasen im Umgang mit unbrauchbar gewordenem Land unterschieden werden jenseits der bis vor zwanzig Jahren durchaus verbreiteten Praxis, Brachen zu ignorieren und nicht aufzuarbeiten. Die Phasen und Typen sind in den alt-industrialisierten Ländern und in nahezu allen von Deindustrialisierungsprozessen betroffenen Regionen zu beobachten, doch zu verschiedenen Zeiten. In Großbritannien beginnt die Zuwendung zu alten Industriearealen bereits in den 1950er Jahren, in Deutschland und Frankreich erst um 1960. Keine der in den letzten Jahrzehnten entwickelten Praktiken ist völlig außer Gebrauch gekommen.

Die erste Phase ist dadurch charakterisiert, dass stillgelegte Gelände völlig abgeräumt werden. Die alten Industriegebäude verschwinden. Niemand geht auf die Suche nach eventuell wertvollen Biotopen oder öffnet sich einer ästhetischen Betrachtung industriellen Bauens. Überreste interessieren nicht. Eine Säuberung des Geländes unter chemischen Gesichtspunkten findet nicht statt. Schlackenberge oder Bergehalden werden ignoriert oder einer Begrünung unterzogen. Normalerweise werden Bäume gepflanzt, ein Verfahren, das allerdings nicht immer zum erwünschten Erfolg führt. In dieser Phase bedeutet die Entwicklung eines alten Industriegeländes entweder die Schaffung neuer Produktionsstandorte oder, vor allem in städtischem Gebiet, die Umnutzung für andere Zwecke, für die die Industrie die Stadt verlässt. Diese Phase und den damit verbundenen Typ der Umsetzung nenne ich „modern".

erste Phase: Überreste interessieren nicht

In der zweiten Phase bekommen ehemalige Industriegelände eine neue Funktion. Die Industrie verlässt nicht mehr die Stadt, sondern sie schließt. Die Gelände werden nicht mehr für weitere Stadtentwicklungen gebraucht. Die Hoffnung auf neue Industrieentwicklung bleibt, Kommunen denken noch nicht über einen möglichen Funktionswechsel der Gelände nach. Die ersten Stadtverwaltungen werden sich aber klar darüber, dass es Industriebrachen gibt, die nicht mehr in dem früher üblichen Zeitraum von etwa drei bis fünf Jahren neu genutzt werden. Der Neubau von Büroraum oder die Schaffung von Wohnungen werden die Gelände nicht

zweite Phase: eine neue Funktion

mehr füllen. In dieser Phase tauchen die ersten Überlegungen zu Kontaminationen auf. Bürgerinitiativen, Ökologen wie Investoren beginnen, dieses Thema zu entwickeln.

dritte Phase: Schutz charakteristischer Eigenarten

In der dritten Phase gibt es so viele aufgegebene Gelände, dass sie nicht mehr zu bearbeiten oder zu nutzen sind. Es gibt zwei Wege, damit umzugehen: Hoffnung jenseits des Erwartbaren und Revitalisierung für neue Zwecke mit deutlicher Unterstützung durch die öffentliche Hand. In dieser Phase beginnt der Schutz charakteristischer Eigenarten der Gelände eine Rolle in den Planungen für sie zu spielen. Industriebauten und durch die Industrie entstandene Geländestrukturen werden „gerettet", eine deutliche Abkehr von bis dahin verfolgten Praktiken. Überreste der früheren Produktion werden nun geschätzt. Die sozialen Effekte der Deindustrialisierung werden deutlich als bleibende Aufgaben und der Erhalt von Arbeitersiedlungen wird zum Thema. Kontaminationen, „Altlasten" werden in Revitalisierungsbemühungen Gegenstand der Bearbeitung.

Bild 3.
Kletterfelsen: alte Erzbunker im Landschaftspark Duisburg-Nord / *Ore bunkers of the Landscape Park Duis-burg-Nord serve as climbing rocks* (Foto: S. Hauser)

In der vierten Phase ist die Zahl der unbrauchbar gewordenen Gelände noch weiter gestiegen. Die Hoffnung auf neue Ansiedlung von Industrie alten Typs ist nun ein anderer Ausdruck für Vernachlässigung, die, selbstverständlich, weiter eine Option bleibt. Eine andere Option ist die Suche nach Methoden der preiswerten und minimalen Intervention, die die Attraktivitäten des Gebietes für neue Aktivitäten unterstützen und so die sozialen und ökonomischen Probleme deindustrialisierter Regionen einer Lösung näher bringen sollen. Konzepte physikalischer wie chemischer Reinigung sind ehrgeiziger denn je, wobei aber die perfekte Reinigung nach dem Stand der Technik nur für sehr kurze Zeit – in Deutschland Anfang der 1990er Jahre – verfolgt wird. Aus finanziellen Gründen werden graduelle Lösungen bevorzugt.

vierte Phase: Hoffnung auf neue Ansiedlung

Während in den anderen Phasen Umbauprozesse auf altem Industrieland mit umfangreichen Umschichtungen und Verschiebungen von Material verbunden waren, nehmen Materialbewegungen nun ab. Die symbolische Reorganisation von industriegeprägten Städten, Landschaften und Regionen gewinnt an Bedeutung. Das schließt die Bedeutung von „Tradition", von Geschichte und die Erzeugung von Bildern, von Images einer Region ein, auch die Propagierung einzelner Regionen, Bauten und Umgebungen als besondere Ziele eines „Industrietourismus". Ästhetische und konzeptuelle Strategien werden entscheidende Themen, wo es um die Neugestaltung und Umnutzung alter Areale geht. Dazu trägt die Sicht der früheren Industriegelände als „natürliche" Gegebenheiten bei – „natürlich" in dem Sinne, dass sie menschlicher Intervention offen stehen wie „unberührte Natur". Das Ergebnis sind Entwürfe, die Industriebrachen so holistisch, so phantasiereich und so kontrolliert bearbeiten wie das noch nie vorher denkbar war (Hauser 2001).

Industrietourismus

Strategien

Drei konzeptionelle Strategien für aufgegebene Gelände der Industrie und alte Industrieregionen lassen sich, quer durch die genannten Phasen, als typisch charakterisieren und als Muster, als Modelle begreifen. Selten kommen sie in reiner Form vor, meistens finden sich Elemente aller drei Vorgehensweisen in Projekten für verbrauchte Gebiete.

Transformation in einen neuen Industriestandort

Die erste Strategie versucht, einen alten Industriestandort unmittelbar in einen neuen, seit den 1980er Jahren als postindustriell begriffenen, Wirtschaftsstandort der erwarteten Dienstleistungsgesellschaft zu transformieren.

Charakteristisch ist, dass Investitionen größeren Ausmaßes mit dem direkten Ziel der wirtschaftlichen Restrukturierung getätigt werden und dabei auf messbaren Erfolg gerechnet wird. Eingriffe in das Bestehende verändern das Gelände oder Gebiet stark. Diese Strategie überbaut das Alte und führt nicht selten Imagekampagnen gegen seine Reste.

Prominente Beispiele für diese Strategie sind in Deutschland die „Neue Mitte Oberhausen", ein Einkaufs-, Vergnügungs- und Dienstleistungszentrum auf einem alten Hüttengelände, die Entwicklung der Londoner Docklands zu einem neuen Geschäfts- und Bürostandort mit zahlreichen Wohnungen, die Entwicklung neuer Wohnstadtteile durch private Entwicklungsgesellschaften mit staatlicher Unterstützung wie der Ausbau der Java-Insel in Amsterdam, aber auch der Aufbau von forschungs- und entwicklungsintensiven Technologiezentren, wie es etwa in den Technopôles Frankreichs geschieht.

Wenn sich eine Modernisierung des beschriebenen Typs nicht anbietet, wenn die Hoffnung auf eine neue Entwicklung sich zunehmend in Ernüchterung verwandelt, bieten sich normalerweise zwei Strategien an. Die eine hat ihren Ausgangspunkt in der (Kultur-)Geschichte eines Geländes, die andere nimmt Bezug auf Ökologie und Naturästhetik.

Neubeschreibung einer vorhandenen Situation

Es handelt sich in beiden Fällen um neue Beschreibungen vorhandener Situationen, die sich als äußerst erfolgreiche Strategien der konzeptionellen Grenzüberschreitung und der Wiedergewinnung verbrauchter Gelände erwiesen haben. Beide sind Ergebnisse einer interdisziplinären Reformulierung und Neukontextualisierung von Wissen und einer Redefinition von Kategorien, von Prozessen also, die ich generell für charakteristisch in der Bearbeitung früher industriell genutzter Gelände halte, für die sich nicht unmittelbar eine neue Nutzung anbietet. Von beiden soll im Folgenden ausführlicher die Rede sein.

Vergangenheit als Zukunft

Kultur als Erbe

Die eine diese Strategien stellt die Vergangenheit eines Gebietes in ihr Zentrum. Sie rettet seine materiellen Reste, indem sie sie als Kultur und Erbe ausweist. Die Praktiken bestehen in Unterschutzstellung (Denkmalschutz), auch in der teilweisen oder völligen Musealisierung der alten Industrie, in der Bewahrung von Bauwerken, von oberirdischen wie unterirdischen Anlagen der Produktion, von Hochöfen, Förderanlagen, Kohleschächten und Braunkohlegruben. Möglichst soll auch die technische Ausstattung von Betrieben erhalten werden.

Zu den Aktivitäten, die normalerweise mit dieser Strategie verbunden sind, gehören Ausstellungstätigkeit, die Anlage und der Aufbau von Sammlungen sowie

Bild 4.
Die unter Denkmalschutz stehenden Sloss Furnaces, Birmingham, Alabama / *The protected Sloss Furnaces in Birmingham, Alabama* (Foto: S. Hauser)

Dokumentations- wie Archivarbeiten, die sich auf die Vergangenheit des Geländes beziehen.

künstlerische Aktionen und wissenschaftliches Interesse

Projekte, die allein dieser Strategie folgen, beginnen üblicherweise mit künstlerischen Aktionen oder wissenschaftlichem Interesse, über die sie sich auch definieren, und setzen sich fort mit einer Finanzierung über Spenden, Stiftungen und ehrenamtliche Arbeit. Sie werden und bleiben oft abhängig von öffentlichen Finanzierungen, auch wenn sie touristische Anziehungspunkte werden und damit zur Verbesserung der wirtschaftlichen Lage der Region beitragen.

Musealisierung

Neben zahlreichen Industriemuseen und Museen des industriellen Alltags gibt es räumlich weit ausgreifende Beispiele für diese Strategie. Der erste musealisierende Zugriff auf ein größeres Gebiet im Rahmen einer Stadtplanung ist wohl das seit 1960 ausgebaute Museumsensemble um Ironbridge in der Nähe von Shrewsbury in England, das mehrere Industriedörfer umfasst und zum Weltkulturerbe zählt. Zu nennen sind hier auch die Anlagen von Bergslagen in Schweden oder der Umbau der ehemaligen Textilstadt Lowell in Massachusetts. Die Écomusées in alten Industrieregionen, beispielsweise Le Creusot und Fourmis-Trélon in Frankreich oder Bois-du-Luc in Belgien, folgen ebenfalls dieser Strategie.

Bild 5.
Stuckproduktion in einem Open-Air-Industriemuseum im Ironbridge Gorge / *Production of stucco in an open air industrial museum in the Ironbridge Gorge* (Foto: S. Hauser)

Es profitieren davon Nutzungen, die, abseits von Ausweisungen als Denkmal, das Milieu aufgegebener Industrie als pittoreske Kulisse auffassen und es als Bühne für verschiedenste Aktivitäten bereitstellen oder auch Erhaltungsversuche von einzelnen „Landmarken". Prominentestes deutsches Beispiel ist sicher der Gasometer in Oberhausen im Ruhrgebiet, dessen zeichenhafter Gebrauch im Verein mit weiteren alten wie neuen Landmarken zur Strukturierung einer weiten Umgebung dient.

Landmarken

Die konzeptionellen Voraussetzungen dieser und anderer Rückgriffe auf die Geschichte von Industriegeländen werden seit der Jahrhundertwende zum 20. Jahrhundert geschaffen und tragen zu Redefinitionen dessen bei, was Kultur und Gedächtnis heißt.

Das Ziel und die Bedingung für den Erfolg dieser Strategie ist, dass aus dem Vorhandenen ein des Erhaltens würdiges Objekt entsteht. Denn was ein des Erhaltens würdiges Objekt ist, versteht sich nicht von selbst. Es ist das Ergebnis eines Prozesses, in dem ein funktionslos gewordenes Objekt als neuer Zeichenträger erzeugt werden muss.

neue Zeichenträger

Dieser Prozess beginnt mit der Herauslösung des Objekts, eines Werkzeugs, Gebäudes, Ensembles, Betriebsgeländes oder auch Stadtteils aus seinen alten Kontexten und Bezügen, ein Prozess der konzeptionellen und räumlichen Isolierung. Dem folgt die Einführung in den Kontext des Erbes – eines Museums, von Denkmallisten, einer neu definierten alten Kulturlandschaft, eines neu definierten alten Stadtteils.

Kontext des Erbes

Das bedeutet die Unterwerfung des Gegenstandes unter ein seinen früheren Zwecken und Gebräuchen fremdes Ordnungsprinzip und dementsprechend die materielle Zurichtung des Objektes bis zu dem Zustand, der künftig als erhaltenswert verstanden, unterstützt und bewahrt werden soll (Stewart1984, bes. S. 162).

Dieser Zustand kann ein erheblich anderer sein als der am Anfang des Prozesses vorgefundene. Jede Musealisierung, Unterschutzstellung oder sonstige Zurichtung eines Gegenstandes für das künftige Erinnern sortiert und gestaltet die Überreste der Vergangenheit neu und definiert damit, was Kultur und Erbe heißen soll und darf.

Erinnerung

Die Basis dieser Strategie ist die Annahme, dass Dinge oder Artefakte eine entscheidende Bedingung von Erinnerung sind. Erinnerung verlangt materielle Unterstützung, wie Hannah Arendt argumentiert hat, oder, wie Claude Lévi-Strauss es gesehen hat, materielle Überreste sind die einzigen Beweise dafür, dass sich „wirklich etwas ereignet hat" unter den Menschen, die vor uns gelebt haben (Arendt 1981, 87f; Lévi-Strauss 1995, 172).

Diese Überzeugung wurde seit Anfang des 20. Jahrhunderts von den wenigen Historikern und Ingenieuren geteilt, die sich für alte Industriegeräte und -gelände interessierten und dient heute noch als Grundlage nahezu jeder musealisierenden Anstrengung, die sich auf alte Industriegebiete und -gelände richtet.

Die Annahme, dass über Musealisierung und verwandte Praktiken ein Gedächtnis zu schaffen sei, und die Integration der alten Industrie in die zu musealisierenden Bestände hatten und haben Konsequenzen, die das seit 100 Jahren artikulierte Interesse an alter Maschinerie übersteigen.

Die ersten Ingenieure, die die Sammlung nicht mehr genutzter Maschinen in Museen unterstützten, reihten sie damit ein in einen sozialen Kontext, in dem ihnen der Wert zuwuchs, den andere zur musealen oder denkmalpflegerischen Sammlung ausgewählte Stücke ebenfalls besaßen: Mit ihrer Sammlung wurden sie Teil dessen, was als Zeugnis von seltenem Wert ausgezeichnet, gesammelt und erhalten werden sollte.

An einem Fallbeispiel aus den 1960er Jahren habe ich Reinterpretationsprozesse und Erwartungen dieser Art diskutiert (s. Hauser 1999, 9-18)

Die traditionelle Idee des Ausgezeichneten wurde in den 1960er Jahren dadurch in Frage gestellt, dass nun ganze Industriegegenden ihrer Erhaltung für wert befunden wurden. Eine weitere Herausforderung des Besonderen stellte der Versuch in den 1970er und 1980er Jahren dar, Museen des industriell geprägten Alltags aufzubauen. Sie reagierten auf das gesteigerte Interesse an soziologischen wie auch historischen Themen und Gegenständen der industriellen Gesellschaft. Als das Innere von Arbeiterhäusern, massenhaft produzierte Objekte aus Plastik und weitere Artefakte, die im Alltag der industriellen Gesellschaft in jedem Haus zu finden sind, in die neuen Museen eingingen, bedeutete das gleichzeitig einen Wandel in der Wahrnehmung und Bewertung des „Museumsstücks". Das Konzept des Museums, des Denkmals, jegliche Form der Integration in das Erbe, verlor ihren elitären Charakter und wurde eine Institution, die in der Lage war, auch die materielle Kultur einer demokratischen Massen- und Konsumgesellschaft zu bewahren, in der jeder und jede das Recht hat, seine oder ihre Geschichte repräsentiert zu finden (Daumas 1980, 61).

Museen des industriell geprägten Alltags

Der Umstand, dass etwas erhalten wird, ein alter Industriebetrieb oder ein Gegenstand im Museum, bedeutet nun nicht mehr notwendig, dass es sich um ein hochgeschätztes Gelände oder um einen sehr alten, sehr wertvollen, seltenen oder in irgendeiner Weise exklusiven Gegenstand handelt, sondern nur, dass ihm eine bestimmte Bedeutung zugeschrieben wird, die seinen materiellen Erhalt rechtfertigt.

Musealisierung und andere Erhaltungsstrategien sind heute die Manifestation einer symbolischen Operation, die prinzipiell jegliches Ding, jegliches Artefakt beliebiger Qualität und Größenordnung erfassen kann. Das ist das Ergebnis wie auch die Vorausetzung für eine Reihe sehr erfolgreicher Bezüge auf die Vergangenheit von Brachen in post-industriellen Entwürfen.

Bild 6. Wohnraum in einem Arbeiterhaus, Bois-du-Luc, Belgien / *Living room in a workers home in Bois-du-Luc, Belgi-um* (Foto: S. Hauser)

Der Blick in die Natur

Begriffe der Natur

Die dritte Strategie wendet sich weder so direkt dem wirtschaftlichen Aufbau zu wie die erste, noch bezieht sie sich primär auf den Erhalt materieller Anhaltspunkte für die Geschichte eines Ortes oder einer Region: Sie richtet die Anstrengungen auf „naturbezogene" Lösungen verschiedener Qualität. Die Strategie knüpft dabei an verschiedene Begriffe der Natur und an ästhetisch und gestalterisch geprägte traditionelle Landschaftsbegriffe an.

Diese Strategie ist dadurch charakterisiert, dass sie rein konzeptuelle oder auch mit materiellen Eingriffen verbundene Idealisierungen und Veredelungen der Natur, wie sie im pittoresken Garten oder in Landschaftsparks entwickelt worden sind, in alte Industriegebiete transportiert.

Die Verfahren reichen von der völligen Umgestaltung eines ehemaligen Industriegeländes durch Parkanlagen oder Gartenschauen mit Freizeiteinrichtungen bis hin zu Begrünungen oder Bewaldungen ohne genau definierte Nutzungsansprüche. Sie reichen von Entwürfen, die übriggelassene, auch gebaute, Strukturen und neu entstandene Biotope integrieren, bis hin zu rein konzeptuellen Umdeutungen, die das Vorgefundene als neue Natur, als Garten eigener Art verstehen und diese Deutung propagieren. Zu dieser Gruppe gehören ebenfalls Strategien, die sich aus der Perspektive des Naturschutzes mit alten Industriegeländen befassen oder Unternehmungen, die Teile von alten Industriegeländen zur neuen Wildnis erklären (s. dazu auch Körner 2002).

Naturschutz und neue Wildnis

Beispiele für diese Strategie sind die weiträumigen Begrünungen, das sogenannte „préverdissement" alter Industriegebiete im industriell geprägten Norden Frankreichs, aber auch die Entstehung völlig neuer Parkanlagen auf altem Industriegelände, wie der Parc André Citroën in Paris, in dem nur noch der Name an die frühere Automobilproduktion erinnert, sowie der Parc de la Villette in Paris auf dem alten Schlachthofgelände. Andere Gelände werden als Natur gelesen und gärtnerischer Pflege überantwortet, indem ihre Bauwerke und Strukturen unter dem Aspekt des Verfalls gesehen werden und als Ruinen in eine „neue Natur" eingehen. Das ist der Fall auf der Hafeninsel in Saar-

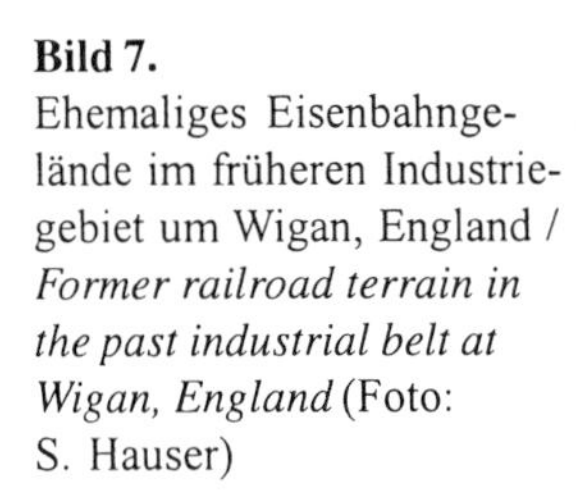

Bild 7.
Ehemaliges Eisenbahngelände im früheren Industriegebiet um Wigan, England / *Former railroad terrain in the past industrial belt at Wigan, England* (Foto: S. Hauser)

brücken oder auch ein seit einigen Jahren diskutiertes Konzept für das Gelände der Völklinger Hütte (Burckhardt o.J.).

Weiträumige Grüngebiete mit wenig definierten Nutzungsansprüchen gehören ebenfalls dazu wie die sich über mehrere Quadratkilometer erstreckenden Gelände um die früher durch Industrie geprägte Stadt Wigan bei Manchester, ein Gebiet, das heute aufgrund seiner Vogelpopulation in Teilen unter Naturschutz steht.

Natur- und Landschaftsbegriffe

Die damit angesprochenen Prozesse rufen verschiedene Natur- und Landschaftsbegriffe auf, um sie zur Grundlage einer je spezifischen Projektion von Wünschen, Plänen und Konzepten zu machen. Hier soll nur ein Traditionsstrang vorgestellt werden, der sich als in besonderem Maße dazu geeignet gezeigt hat, das Vorfindliche insgesamt in „die Natur" zu integrieren. Diese Tradition verbindet ökologische Beobachtung und Forschung mit naturästhetischer Betrachtung. Wie die Entwicklung der zweiten hier beschriebenen Strategie, kann ihre Entstehung beschrieben werden als eine interdisziplinäre Redefinition und Rekontextualisierung von Konzepten – und wie die zweite Strategie führt sie zu einer universal anwendbaren Strategie, die kaum einen Gegenstand nicht umgreifen kann.

Bis in die 1950er Jahre hatte sich die akademische biologische Forschung nur selten gesondert mit städtischen oder industriell geprägten Gebieten befasst. In den 1920er Jahren gab es jedoch schon ein internationales Netzwerk, in dem sich eine Gruppe von Botanikern verständigte, die die besondere Flora auf Industriegeländen erforschten. Dazu gehörten akademisch tätige Biologen, vor allem aber Liebhaber, kenntnisreiche „Amateure", die ihr Interesse auf Pflanzen richteten, die aus verschiedensten Ländern kamen und in der Lage waren, in Europas Industriegebieten zu überleben. Die Hauptfundstellen dieser „Adventivpflanzen" lagen dort, wo importierte Rohstoffe entladen wurden, also auf Schienenwegen und Haltestellen der Bahn, in Hafengebieten. Diese Botaniker scheinen die ersten gewesen zu sein, die den Abgrund zwischen botanischem Interesse und einer Neigung zur Ästhetik der Natur und der Industrie überwunden haben (Bonte 1930).

Flora auf Industriegeländen

In den 1950er Jahren erforschten Biologen, zunächst in Wales, in Gebieten, die durch industrielle Aktivitäten schwer zerstört waren, Pflanzen, die in der Lage waren, auf Industrieabfällen verschiedenster Art zu überleben. Diese Forschungen sollten der Begrünung von Schlackenhalden dienen, ein zweifach motiviertes Vorhaben: Die Begrünung verhinderte Erosionen und das Abgleiten von Hängen, und da grüne Hügel grauen Schlackenhalden ästhetisch vorzuziehen waren, boten sie die Möglichkeit, auch in dieser Hinsicht die Situation zu verbessern (Sheail 1987). Die spätere Beliebtheit der Forschungen in Planungen verdanken sie dem Umstand, dass sich mit ihrer Hilfe Investitionen und Interventionen gering halten ließen und minimaler Einsatz zu relativ großen Erfolgen führen konnte.

Begrünung von Schlackenhalden

Zu denjenigen, die die Verbindung von Ökologie und Ästhetik weiter befördert haben, gehören Stadtökologen. Sie zeigten, dass nicht nur Pflanzen, sondern auch

Ökologie und Ästhetik

verschiedene wildlebende Tiere mit den Bedingungen in Städten und industriell geprägten Räumen zurechtkamen, und dass einige Industriegebiete mit staunenswert reicher und ungewöhnlicher Flora und Fauna aufwarten konnten. Diese Beobachtungen konnten gängige Bilder der (schönen) Natur ebenso herausfordern wie die bisherigen Kriterien des Naturschutzes.

städtische und industrielle Wildnis

Diese Qualität wurde, ohne dass dem Intentionen der Fachleute zugrunde lagen, weithin anerkannt, als ästhetische Ideen und Interpretationen sich mit den Ergebnissen der Stadtökologie verbanden. Das geschah in den 1970er Jahren, in denen die städtische und industrielle Wildnis zum letzten romantischen Residuum avancierte (mehrere Beiträge in Andritzky und Spitzer 1981).

Biodiversität

Naturästhetik

Industriegebiete wie Brachen wurden bekannt als Gebiete mit möglicherweise hoher Biodiversität, heute noch eines der Schlüsselwörter in der Diskussion über erhaltenswerte Natur, das Verbindungen herstellt zwischen ökologischen und ästhetischen Erwägungen (ausführlicher dazu in Hauser 2001, Kap VI). Diese Verbindung hat den Naturschutz der Brache mitsamt ihren baulichen Überresten möglich gemacht. Heute können Tiere und Pflanzen, die auf Brachen leben, ihre Chance als „Natur" im emphatischen Sinne traditioneller Naturästhetik und im Sinne rechtlichen Schutzes erhalten: schützt man das Vorhandene, dann entsteht „unberührte Natur".

Ein großer Bestand an Wissen und symbolischen Welten verschiedenen Ursprungs ist hier bearbeitet, umgearbeitet und integriert worden, botanische und zoologische Beschreibungen und Klassifikationen, naturästhetische Traditionen und nicht zuletzt auch die rechtlichen Mittel des Naturschutzes. Entstanden ist eine Strategie, mit der sich die Sichtbarkeit eines jeglichen Vorgefundenen als Natur organisieren lässt.

Übergänge

Eine Voraussetzung der Bearbeitung von Industriebrachen ist, dass es sich um Gebiete handelt, die zunächst vorwiegend mit Verbrauchtheit, mit Abfall assoziiert werden. Eine neue Nutzung setzt voraus, dass diese Assoziationen aufgelöst, mindestens aber ästhetisiert werden können. Das bedeutet, dass Industriebrachen Orte sind, deren Wiedernutzung konzeptionelle Grenzüberschreitungen verlangen, und dazu tragen die hier charakterisierten Strategien bei. Es stellt sich nun die Frage nach der Qualität der Übergänge und Grenzüberschreitungen, die damit möglich werden.

Grenzüberschreitungen

Die Ethnologin Mary Douglas hat in ihrem Buch über „Reinheit und Gefährdung" die Grenzen und Ränder aufgesucht, an denen sich Ordnung und Unordnung oder Chaos scheiden und damit eine mögliche Interpretation von Grenzen und ihren Überschreitungen gegeben. Sie geht von der These aus, dass sich Auffassungen von Unreinheit am besten im Hinblick auf die Ordnung symbolischer Systeme aus beschreiben lassen, im Hinblick auf die Muster, nach denen Kulturen und Gesellschaften sich reproduzieren (Douglas 1985).

Ordnung und Unordnung

Folgt man ihrer Auffassung, so liefe der Zugang zu den mit Verbrauch, Abfall und Unordnung assoziierten Räumen auf eine Beschreibung zweier kulturspezifischer und historisch bestimmter qualitativ unterschiedener Räume hinaus. Der eine gehört der definierten, anerkannten und als erstrebenswert begriffenen Ordnung, der andere einem nicht definierten, einem zu negativ besetzen Bereich. Denkt man nach diesem Muster in dichotomen Strukturen weiter, so lässt sich eine Reihe von vernetzten oppositionellen Merkmalen und Termen finden, die jeweils die positive und die negative Seite und damit zwei geschiedene Welten immer weiter qualifizieren. Man müsste annehmen, dass zwischen ihnen eine kulturspezifische und sich in der Ge-

vernetzte oppositionelle Merkmale

Klarheit und Chaos

schichte verschiebende Grenze verläuft: Auf der Seite der Ordnung ist positive Bestimmtheit, Klarheit, Sauberkeit, Begrenzung, auf der anderen die Negation dieser und jeder Identität, das Nicht-Identische, ein Chaos, das Unreinliche, das Ungeschiedene, das Unbegrenzte.

Grenzauflösung

In Entwürfen für alte Industrieareale hat sich gezeigt, dass eine solche Beschreibung die mittlerweile bestehende Praxis nicht adäquat erfasst. Denn in den Entwürfen gibt es Prozesse der beständigen Revision von konzeptionellen und dann auch materiellen Grenzen, die mehr als zwei Seiten kennen und qualitative Scheidungen diesen Typs nicht zulassen. Sie führen vielmehr zur Überschreitung von Grenzen, ihrer Auflösung in dieser Überschreitung und damit zur Bildung eines konstanten Raumes, der keine Grenze und also auch keine Überschreitung mehr zuläßt.

Zu den Motiven städtischer Sanierungsdiskurse s. beispielsweise die Beiträge in Institut für sozial-ökologische Forschungen (1996)

Ungewohnte Beziehungen zu Dingen und Stoffen sind vorgezeichnet in den Wieder-Holungen von Abfallstoffen in Gestaltungen. Im Ausgreifen über alte Grenzen erweisen sich die Entgegensetzungen, die den Sanierungsdiskurs der Moderne konstituieren, als unbrauchbar, die zwischen Sauberkeit und Schmutz, Ordnung und Unordnung, zwischen Funktion und Disfunktionalität, Sicherheit und Gefahr, Wahrnehmen und Nicht-Wahrnehmen, Abschreiben und Wiederholen, Erinnern und Vergessen, Natur und Kultur.

Die Überschreitungen der den Konzepten und Stoffen gezogenen Grenzen gehen einher mit einer Ausdehnung der Planung und Kontrolle auf immer weitere Gegenstände und einem Eindringen in Bereiche, in denen Ungewissheit und Widerstände gegen Kontrollen liegen und machten sie zu ihrem Material. Insofern folgt diese Entwicklung einer Logik der Expansion und zeichnet umfassende Entwürfe vor.

Es geht deshalb in vielen Entwürfen für verbrauchte Räume darum, die ohnehin schon völlig der Konstruktion unterworfenen Gelände, die „manufactured sites" (Niall Kirkwood), neu zu interpretieren und sie insgesamt als postindustrielle Umwelten zu modellieren (Hauser 1999b). Dazu tragen sowohl die potentiell alles musealisierende als auch die ebenso weit führende und auf Naturkonzepte rekurrierende Strategie bei.

postindustrielle Umwelten

Entwürfe für alte Industriegelände nutzen verschiedenste Wissens- und Traditionsbestände, Konzepte und Begriffe, verarbeiten sie und setzen sie in neue Beziehungen und immer vorläufige Ordnungen. Es sind insbesondere die Erzählungen, Bilder und Motive von und über Natur und Kultur, die im Umgang mit den Überresten der alten Produktionen neu kontextualisiert werden. Indem damit verbundene Bilder, Erzählungen, Motive, die auf weitgehende intersubjektive Verständlichkeit, Akzeptanz, mindestens aber erklärliche Fremdheit rechnen dürfen, genutzt werden, verändert sich ihre Bedeutung.

Überreste alter Produktionen in neuen Kontexten

Die Bearbeitung von Industriebrachen macht die kulturellen Bestände der industrialisierten Gesellschaften und ihre Zugänge zur Natur gleich mit zum Gegenstand konzeptioneller Bearbeitung. Kultur und Natur sind in diesem Prozess zu Chiffren mutiert, deren Lektüre im Kontext der einzelnen Entwürfe auf die Konstruktion eines neuen Ganzen verweist.

Bild 8. Erhaltener Braunkohlebagger in Ferropolis bei Dessau / *Preserved browncoal excavator at Ferropolis near Dessau* (Foto: S. Hauser)

Zum Schluss

Brache als Zwischenort

Brachen sind prototypische Objekte „in between". Sie präsentierten und präsentieren immer noch eine Sphäre, einen Zwischenort, eine unbestimmte Situation, sie sind weder städtisch noch ländlich, weder Kultur oder Kulturlandschaft, noch Natur nach gängigen Begriffen.

Die beiden letztgenannten Strategien sind sehr komplexe Antworten auf diese Situation. Im Prozess ihrer Erfindung für pragmatische Ziele und Zwecke trugen sie angesichts eines Gegenstandes, der durch sein schlichtes Vorhandensein die Nutzung der bestehenden Kategorien und ihre Revision gleichzeitig herausforderte, zu einer neuen Sicht auf die älteren Oppositionen und strukturalen Beschreibungen bei. Heute sind beide Zugänge in Projekten für alte Industrieareale weit verbreitet. Sie verbinden eine neue Entwicklung der Ökonomie der Zeichen mit einer neuen Ökonomie der Stoffe unter Aufhebung traditioneller Gegensätze.

Ökonomie der Zeichen und der Stoffe

Erwähnenswert ist die Analogie, die diese Prozesse in Revisionen eines Denkens in Alternativen, in Oppositionen und binären Strukturen, in Überbietungen und Dekonstruktionen strukturaler Beschreibungen kultureller Phänomene in philosophischen und kulturwissenschaftlichen Diskursen finden. Denn das Konzept der Grenze zwischen zwei geschiedenen Bereichen in Raum und/oder Zeit ist seinerseits eine Grenze, deren Wirksamkeit, Erfahrung und Verschwinden ein zentrales Problem und Thema philosophischer Diskurse seit den 1960er Jahren ist.

Zur kulturwissenschaftlichen Reflexion der Grenze s. Hohnsträter 1997

Voraussetzung eines solchen Denkens ist die Figur der dezentrierten, der nicht auf ein zentrales Signifikat, nicht auf einen Ursprung und nicht auf eine zentrale Referenz rückführbaren Struktur der Sprache, des Bezeichnens, der Dinge, die ein im Prinzip unbegrenztes Spiel des Bezeichnens annehmen lässt. Das ist die Figur, die die Dekonstruktion für einen Prozess liefert, der nicht in der Beobachtung und Transformation von Strukturen besteht, sondern das Konzept der Struktur und ihrer Grenzen selbst in Frage stellt (Derrida 1983, 244ff).

Infragestellung des Konzepts der Struktur

Die Untersuchung der Grenze, der Überschreitung, führt in Philosophie und den Kulturwissenschaften zu Beobachtungen von Unschärfen an Rändern von Ordnungen, an den Rändern von bedeutungserzeugenden Strukturen, von Texten, von Zeichensystemen, in die Randbereiche von Disziplinen und Kulturen. Es ist ein Denken entstanden, das sich seinerseits auf Grenzverläufen zu bewegen sucht. Viel verdankt es der Frage nach dem Dritten zwischen Zweien und damit der Auszeichnung eines Bereichs „in between". Das Verbrauchte, der Rest in seinen vielfältigen Dimensionen, wird dabei Metapher, auch paradigmatischer Gegenstand, an dem sich Grenzen, ihre Auflösungen und Überschreitungen zeigen und zeigen lassen.

Die Frage nach einem dritten Bereich oder Raum, „Third Space", der sich zwischen zweien auftut, hat viele Disziplinen beschäftigt. Einflußreich war beispielsweise die Literatur- und Kunsttheorie von Bhabha(1994); vgl.auch Huber (2002).

Die Aufmerksamkeit für das Nicht-Identische ist eine Form des Insistierens auf relativen Stabilitäten und relativen Grenzen. Erst ein Denken, das das Nicht-Identische in seinen Raum holt, stellt Identifizierung und Identität, Positivierung und die Setzung von Grenzen in Frage und beginnt ein anderes, das sich als prinzipiell grenzüberschreitend, intermediär, transgressiv und/oder transitorisch präsentiert und seine Gegenstände als heterogene, ephemere, in heterotopen Ordnungen vorfindliche erzeugt, die ihrerseits als vorläufig, instabil, beweglich gedacht werden.

An Brachen läßt es sich einüben.

Literatur

Andritzky M, Klaus Spitzer K (Hrsg) (1981) Grün in der Stadt. Reinbek bei Hamburg

Arendt H (1981) Vita activa oder vom tätigen Leben. 2. Auflage, München

Bhabha HK (1994) The Location of Culture, London

Bonte L (1930) Beiträge zur Adventivflora des rheinisch-westfälischen Industriegebietes 1913-1927. In: Beiträge zur Landeskunde des Ruhrgebiets, Heft 3. Essen 1930

Burckhardt SL (0.J.) Das Hochofenwerk als Weltkulturerbe, in: Daidalos 58, 130-135

Daumas M (1980) L'Archéologie industrielle en France. Paris

Derrida SJ (1983) Grammatologie (De la grammatologie, dt.), Frankfurt/M.

Douglas M (1985) Reinheit und Gefährdung. Eine Studie zu Vorstellungen von Verunreinigung und Tabu (Purity and Danger, dt.), Berlin

Hauser S (1999a) Zur Musealisierung der Industriegeschichte – Der Fall Ironbridge, In: Forum Industriedenkmalpflege und Geschichtskultur 1/1999, 9-18

Hauser S (1999b) Umweltmodelle – Planungen für Industriebrachen und die Beschreibung der Natur. In: CENTRUM. Jahrbuch Architektur und Stadt 1999/2000, 70-79. Zürich, Basel

Hauser S (2001) Metamorphosen des Abfalls. Konzepte für alte Industrieareale. Frankfurt/M.

Hohnsträter D (1997) Grenzüberschreitung und Grenzgang als literaturwissenschaftliches und kulturwissenschaftliches Thema. Magisterarbeit, Universität Tübingen

Huber N (2002) Kon-Versionen. Zur Produktion neuer Sichtweisen des Urbanen. In: Genske DD, Hauser S (Hrsg) Die Brache als Chance. Ein transdisziplinärer Dialog über verbrauchte Flächen. Geowissenschaften + Umwelt, S. 177-204, Springer-Verlag Heidelberg

Institut für sozial-ökologische Forschungen (Hrsg) (1996) Das Management von Fäkalien und Flüssigabfällen aus Haushalten – historische Perspektiven auf ein Problem der Gegenwart, Frankfurt

Körner S (2002) Postindustrielle Natur – Die Rekultivierung von Industriebrachen als Gestaltungsproblem. In: Genske DD, Hauser S (Hrsg) Die Brache als Chance. Ein transdisziplinärer Dialog über verbrauchte Flächen. Geowissenschaften + Umwelt, S. 73, Springer-Verlag Heidelberg

Lévi-Strauss C (1995) Sehen Hören Lesen (Regarder, écouter, lire, dt.), München

Sheail J (1987) Seventy-Five Years in Ecology: The British Ecological Society, Oxford 1987, 213-17

Stewart SS (1984) On longing. Narratives on the Miniature, the Gigantic, the Souvenir, the Collection. Baltimore

Im Weststollen

Eine elektronische Struktur als Denkmal

Peter Arlt und Franz Xaver

Das 1995 in Ampflwang, Österreich, initiierte Projekt „Im Weststollen" war Teil des Festivals der Regionen, das Kunst- und Kulturprojekte an über 50 Orten in Oberösterreich durchführte. Das Projekt befasste sich mit der Liquidierung der Wolfsegg-Traunthaler Kohlenwerks GmbH, die das Ende der über 200-jährigen Geschichte des Bergbaus im Hausruck, Österreich, bedeutete.

Initiated in 1995 in Ampflwang, Austria, the project „Im Weststollen" was embedded in the "Festival der Regionen", a regional fair to present projects of art and culture at over 50 locations in Upper Austria. The project focuses on the end of over 200 years of history of mining in the Hausruck Region, with special regard to the decommissioning of the Wolfsegg-Traunthaler Kohlenwerks GmbH.

Am letzten Abbauort unter Tage, im Weststollen, wurde eine Videokamera installiert, die Bilder von diesem Ort an einen Bildschirm sendete. Der Bildschirm stand zunächst im Betriebsgebäude der Bergwerksgesellschaft und siedelte dann über in das Gemeindeamt von Ampflwang. Über Monate und Jahre sollten die Veränderungen sichtbar sein, die ein nicht mehr gebrauchter Stollen durchmacht – bis hin zu seinem Zusammenbruch, der gleichzeitig auch das Ende des Projektes werden sollte.

Veränderungen

Für eine breitere Öffentlichkeit war das Bild des Stollens zugänglich über ein Abonnement: Abonnenten konnten sich zwei Bilder pro Monat per Fax schicken lassen und auf diese Weise – potentiell überall – an der Beobachtung des Stollens und seines Zusammenbruchs teilnehmen.

Das Projekt war ein Zeichen gegen das schnelle Vergessen der Geschichte des Bergbaus und der Leistungen der Bergleute. Das Projekt lief knapp zwei Jahre,

Bild 1.
Videobild vom Weststollen /
Video shot of the Weststollen

bis das alte Bergwerk verkauft wurde und der Bergbau auf unerwartete Weise fortgesetzt wurde.

„An der Oberfläche stehen die Zeichen auf Tourismus. Das unterhalb Befindliche entzieht sich einer raschen Veränderung. Sowohl im Bewusstsein der Bergarbeiter als auch im Inneren des Bergs bleiben Spuren, die der Bergbau über zwei Jahrhunderte hinterlassen hat, erhalten. Diesen unter der Oberfläche liegenden Schichten setzen wir ein Denkmal, eine Stütze für die Erinnerung."

Spuren

„Solche Orte der Erinnerung haben allerdings nur dann eine Berechtigung, wenn sie die Fähigkeit zur Metamorphose besitzen, wenn sie 'vom unablässigen Wiederaufflackern ihrer Bedeutungen und dem unvorhersehbaren Emporsprießen ihrer Verzweigungen' (Paul Nora) leben."

„Das Bild des leeren Stollens und sein allmählicher Zusammenbruch könnte so ein Ort sein, an dem die Imagination aktiviert werden kann, an dem spezifische, d.h. der eigenen Erfahrung entsprechende Zugänge möglich sind. Ein Ort, der einen nicht von der eigenen Erinnerung und vom eigenen Gefühl abschneidet, sondern der einen innehalten lässt, an den man zurückgeht und zugleich Verknüpfungen mit der eigenen Gegenwart herstellen kann."

Erinnerung und Gegenwart

„In diesem Sinne ist es ein flüchtiges – und nicht monumentales – Denkmal: Weil nicht Geschichte festgehalten wird, die Erinnerung vorgegeben wird und weil das Denkmal selbst der Veränderung unterworfen ist – bis hin zur Auflösung."

Texte aus Gesprächen mit Peter Arlt und den Ampflwanger Gemeindenachrichten 11/1995

II Natur und Landschaft

Das Ruhrgebiet

Kulturlandschaft als kulturpolitisches Konstrukt

Eduard Führ

Der Begriff der „Kulturlandschaft" wird heute in Stadt-, Regional- und Landschaftsplanung benutzt, um deutlich zu machen, dass Landschaft anthropogen ist. Der Text zeigt auf, wie in einem bestimmten – relativ späten – Moment der industriellen Entwicklung im 20. Jahrhundert real und mental aus einer Ansammlung von Gegenden die Kulturlandschaft Ruhrgebiet konstruiert wird. Damit begnügt er sich aber nicht, sondern zeigt vielmehr an den unterschiedlichen Konkretisierungen und Ausprägungen bis heute die spezifischen kulturellen und politischen Charaktere auf.

The notion of "cultural landscape" is used today in urban, regional and landscape planning in order to indicate that landscape is anthropogeneous. The text points out how – at a relatively late moment of the industrial development of the 20th century – the cultural landscape of the German Ruhr district is constructed both in a real and in a mental way. Moreover, the text illustrates how the specific cultural and political characteristics are articulated and become concrete.

Kultur-landschafts-begriff

Die Intention des Aufsatzes ist es, das Ruhrgebiet genauer auf den Kulturlandschaftsbegriff zu untersuchen. Dabei ist mir bewusst, dass in den Begriffen „Kulturlandschaft", „Landschaft" und „Kultur" jahrhundertelange wissenschaftstheoretische Diskurse enthalten sind, die ich aber hier im vorgegeben Rahmen eines Aufsatzes nicht einbeziehen kann.

Wenn man über die Kulturlandschaft des Ruhrgebiets schreiben will, stellen sich zwei Fragen:

- Seit wann besteht das Ruhrgebiet?
- Welches Territorium ist damit gemeint?

Ruhrgebiet in der Literatur

Neuere wissenschaftliche Untersuchungen wie populäre Schilderungen des Ruhrgebiets fangen zumeist im 19. Jahrhundert an. Als Territorium wird das Gebiet genommen, für das der „Siedlungsverband Ruhrkohlenbezirk" (SVR) zuständig werden sollte, wobei den Autoren schon bewusst ist, dass der SVR erst nach dem ersten Weltkrieg gegründet wurde. Es wird zudem schnell auffallen, dass das Territorium, das als „Ruhrgebiet" bezeichnet wird, nur zu einem kleineren Teil mit der Ruhr zu tun hat.

Bibliographiert man aber Literatur aus dem 19. Jahrhundert, so wird man feststellen, dass man zum Ruhrgebiet nichts findet. Es gibt natürlich Veröffentlichungen; so schreibt man über den „rheinisch-westfälischen Industriebezirk", über den „Ruhrkohlenbezirk", das „Ruhrkohlenbecken", das „rheinisch-westfälische Kohlenbecken", das „Ruhrrevier", das „Ruhr-Steinkohlenbecken" oder über einzelne Orte und Städte.

Unterschied von Gegend und Landschaft

Meine These ist, dass dies nicht nur eine Frage des arbiträren Wortgebrauchs ist, sondern den Unterschied im Verständnis als Gegend oder als Landschaft bezeichnet, wobei ich mit Gegend einen willkürlichen Ausschnitt aus der Erdoberfläche und mit Landschaft einen irgendwie ausgegrenzten, inhaltlich, sinnhaft, formal, gestalterisch, strukturell, algorithmisch oder rhythmisch bestimmten und als laterales Feld erfahrenen oder gedachten Bereich bezeichnen möchte.

*Frage: Ruhr*gebiet *als Landschaft ?*

Die Frage, ob und ab wann man also von einer Landschaft und damit von einem Ruhr*gebiet* (Ruhrland, Ruhrrevier, Kohlenpott etc.), sprechen könnte beziehungsweise dann auch tatsächlich spricht, führt in zwei Bereiche – in den der geographischen, ökonomischen, sozialen und politischen Faktizität und in den der Bewusstwerdung, der mentalen Formierung und der kulturellen Konstituierung als Gegenstand. Man hat also zu fragen, wann und in welchen Strukturen, Aspekten und Territorien sich etwas als Ruhrgebiet realisiert oder ereignet und ebenso, wann und wie es wem bewusst wird.

Gegenden zwischen Ruhr und Lippe als Nicht-Landschaft

geologisch

Das Territorium des späteren Ruhrgebiets ist geologisch in der Oberfläche nicht bestimmt. Man kann insofern nicht von einer Ruhrgebiets*landschaft* sprechen. Durch ihre unterschiedlichen Höhen lassen sich geologisch drei Bereiche differenzieren – das Niederrheinische Tiefland, die westfälische Tieflandsbucht und das Bergisch-Sauerländische Bergland (Bilder 1 und 2).

virtuell

Nur virtuell wird das Territorium durch kohlehaltige Schichten zusammengefasst, die sich im Süden des Gebiets, an der Ruhr, nahezu an der Erdoberfläche befinden und sich nach Norden hin immer mehr in die Tiefe ziehen. Das Vorhandensein dieser Schichten sollte aber nicht dazu verleiten, von einem grundsätzlich seit jeher zusammenhängenden Gebiet zu sprechen. Denn erst die Nutzungsnachfrage, die technischen Fähigkeiten zur

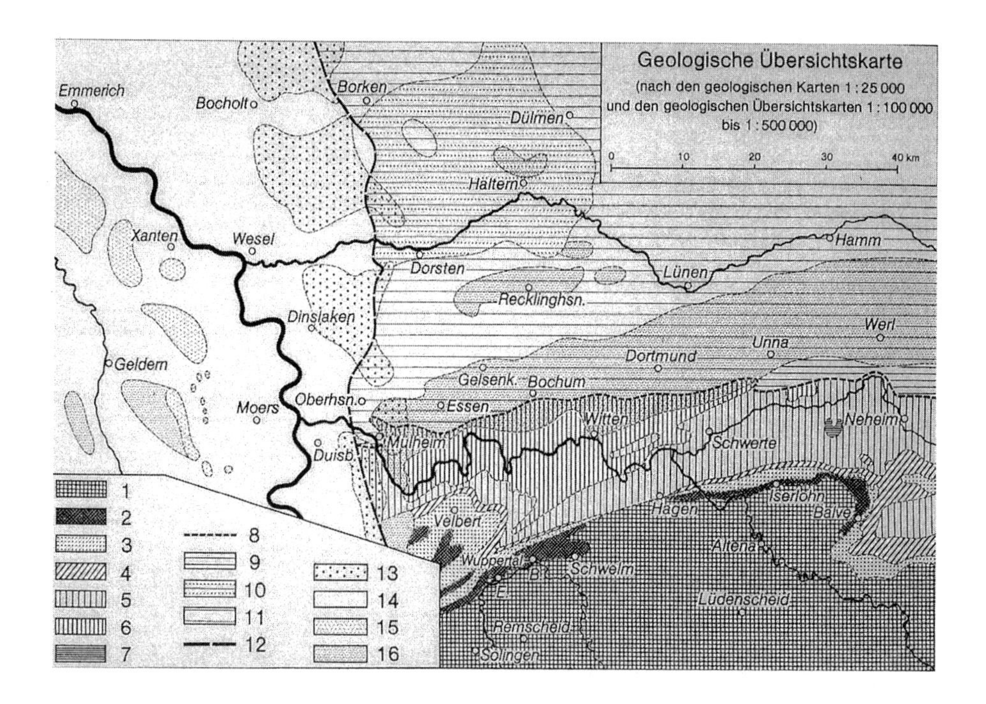

Bild 1.
Geologische Übersichtskarte Ruhrgebiet / *Geology* (aus Kürten 1973)

1 Silur, Unterdevon, Mitteldevon
2 Massenkalk
3 Oberdevon
4 Unterkarbon
5 Flözleeres Oberkarbon
7 Perm
6 Produktives Oberkarbon
8 Südgrenze des Kreidedeckgebirges
9 Haarstrang: Oberkreide
10 Sande der Oberkreide
11 Oberkreide
12 Tertiärdecke
13 Hauptterrassenplatten
14 Mittel- und Niederterrassen
15 Stauchwälle und Sander
16 Lößgebiete

Detektion, die entsprechende Kartierung sowie die technisch-ökonomischen Vermögen der Erschließung und Ausbeutung machen aus dieser virtuellen Schicht eine manifeste. Erst als erschlossene kann sie zur Gemeinsamkeit eines Gebietes werden und es in seiner Identität begründen.

Das Gebiet wird von Ost nach West von Ruhr, Emscher und Lippe, von der sichelförmig verlaufenden Wupper und von Süden nach Norden vom Rhein sowie von weiteren Flüsschen und Bächen durchflossen. Im Laufe der Entwicklung des Verkehrswesens geben die Flüsse den Gegenden Richtungen; zudem binden sie sie in größere Territorien ein.

Politisch-administrativ sind die Gegenden zwischen Ruhr und Lippe heterogen; zu Beginn des 19. Jahrhunderts gehörten sie in Teilen zum Herzogtum Kleve, zum Herzogtum Berg, zur Grafschaft Mark und zum Hochstift Münster. Unabhängig davon existieren die Stifte

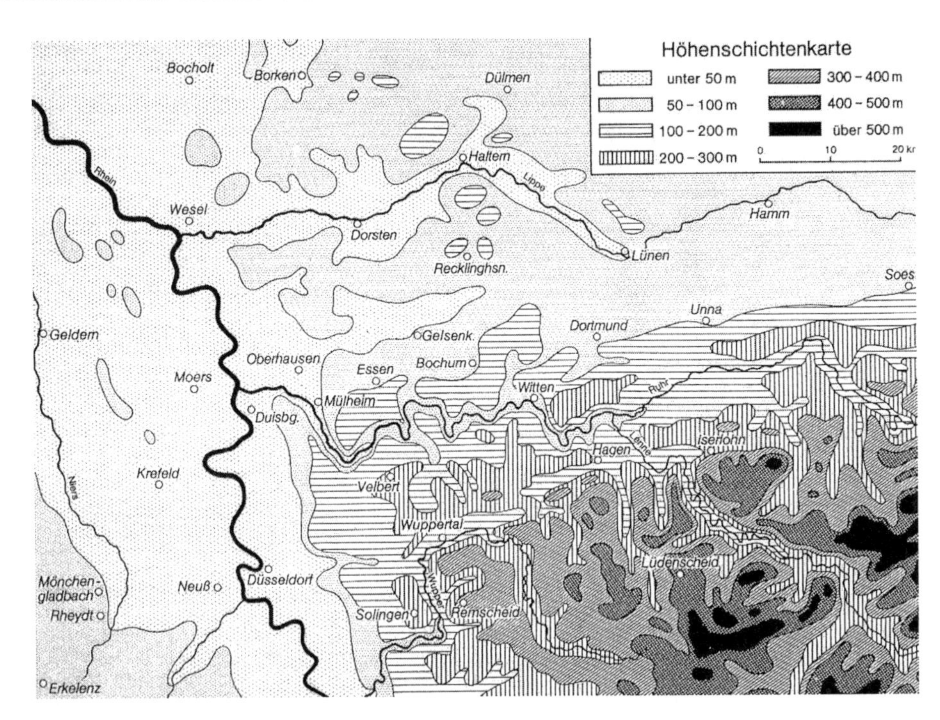

Bild 2.
Höhenschichten / *Topography* (aus Kürten 1973)

Essen und Werden und die Freie Reichsstadt Dortmund. Während bei der Besetzung durch Napoleon die Gegenden zum Großherzogtum Berg zusammenfügt wurden, verteilte Preußen, dem diese Gebiete nach 1815 zufielen, sie in zwei neu gegründete Provinzen, Westfalen und Rheinland. Zugleich wurden von Preußen drei Regierungsbezirke konzipiert,wobei die Sitze der Verwaltung dieser Regierungsbezirke (Düsseldorf, Arnsberg und Münster) nicht in den in Frage stehenden Gegenden liegen. Sie waren somit Peripherie zu außer ihnen liegenden Zentren.

Es gab also bis Anfang des 19. Jahrhunderts keine Gründe, die nahelegten, von einer Ruhrgebietslandschaft zu sprechen. Was heute Ruhrgebiet heißt, entstand im 19. und 20. Jahrhundert. Deshalb sind diese Gegenden auch besonders geeignet, den Prozess der Identifizierung, Ausgrenzung, inhaltlichen Bestimmung, Bewusstwerdung und bildhaften Füllung einer Kulturlandschaft zu demonstrieren.

Ökonomische Gestaltung eines Gebietes im 18. und 19. Jahrhundert

verbindend:

Verkehrswege

Die Strukturierungen zur Landschaft begannen vor dem 19. Jahrhundert mit das gesamte Gebiet durchziehenden und damit die einzelnen Orte aneinander bindenden Verkehrswegen. Seit dem Mittelalter war dies der Hellweg, der zu einer Reihe von Städten geführt hatte und diese auch miteinander verband.

Schifffahrtswege

Eisenbahnlinien

Mit den Anstrengungen zur Schiffbarmachung der Ruhr wird die Gemeinsamkeit dieses Streifens stärker thematisiert. In der zweiten Hälfte des 18. Jahrhunderts (1774-1780) wurde die Ruhr als Schifffahrtsweg für die an unterschiedlichen Orten geförderte Kohle ausgebaut. Im 19. und 20. Jahrhundert erfolgte dann der Bau von Kanälen, die das Ruhrgebiet zusammenschlossen. Seit 1847 folgte dazu parallel der Bau von Eisenbahnlinien, was zu einer internen Bindung und zum Anschluss an andere Wirtschaftsräume führte. Zugleich realisierten sich in dieses Primärnetz hinein Werksbahnen, sodass sich bis zum Ausgang des 19. Jahrhunderts ein sehr engmaschiges Netz öffentlicher und betrieblicher Eisenbahnen herausgebildet hatte.

Arbeitswelt

Unternehmerische Kooperationen und Verbände, Handel und staatliche Administration in der zweiten Hälfte des 19. Jahrhunderts wirkten ebenfalls verbindend. Gewerkschaftliche Aktivitäten und Streiks führten von anderer Seite dazu, dass das Gebiet als Einheit gesehen wurde. Dabei gab es hier – wie die dezentrale Organisation der Bergarbeiterstreiks von 1889 belegt – zuerst eine Gleichzeitigkeit des Tuns aufgrund der Gleichartigkeit des Schicksals, danach das Bewusstsein, im gleichen Boot zu sitzen, dann eine regionale Organisation und das Bewusstwerden des Ruhrgebiets als Territorium und Landschaft.

Im 20. Jahrhundert folgte der Ausbau des öffentlichen Nahverkehrs, der – kommunal organisiert – eher zur Bewusstwerdung von Städten und Kreisen führte, als dass er ein Ruhrgebiet konstituierte. Die Urbanisierung dieser Gegenden machte sie zu einer Ansammlung autonomer Orte mit gleichen Problemen, die sich aber eher voneinander abgrenzten als kooperierten oder gar zusammenschlossen. Die Entwicklungen von Arbeit, Technik sowie von betrieblicher und gewerkschaftlicher Organisation und die Arbeitskämpfe dagegen wirkten weiterhin in die andere Richtung. Das gemeinsame Management von Wasser spielte bei der Herausbildung des Ruhrgebietes ebenfalls eine große Rolle.

öffentlicher Nahverkehr

Aber auch die Bewohner begannen, das Ruhrgebiet als Handlungsfeld zu entwerfen. In der zweiten Hälfte des 19. und um die Wende zum 20. Jahrhundert gab es im Ruhrgebiet eine große „schwimmende Bevölkerung" (Bezeichnung von A. Krupp; siehe Führ und Stemmrich 1985). Sie entstand, indem Arbeiter ihre privaten Lohnverhandlungen durch permanenten Arbeitsplatz- und Wohnortwechsel führten. Wehler (1995, S. 506) belegt diese Bezeichnung für die Jahrhundertwende mit statistischen Daten:

„schwimmende Bevölkerung"

Einwohnerbewegungen für Dortmund:
von 1880 bis 1890 zogen 135.000 Einwohner zu, aber 115.000 ab,
von 1890 bis 1900 zogen 245.800 Einwohner zu, aber202.600 ab,
von 1900 bis 1910 zogen 400.600 Einwohner zu, aber 348.100 ab.

Auf Essen treffen ähnliche Zahlen zu:
von 1880 bis 1890 zogen 118.000 Einwohner zu und 100.000 ab,
von 1890 bis 1900 zogen 247.800 Einwohner zu und 210.800 ab und
von 1900 bis 1910 schließlich 459.800 zu und 434.300 ab.

In den zehn Jahren zwischen 1900 und 1910 wechselten also in Dortmund dreiviertel Millionen Menschen ihren Wohnort. Die Arbeiter „schwammen" in Gebieten gleicher Arbeit, für sie war das Gebiet zwischen Dortmund und Rhein, zwischen Hellweg und Lippe ein durchgehendes Lohnarbeitsfeld, lange bevor es Ruhrgebiet genannt wurde.

Die Entstehung des Ruhrgebiets zur Wende ins 20. Jahrhundert

Ruhrgebiet als Territorium

Kurz vor bis nach dem Ersten Weltkrieg entstand ein Bewusstsein vom Ruhrgebiet als Territorium, einer bestimmten Fläche, einer bestimmten Identität und bestimmter Grenzen. Es wird bewusst, dass es sich hier um ein kulturlandschaftlich zusammenhängendes Gebiet handelt, das man dann auch mit einem Begriff bezeichnen kann.

Dies hat mit der Entwicklung des Ruhrgebietes zur „Waffenschmiede" Deutschlands, mit der daraus folgenden Sonderrolle des Reviers im Ersten Weltkrieg und der Notwendigkeit zur gemeinsamen Bewältigung wirtschaftlicher, ökologischer und planerischer Probleme zu tun, sowie mit der administrativen und wirtschaftlichen Übernahme der sich dort befindenden Produktionsstätten und ihres Umfeldes als Reparationszahlung durch Frankreich, den damit verbundenen alltäglichen Erfahrungen der Bewohner und mit dem gegen diese Besetzung gerichteten „Ruhrkampf". Nichts führt so einfach und klar zu einer Identifikation wie ein gemeinsamer Feind.

Ein konkreter Anlass zur administrativen Umgrenzung eines Ruhrgebiets war am 5.5.1920 die Gründung des Siedlungsverbandes Ruhrkohlenbezirk (SVR). Aufgaben des SVR sollten gemeinsame wirtschaftliche und infrastrukturelle (ÖPNV), baurechtliche (Bebauungs- und Fluchtlinienpläne) und städtebauliche (Grünplanung, Industrieansiedlung) Planungen sein.

Die Konstruktion von Ruhrgebiets-kulturlandschaften

Das Ruhrgebiet als heterotope Landschaft

Eine erste bildhafte Formierung des Ruhrgebiets als Landschaft gab M. P. Block 1928 mit dem Band „Der Gigant an der Ruhr" heraus, der ein Geleitwort von Hans Spethmann und 304 Bildern unterschiedlicher Fotografen enthielt.

Im Rahmen eines Aufsatzes kann ich nicht auf alle Landschaftstypen im Ruhrgebiet eingehen; die Erholungslandschaft, die Naturlandschaft der Ruhr, fehlen ebenso wie die Arbeitersiedlungslandschaft.

Die Abbildungsserie beginnt mit einem „Hüttenwerk bei Nacht". Es folgen reichlich unsystematisch und teilweise auch doppelt, Bilder von Menschen im Gespräch und bei der Arbeit; es werden Arbeitsstätten, aber auch Innenstädte, naturräumliche Situationen, etwa mit einem Blick auf die alte Ruhr bei Rellinghausen gezeigt. Beispiele sind in den Bildern 3 bis 9 wiedergegeben.

erstmals Ruhrgebiet in Bildern: „Der Gigant an der Ruhr" (1928)

Als Arbeitsorte werden Bergwerk, Hütte und Hafen gezeigt, Maschinen und Anlagen erscheinen in ihrer Wuchtigkeit, man kann hier weder von Heroik noch von Erhabenheit sprechen, die Arbeit, wie man sie auf dem Weg zur Arbeit, bei der Arbeit, in der Pause und in der freien Zeit sehen kann, ist schwer und schmutzig. Die Städte des Ruhrgebiets werden mit ihren kleinen historischen Kernen präsentiert, gleichzeitig sind sie urban. Eine Fülle von Bildern zeigt Arbeitersiedlungen des 19. Jahrhunderts, aber auch moderne Bauten der 1920er Jahre. Es gibt panoramatische Überblicke über die Landschaft, dabei werden Industrie und Häfen ebenso wie etwa die industriefreie Ruhr gezeigt. Landwirtschaft findet statt, neben Korn werden Rüben und Kartoffeln angepflanzt, man sieht Menschen auf dem Feld arbeiten.

Motive

Bild 3.
„Morgen im Industriegebiet" / *"Morning in the Industrial Belt"* (aus Block 1928)

Bild 4.
„Dortmund, Stahlwerk Hoesch" / *"Steelmill Hoesch Dortmund"* (aus Block 1928)

Bild 5.
„Industrielandschaft" / *"In-dustrial Landscape"* (aus Block 1928)

Bild 6.
„Mittagspause" / *"Lunch break"* (aus Bock 1928)

Bild 7.
„Ruhrtal bei Kettwig" / *"Ruhr Valley at Kettwig"* (aus Bock 1928)

Bild 8.
„Dortmund, Markt" / *"Dortmund, market"* (aus Bock 1928)

Bild 9.
„Sterbender Wald" / *"Dying forest"* (aus Bock 1928)

Beim intensiven Durchblättern des Bandes wird das Durcheinander zum Programm, die einzelnen Bilder stehen nebeneinander, auch die obligatorischen Roggenfelder vor Industriesilhouette dienen der programmatischen Präsentation dieses Nebeneinanders. Im Geleitwort allerdings schließt Spethmann (zu Spethmann s. u.) dieses Nebeneinander zusammen, indem er in ihm eine dynamische Potenz zu einer großen Einheit sieht.

„... Wenn wir in dieses Ruhrgebiet eintreten, so sehen wir, daß es noch ganz und gar im Aufbau begriffen ist. Überall ist Werden und Wachsen, alles in ihm ist Entwicklung. Nicht einmal seine eigene Begrenzung liegt fest. Es läßt sich nicht scharf umreißen, weil der Begriff Ruhrgebiet keine gegebene natürliche Landschaft umspannt, sondern eine Industriezone, das 'Revier' genannt, die noch nicht das Höchstmaß der Kraftentfaltung gewonnen hat. Dem Revier verleiht die großgewerbliche Betätigung in Kohle und Eisen das Gepräge der Einheitlichkeit. So weit diese reicht, so weit reicht auch das Ruhrgebiet..." (Spethmann in Block 1928, S. VIII)

Die neue Einheit werde eine einzige Stadtlandschaft sein, die „Ruhrstadt". Da die harte Arbeit die Menschen verschmelze, werde es schon bald keine Westfalen und keine Rheinländer geben.

Das Ruhrgebiet als Nationallandschaft

Das nachhaltigste Bild der Kulturlandschaft Ruhrgebiet wurde wiederum von Hans Spethmann, der schon das Vorwort zu „Giganten im Revier" beigetragen hatte, 1933/36 in seiner mehrbändigen Publikation „Das Ruhrgebiet" entwickelt.

„Das Ruhrgebiet" (1933/1938)

Der 1885 in Lübeck geborene Hans Spethmann kam 1921 ins Ruhrgebiet. Im April 1925 wurde er Wirtschaftsgeograph und -historiker beim Verein für die bergbaulichen Interessen im Oberbergamtsbezirk Dortmund („Bergbauverein") mit Dienstsitz in Essen. Spethmann war es vor allem, der das Thema Ruhrgebiet für die Wissenschaft entdeckte und in der Öffentlichkeit für den Bergbauverein besetzte. Zu dessen 75jährigem Bestehen legte er die das Bild des Ruhrgebiets bis heute prägende Schrift „Das Ruhrgebiet im Wechselspiel von Land und Leuten, Wirtschaft, Technik und Verkehr" in zwei Bänden vor, denen er 1938 noch einen dritten Band folgen ließ.

das Ruhrgebiet chronologisch

Spethmann handelt in seinen beiden ersten Bänden das Ruhrgebiet in 12 Kapiteln ab, dabei geht er chronologisch vor. Er beginnt mit dem Waldland am Rhein vor Beginn unserer Zeitrechnung, erwähnt – sicherlich im Hinblick auf die Ruhrbesetzung durch Frankreich – eine mit der sogenannten Schlacht am Teutoburger Wald gescheiterte Romanisierung um Christi Geburt und stellt dann den Übergang von der Rodung des Landes bis zum Beginn der ersten industriellen Aktivitäten vor.

Zwar, so Spethmann, wurden technische Errungenschaften der Römer von den Germanen übernommen, die Infrastruktur der Römer prägt die Landschaft, aber es blieb „kein römisches Blut zurück". Zudem hielten die Germanen ihre Sprache und ihre alte Religion bei; das Ruhrgebiet sei „damit ein Bollwerk für das spätere Deutschtum" (Spethmann 1933, S. 41).

harmonisches Verschmelzen

Karl der Große prägte das Ruhrgebiet nach Ansicht Spethmanns für Jahrhunderte und Jahrtausende, indem er die widrige Natur meliorierte, die Menschen mit Hilfe des Christentums fügte und damit dem Ruhrgebiet einen ersten Impuls „zu einem harmonischen Verschmelzen zu einem größeren Ganzen" gab (Spethmann 1933, S. 70f).

In den folgenden Kapiteln wird dann die Entwicklung zum eigentlichen Ruhrgebiet geschildert: Ende des 18. Jahrhunderts entstand eine stärkere Nachfrage nach fossilen Brennstoffen. Um diese Nachfrage bedienen zu können, wurde – durch Initiative einzelner Männer, wie

Spethmann schreibt – zuerst die Infrastruktur, die zum größten Teil noch aus fränkischer Zeit stammte, entwickelt. Die von Ost nach West verlaufende Ruhr wurde schiffbar gemacht, die Mündung der Ruhr in den Rhein als Hafen ausgebaut. Die Förderung der Steinkohle konnte zunehmen. Napoleon schloß Territorien zusammen und vereinfachte dadurch die Administration; zugleich hob er Zollprivilegien auf, gründete Handelskammern, ließ Straßen bauen und entwickelt Pläne für Kanäle. Zu seiner Zeit wurde auch die Dampfmaschine eingeführt, es entstanden einige Hüttenwerke. In der Zeit zwischen 1830 und 1840 weitete der Bergbau seine Abbaugebiete aus und ging zum Tiefbau (Durchstoßen der Mergeldecke) über. Die Eisenindustrie wuchs, man veränderte die technischen Verfahren (Puddeln). Wasserstraßen und Ruhrorter Hafen wurden weiter ausgebaut, die Diskussion, Planung und Realisierung von Eisenbahnstrecken begann.

Entwicklung zum eigentlichen Ruhrgebiet

19. Jahrhundert

Im zweiten Band geht es um die Zeit von 1850 bis 1925. Er wird zunehmend zu einer Geschichte der Unternehmen im Revier. In der Mitte des 19. Jahrhunderts gibt es einen durch fundamentale Fortschritte in der Technik (Schachtbau) und durch einen Zollschutz in Gang gesetzten Großaufschwung, begleitet von einem entsprechenden Rückgang der Landwirtschaft.

19./20. Jahrhundert

„Weithin aber erheben sich nunmehr Zechen und Hütten, und zwischen ihnen liegen die jungen Siedlungen der Kolonien. Die Bergwerke werden überragt von Fördergebäuden mit wuchtigen Ziegelwänden, die wie Festungsbauten ausschauen und nach dem Krimkriege Malakofftürme genannt wurden. Die Schornsteine sind niedrig, aber gedrungen und von viereckiger Form, es sind die Obelisken der Neuzeit, wie man sich ausdrückte. Malakofftürme und Obelisken sind das äußere Kennzeichen des Aufschwungs." (Spethmann 1933, S. 333f).

Nach 1870 wurde die Infrastruktur weiter ausgebaut und vor allem verdichtet und vernetzt. Die Schwerindustrie modernisierte sich technologisch (Bessemer-

Verfahren in der Stahlindustrie, Kammeröfen bei der Kokerei), expandierte und belebte dadurch eine umfangreiche weiterverarbeitende Industrie. Sie „siedelt Zehntausende von Menschen im Revier an und gibt ihnen das tägliche Brot" (Spethmann 1933, S. 410).

Industrialisierung im 20. Jahrhundert

So wie Spethmann die Zeit vor dem deutsch-französischen Krieg im wesentlichen durch die Aktivitäten von Grillo, Krupp und Mulvany geprägt sieht, so nun durch Emil Kirdorf, den „ganzen Kerl" (Spethmann 1933, S. 586). Aber auch August Thyssen und Hugo Stinnes werden hervorgestellt und mit der Abbildung von Portraits geehrt.

In einem äußerst engagiert formulierten 12. Schlußkapitel geht Spethmann auf die Besetzung des Ruhrgebiets durch Frankreich ein. Ziel ist ihm weniger, die kulturlandschaftlichen Veränderungen darzustellen, als vielmehr das Ruhrgebiet als Inbegriff einer nationalen Landschaft herauszustellen.

die politische Dimension

Spethmann hebt hervor, dass die Sozialdemokratische Partei Deutschlands durch „Verführung der Arbeiter", durch „Erregung von Unruhen" und „Anstachelung von Streiks" Deutschland im Krieg immens geschwächt und durch „solche landesverräterische Agitation" an einem „Schmachfrieden" mitgewirkt habe. Wäre das Ruhrgebiet endgültig an Frankreich oder als eigene Republik verloren gegangen, hätte Deutschland sein Herz verloren und wäre so zu Tode gekommen (Spethmann 1933, S. 591f). Aber zum Glück seien die Franzosen verjagt und eine bolschewistische Übernahme verhindert worden.

„Der Ruhrkampf war das größte geopolitische Ereignis gewesen, das sich in Mitteleuropa seit Kriegsende abgespielt hat. Er hat die Loslösung des Ruhrgebiets vom Deutschen Reich abgewehrt. ... So war der Ruhrkampf letztens ein Ringen um die nationale Existenz des Deutschtums." (Spethmann 1933, S. 600f)

Dimension der Tiefe

Spethmanns Ruhrgebiet besteht aus einem ökonomisch, infrastrukturell und technologisch strukturierten, durch die Tatkraft „Großer Männer" herausgebildeten Zusammenhang, der eine zusätzliche Dimension der Tiefe aufweist. Nicht aus der Tiefe der Flöze, sondern aus der Tiefe der Geschichte herauf zeige sich die historische Identität des Ruhrgebiets und seiner Menschen; sie seien – so sagt er normativ – heute noch, was sie zu Zeiten Karls des Großen waren, Generatoren der wahren – deutschen – Nation und ihre Verteidiger gegen die „unintegrierbaren" Slawen und gegen alles Römisch/Romanische.

Motive

Die Publikationen von Spethmann sind sehr üppig bebildert, somit wird seine Skizzierung des Ruhrgebiets doppelt codiert. Dabei ergänzen sich beide Bereiche. Im ersten Band gibt es eine Reihe von Abbildungen; neben (romantischen) Portraits von Unternehmern, Grundrissen und Ansichten von Städten und Fabriken werden typische Arbeitsgeräte abgebildet. Beispiele sind in den Bildern 10 bis 12 wiedergegeben. Arbeitende Menschen kommen im Text und in den Bildern nur spärlich vor (insgesamt nur zweimal; die beiden Bilder sind hier in Bild 10 und 11 wiedergegeben), und wenn, dann als Staffagefiguren zu Maschine oder Ort.

der technische Ausbau des Ruhrkohlenbergbaus

Im 1938 erschienenen dritten Band wird die Zeit von 1918 bis 1938 dargestellt. Hervorgehoben – auch durch Abbildungen – wird der technische Ausbau des Ruhrkohlenbergbaus. Dabei werden im Gegensatz zu den beiden ersten Bänden häufiger auch Menschen bei der Arbeit dargestellt; allerdings dienen sie auch hier eher der Präsentation von Technik (Bild12). Die Unternehmerportraits fehlen. Zudem werden Kohleveredelung und Energiewirtschaft dargestellt. Quasi als Anhang geht Spethmann nun auch auf die Geologie des Ruhrgebietes ein. Erstmalig gibt es auch ein Kapitel über Frachtsätze und Löhne. In einem eigenen Unterkapitel stellt er „Name und Bild der Zechen in der Landschaft" dar.

Vergleicht man die Fotografien mit denen bei Block, die 10 Jahre früher veröffentlicht wurden, so hat sich das Ruhrgebiet verändert; es ist nun nicht mehr schmuddelig, die Schlote sondern in der Regel gar keinen Rauch ab, nur in Ausnahmen und dann hellen oder weißen; die Atmosphäre ist klar und sonnig.

Bild 10.
„Mundloch des Frederica-Erbstollen" / *"Entrance of the Frederica gallery"* (aus Spethmann 1933)

Bild 11.
„Der alte Hammer in Essen-Kupferdreh" / *"The old hammer in Essen-Kupferdreh"* (aus Spethmann 1933)

Bild 12.
„Kohlenhauer mit Preßlufthammer" / *"Miner with pneumatic hammer"* (aus Speth-mann 1938)

Bild 13.
„Malakofftürme der Zeche Hannover" / *"Malakoff towers of Hannover Mine"*
(aus Spethmann 1938)

Bild 14.
„Zeche Zollverein" / *"Zollverein Mine"*
(aus Spethmann 1938)

Bild 15.
„Roggenfelder bei der Zeche Bergmannsglück" / *"Rye field at Bergmannsglück Mine"*
(aus Spethmann 1938)

Jetzt, 1938, erscheinen die später auch bei anderen obligatorisch werdenden Bilder von „Getreide an Hütte", von Getreidefeldern vor einer Zechen- oder Hüttensilhouette, obwohl Spethmann noch im zweiten Band festgestellt hatte, dass der Körneranbau zurückgeht und dafür Kartoffeln angebaut werden. Aber Kartoffelfelder sind eben nicht so malerisch und können deshalb die Befriedung von Landwirtschaft und Industrie, von Natur und Technik nicht so idyllisch insinuieren.

veränderte Wahrnehmung des Ruhrgebiets

Das Ruhrgebiet als Existentiallandschaft

1958 gibt ein Kölner Verlag das Buch „Im Ruhrgebiet" mit Fotografien von Chargesheimer und einem Vorwort von Heinrich Böll heraus (Böll/Chargesheimer 1958). Das Buch definiert das Ruhrgebiet nicht aus seiner Geschichte heraus, sondern in seinem „Sosein". Neben wenigen Überblicken über die Landschaft zeigen die Fotos Straßen, Hinterhöfe, städtische Räume, vor allem Menschen, immer wieder Menschen, bei der Arbeit und während ihrer freien Zeit; oft im Portrait oder im extremen *close-up*.

„Das Ruhrgebiet" (1958)

Das Buch zeigt das Ruhrgebiet als Landschaft, obwohl dies zu sehen dem Leser und Betrachter nicht so einfach gelingt. Zwar zeigt Chargesheimer Landschaften, etwa gleich eingangs fünf Fotos mit einem weiten Blick über Weiden bei Marl, mit der Ruhrschleife bei Essen, mit einem Blick auf die Peripherie von Dortmund, mit einer Landschaft bei Recklinghausen und mit einem Bauernhof bei Gelsenkirchen. Aber sie zeigen einen Blick, der optisch durch quer im Bild verlaufende Zäune, Brücken, Wege, Eisenbahnschienen, Stromleitungen oder aufgehängte Wäsche daran gehindert wird, in die Tiefe zu schweifen. Einen Fernblick zu einem Horizont, der auch ein Jenseits andeutet, gibt es nicht. Die Räume sind begrenzt, verwirrend, ungepflegt und eng.

Motive

Bild 16.
„Einfahrt" / *"Descend"* (aus Böll/Chargesheimer 1958)

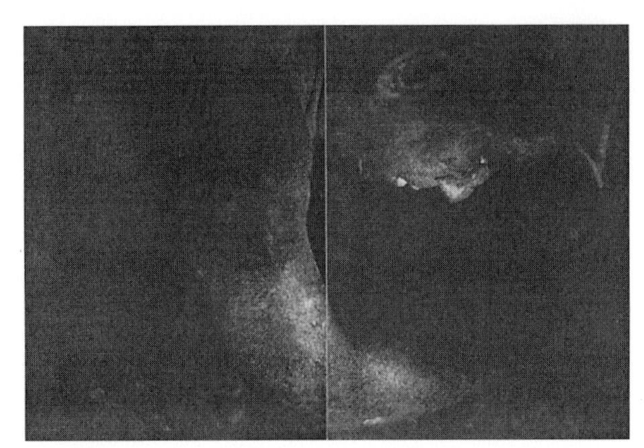

Bild 17.
„Vor der Kohle" / *"At the coal"* (aus Böll/Chargesheimer 1958)

Liest man jedoch den Text von Böll dazu, so erkennt man, dass in Einzelaspekten, in schnellen, scharfen und liebevollen Blicken auch in den Bildern das Ruhrgebiet als eine mythisch-archaische Urlandschaft geschildert wird.

Ferne und „Heimat"

Böll beschreibt eine Reise durch eine nicht entdeckte Provinz, in der es nach Macht und nach Menschen riecht, „nach Jugend, Barbarei, Unverdorbenheit"; „sie bleibt in nebelhafte Ferne gerückt", „bleibt Mythos oder Begriff und ist doch Heimat, so geliebt wie jede andere Heimat" (Böll/Chargesheimer 1958, S. 5): Fast glaube man, dass es hier Menschen nicht geben könne, obwohl man sie sehe. Dennoch finden Menschen hier „Heimat", was Böll mit der Reportage eines Gesprächs eines aus dem Italienurlaub zurückkehrenden Pärchens deutlich macht:

»„Ja, ich freue mich, daß ich wieder zu Hause bin, ich war all die Schönheit und den blauen Himmel ein wenig leid". Kopfschüttelnd, ohne zu antworten, steuerte der junge Mann das kleine Auto weiter nordwärts, auf Oberhausen zu. „Und alle die schneeweißen Berge, die Seen, diese sauberen Dörfchen, ich hätte es keine zwei Tage mehr ausgehalten; und diese Barockkirchen da unten, so viel Gold, so viel Gips, so viel liebliche Engel; nein, ich freue mich, wenn ich heute abend mit dir im

Bild 18.
„Bauernhof bei Gelsenkirchen" / *"Farm at Gelsenkirchen"* (aus Böll/Chargesheimer 1958)

Bild 19.
„Viadukt (Ruhrort)" / *"Viaduct (Ruhrort)"* (aus Böll/Chargesheimer 1958)

Kintopp sitze, weißt du, in dem alten, unten an der Ecke der Bochumer Straße." „Ausgerechnet in dem?" „Ausgerechnet in dem will ich sitzen und will die Leute riechen, und nachher will ich ein Bier und einen Schnaps trinken in der Kneipe unten an der Ecke zum Wiehagen." „Da?" „Ja, da. Ich will so richtig wissen, daß ich wieder zu Hause bin. Und am Sonntag will ich auf den Fußballplatz gehen und auf die Kirmes auf der Wiese hinter Stratmanns Haus, ich will..." „Langsam", sagte der Mann am Steuer, „langsam"'... „Ich will zu Großvaters gehen, in seinen Schrebergarten hinter der Kokerei, will sehen, ob die Tomaten reif geworden sind und die Kaninchen fett. Und er muß mir erzählen, ob die Tauben, die er nach Brüssel geschickt hat, alle zurückgekommen sind. Und ich werde mich von Tante Else zum Kaffee einladen lassen und das ganze Geklatsche und Geklöne anhören, über Anita und Willi und..." „Werde nur nicht romantisch", sagte der junge Mann lächelnd. „Ich will ja nur wissen", sagte die junge Frau, „daß ich wirklich zu Hause bin."« (Böll/Chargesheimer 1958, S.7/8)

Das Ruhrgebiet sei jung, noch keine hundert Jahre alt. Böll vergleicht es mit Köln, als diese Stadt hundert Jahre alt war:

„mit seinen Kasernen, ubischen Dirnen, verkommenen Germanen, die den römischen Söldnern die Stiefel putzen; mit seinen Kneipen, seinen Wachtürmen, dem Hafen; mit dem Rheinstrand, an dem römischer Flitter gegen germanische Frauenehre getauscht wurde; wahrscheinlich rümpften die echten Römer, die notgedrungen Dienstreisen hierhin unternahmen, entsetzt die Nase; so mag der Kölner im Vollgefühl der römischen Herkunft seiner Vaterstadt entsetzt die Nase rümpfen, wenn er in Wattenscheid aussteigt, und doch ist hier Frauenehre nicht so leicht einzutauschen, die Luft herber, die Menschen herrlicher und einfacher, weniger verdorben..." (Böll/Chargesheimer 1958, S. 23f).

Nach Böll und Chargesheimer sind es die Menschen, die das Ruhrgebiet ausmachen, mythologische Männerfiguren, die sich nur schwach aus der Schwärze herausheben, aber auch ganz alltäglich ihre Tauben züchten und ihr Bierchen trinken. Es sind aber auch – und hier unterscheiden sie sich von den meisten anderen Ruhrgebietspanoramen – Frauen, Kinder, Jugendliche, junge Eheleute: Menschen im Alltag.

das Ruhrgebiet als mythisch-archaische Kulturlandschaft

Böll und Chargesheimer gehen – wie sonst nur wenige andere – auch auf die Religion ein. Sie zeigen aber nicht die Religiosität von Menschen, sondern die religiöse Valenz des Ruhrgebietes. Die Bilder sind „schwarz", sie verweisen damit nicht nur auf die Kohle, sondern zeigen darin einen (Ur)Grund, in den die Menschen gebunden sind. Er ist eine schwere Substanz, die die Menschen birgt und bindet und Last und Elend des Werdens begründet.

Die Menschen werden in existentiell wichtigen Situationen (vom Kinderspiel bis zur Beerdigung), stets aber in sozialen Situationen, gezeigt. Zugleich charakterisieren Böll und Chargesheimer ihre alltäglichen Themen und Bedingungen:

Bild 20.
„An der Haltestelle" / *"At the bus stop"* (aus Böll/Chargesheimer 1958)

Bild 21.
„Wegkreuz" / *"Intersection"* (aus Böll/Chargesheimer 1958)

„... der schwelgende prassende Kapitalist ist eine Figur, die fast schon liebenswürdig wirkt, weil es sie kaum noch gibt. Man spricht in den Konferenzpausen nicht über Weiber, Weine und empfehlenswerte Lasterhöhlen; man spricht über Diäten, schreibt sich die Adressen von Ärzten auf, empfiehlt sich gegenseitig spartanische Kuren und Sanatorien; nicht Rotspon regiert die Stunden sondern Sanddorn. ... Die geizigen Frühstücke ändern nichts an der Tatsache, daß Kohle und Stahl Macht geblieben sind ... 'sein Glück machen' kann hier nur der, dem es gelingt, sich in die Versorgung dieser gewaltigen Großstadt einzuschalten; die Marketender haben immer schon mehr verdient als die Söldner; sie haben immer davon gesprochen, wie schön und gut das Söldnerleben ist, wie anspruchsvoll und leichtsinnig die Söldner seien; aber niemals war Sold leicht verdientes Geld, und noch nie war durch körperliche Arbeit verdientes Geld leicht verdient, und doch zerrann es immer. (Böll/Chargesheimer 1958, S. 28).

Böll und Chargesheimer gehören zu den wenigen Urhebern des Ruhrgebiets, die in die Zukunft blicken. Sie sind keine euphorischen Utopisten und keine Leute, die den Aufbruch glorifizieren; im Gegenteil, die Bilder zeigen einen schweren Anfang, aber sie zeigen ihn als Anfang. Sie zeigen ihn als Anfang von etwas, das in den Bildern nicht zum Vorschein kommt, aber noch werden kann.

Das Ruhrgebiet ist existentielle Aufgabe, die gemeistert werden muss und wird. Das Ruhrgebiet ist für Böll und Chargesheimer eine mythisch-archaische Kulturlandschaft, allerdings ist es keine Idylle, kein Ort heroischer Übermenschen, sondern vielmehr „Hephästos' Land" (Böll/Chargesheimer 1958, S. 6), Ort schwerer Aufgaben und lastender Arbeit.

Das Ruhrgebiet als europäische Kulturlandschaft

„Ruhrgebiet. Portrait ohne Pathos" (1959)

Die Böll/Chargesheimersche Sicht der Kulturlandschaft Ruhrgebiet war anstößig, denn ein Jahr später folgte von (selbst-)berufener Seite des Siedlungsverbandes Ruhrkohlenbezirk mit Vorworten unter anderem von dessen Verbandsdirektor Josef Umlauf und des Duisburger Oberbürgermeisters ein weiteres Buch: „Ruhrgebiet. Portrait ohne Pathos", dessen Pathos – wie wir unten sehen werden – das des Böll/Chargesheimerschen aber bei weitem übertrifft. Obwohl als Gegenbuch gedacht, ähnelt es in der Aufmachung wie in den Referenzen des Textes und den Inhalten der Bilder sehr dem Buch von Böll und Chargesheimer.

Motive

Das Buch enthält sechs Texte unterschiedlicher Autoren und Fotografien von Fritz Fenzl. Die Landschaftsbilder des Ruhrgebietes werden zu distanzierten und distanzierenden Überblicksbildern. Die Ruhrgebietslandschaft ist weit und ohne Ende. In den Texten bemüht man sich, kurze, essayistische Überblicke über die historische Entwicklung zu geben.

Hervorgehoben wird, dass das Ruhrgebiet eine Landschaft in Europa ist und schon bei seiner Gründung eine europäische Angelegenheit gewesen sei; damit soll das Ruhrgebiet – als ehemalige nationale Waffenschmiede – nicht mehr als Gefahr für, sondern als Teil von Europa dastehen:

Bild 22.
„Blick vom Duisburger Kaiserberg auf Oberhausen" / *"View from the Kaiserberg in Duisburg upon Oberhausen"* (aus SVR 1959)

„An der Wiege der Ruhr stehen neben den bekannten deutschen Gründerfamilien auffallend viele ausländische Industrielle, Kaufleute, Finanziers und Techniker aus Frankreich, Belgien, Holland, England, Ausländische Satzungen, ausländische Firmenbezeichnungen, ausländische Verfahren kennzeichnen die Anfänge der Kohlen- und Stahlindustrie an der Ruhr." (SVR 1959, S. 198)

Während es bei Böll/Chargesheimer um existentielle Grundzustände der Menschen geht, geht es hier in dem SVR-Buch um Jahrhunderte überdauerndes Kulturgut und um Naturgesetze. Hephaistos trifft Sisyphos:

„An keiner Stelle Europas wäre der Gegensatz zwischen der über Jahrhunderte friedlich träumenden Landschaft und dem rapiden Energienrausch nach langer Kräftespeicherung so deutlich zu erkennen, wie hier im Ruhrgebiet. Städte, die 1850 nur schmächtig dastanden oder noch kaum existierten, dann in die große Drift des Industriezeitalters gerieten, sah der Heimkehrer von 1945 zerstört bis auf den nackten Grundriß. Was in geometrischer Beschleunigung aus dem Boden geschossen war, stand als rostiges Eisenskelett gegen den Nachthimmel da. Der war ohne Rauch. Hephaistos schwieg. Sisyphos schlich schaudernd durch lichtscheue Straßen. Hohlwangig blakte die Gaslaterne. Aus den verschontesten Häusern kam nicht ein einziger Schimmer. Überall lauerte Frühschicht. Der kupferne Kirchturmhahn schrie – man hörte ihn nicht; hier trieb ein schriller Wecker aus Warenhaus-Kreisen die Arbeiter auf. Graue Gestalten im nebelzersprühten Morgen. Sie strebten dem Werkstor entgegen, ins Teerverwertungsgelände, als Schichtablösung vor Ort." (SVR 1959, S. 11)

Hellmuth de Haas, von dem das obige Zitat stammt, der auch die Redaktion des gesamten Buches hatte und zusammen mit Oliver Storz die Texte zu den Bildern schrieb, hebt das Ruhrgebiet auf die Höhe von Olymp und Parnaß. Darauf weist seine götterdämmerische, stabgereimte Sprache *(Sisyphos schlich schaudernd durch lichtscheue Straßen)* und die Identifizierung der Bevölkerung des Ruhrgebiet mit einer Reihe von Göttern und europäischen Dichtern, die insbesondere für die Bildunterschriften einvernommen werden. Die Erwähnung von „Hephaist" etwa dient nicht mehr als Verweis auf die archaische Schwere der Arbeit, sondern der Aufwertung technischer Anlagen: ein Hochofen wird als *„In der Schmiede des Hephaistos"* (SVR 1959, Bild S. 74/75) untertitelt. Ein Brecht-Zitat hebt ein simples mehrstöckiges Mietshaus bei Nacht mit beleuchteten Fenstern – *„Denn die einen sind im Dunkeln und die anderen sind im Licht"* – ins Literarische (SVR 1959, Bild S. 51). Des weiteren wirken mit: Mörike, Verlaine, Hölderlin (dessen Zeile *„Die Linien des Lebens sind verschieden"* zum Kommentar einer stark befahrenenAutobahn dient; Bild S. 70), Klopstock, Baudelaire, Giraudoux und andere. Das Bild einer verkehrsreichen Innenstadtstraße (Bild S. 94) erhält aus der Bibel, Johannes XIV, 6 die Anmerkung *„Ich bin der Weg, die Wahrheit und das Leben"*, ein Bild, in dem ein Mann aus dem Dachfenster eines Arbeiterhäuschens (Bild S. 143) guckt, bekommt den Titel *„Spitzweg heute"*.

götterdämmerische Sprache

Kultur im Ruhrgebiet

Das Ruhrgebiet ist – vor allem für de Haas – auch eine Kulturlandschaft mit Hochkultur; er hebt in seinem Artikel die neuen Kulturinstitutionen im Ruhrgebiet, wie etwa die Ruhrfestspiele, überhaupt die Opern- und Schauspielhäuser, die Museen, die Kurzfilmfestspiele, hervor. Für ihn hat nun endlich das Schöne seine Heimat im Ruhrgebiet gefunden (SVR 1959, S. 20). Es fehlt der katholische Existentialismus, die Menschen leiden nicht in ihrem Aufbrechen. Die Fabriken sind technisch interessant oder formal spannend, die Arbeit

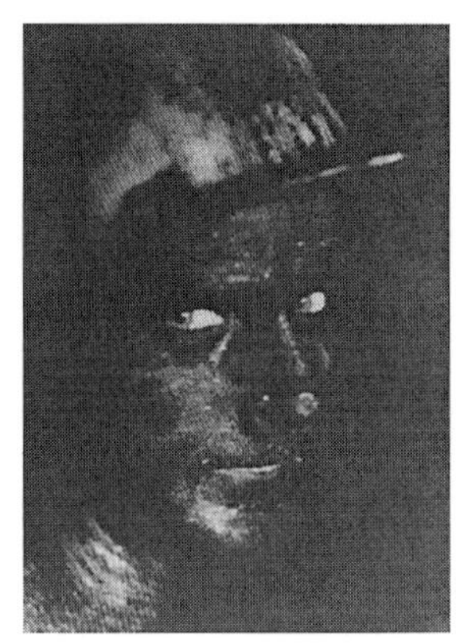

◄◄
Bild 24.
„In der Schmiede des Hephaistos" / *"In Hephaistos' forge"* (aus SVR 1959)

▲
Bild 23.
„Hephaistos" / *"Hephaistos"* (aus SVR 1959)

◄
Bild 25.
Menschen im Alltag, vergnügt, zufrieden, jetzt / *People on week-day, gay, content, now* (aus SVR 1959)

modern. Die Menschen präsentieren sich in einem modernisierten, lebendigen Alltag, sie sind vergnügt, zufrieden, jetzig (Bild).

Klischee und Kritik

Bereits 1913 gab es eine empirische, sozialwissenschaftliche Untersuchung über „Die wirtschaftliche und soziale Lage der Frauen in dem modernen Industrieort Hamborn im Rheinland" von Li Fischer-Eckert. Dabei kommt es mir hier nicht so sehr auf den Titel an, der wiederum ein Beleg für die Entstehung des „Ruhrgebiets" erst nach dem Ersten Weltkrieg ist. Vielmehr listet Fischer-Eckert gemäß der Jahresberichte der Stadt Hamborn auf, welche in Vereinen organisierte Aktivitäten es gegeben hat (Tabelle1).

Tabelle 1.
Vereine in der Stadt Hamborn zu Anfang des 19. Jahrhunderts (Fischer-Eckert 1913, S. 131f)

Gesangs-Vereine (ohne kirchliche)	44
Musik-Vereine	33
Dilettanten- und Theater-Vereine	15
Turnvereine	12
Radfahrer-Vereine	9
Fussballspielvereine	12
Militär-Brieftauben-Vereine	13
Rauchklubs	9
Kegelklubs	34
Geselligkeits-Vereine	29
kirchlichen Vereine:	16
katholische	14
evangelische	
Wirtschaftlich und beruflich orientierte Vereine:	
Haus- und Grundbesitzer-Vereine,	2
Vereine zur Wahrung geschäftlicher Interessen	5
Lehrer-Vereine	2
Knappen-Vereine	10
Zahlstellen der vereinigten Beragarbeiter-Verbände	7
freie Gewerkschaften	7
christliche Verbände	5
Hirsch-Dunker-Verbände	5
Zuchtvereine:	
Kanarien-Zuchtvereine	4
Geflügel-Zuchtverein	1
Kaninchen-Zuchtvereine	5
Polen-Vereine:	
Berufs-Gewerkvereine	10
Musik-Gesangsvereine und Radfahrerklubs	9
Kirchen-Vereine	14
sonstige national-polnische Vereine	4
Konsum-Verein	1
Lotterie-Vereine	4
Wahl-Vereine	4
Temperenzler-Verein	1

Die Hamborner und ihre Vereine veranstalteten zudem innerhalb eines Jahres 523 angemeldete Tanzbelustigungen und 5077 andere Lustbarkeiten (Fischer-Eckert 1913, S. 132). Man erkennt zwar nicht, wieviel Mitglieder die jeweiligen Vereine haben, man sieht aber, dass die Anzahl der Vereine, die sich der Musik und dem Theater widmen, relativ hoch ist und die der Fußballvereine und Brieftaubenvereine eher klein. Es gibt so viel Turnvereine wie Fußballvereine, es gibt aber mehr Theaterlaienspielgruppen als Fußballvereine. Die aufgeführten angemeldeten Tanzbelustigungen und Lustbarkeiten zeigen aber auch so, dass die gemeindlichen Aktivitäten sich nur zu einem kleineren Anteil auf Fußball und Taubenzucht bezogen, also auf die nach gängigen Vorurteilen zu erwartenden Aktivitäten.

Vereinsaktivitäten zu Beginn des 19. Jahrhunderts

Wie klischeehaft diese Zuweisungen sind, darauf weist vierzig Jahre später auch das EMNID-Institut in einer Untersuchung über das Freizeitverhalten im Ruhrgebiet hin. EMNID stellt fest, dass das Brieftaubenzüchten, um bei diesem einen Klischee zu bleiben, in einer Reihe von Freizeitveranstaltungen an letzter Stelle steht (EMNID 1971, S. 54; Tabelle 2):

Mitte des 19. Jahrhunderts

Man erkennt zudem in dieser Aufstellung, dass sich – soll man sagen: „bereits" – 1971 ein großer Anteil der Bevölkerung im Ruhrgebiet in der Freizeit mit Fernsehen beschäftigt. Das Fernsehen bindet die Ruhrgebietsbevölkerung in sehr hohem Maße in den gesamten Senderaum ein und nivelliert damit die Abgrenzung des Ruhrgebiets.

Feststellung der Häufigkeit von Gottesdienstbesuchen, wobei Katholiken die Kirche häufiger besuchen als Protestanten (EMNID 1971, S. 154; Tabelle 3).

Tabelle 2.
Freizeitveranstaltungen im Ruhrgebiet nach einer EMNID-Umfrage (1971)

Freizeitbeschäftigung	sehr oft/ oft	öfter/ manchmal	selten/ nie
Fernsehen	54,3	36,2	7,8
Sich mit der Familie beschäftigen	51,6	37,3	9,4
Sportberichte sehen, hören oder lesen	27,0	37,5	33,6
Schlager und Tanzmusik hören	19,7	46,6	32,0
Spannende Bücher oder Illustrierte lesen	19,3	51,0	28,3
Sich mit einem Hobby beschäftigen	18,6	29.6	48,7
Sich über Politik und Kulturleben informieren	17,2	48,3	32,6
Mit Freunden zusammen sein	16,0	56,5	25,9
Von der Arbeit erholen	16,0	49,9	28,3
Gartenarbeit machen	15,4	19,6	63,0
Sich mit beruflichen Dingen beschäftigen	9,8	18,6	65,0
Gar nichts tun	9,2	32,1	55,8
Sich weiterbilden	8,3	20,6	66,4
Reparieren	8,1	40,4	48,9
Lernen, um im Beruf voranzukommen	7,6	14,4	69,9
Sich mit Nachbarn unterhalten	6,7	56,3	35,6
Anspruchsvolle, gehobene Bücher lesen	6,6	24,6	65,6
Schach, Karten und Gesellschaftsspiele	6,2	41,6	50,0
Ein Familienfest feiern	4,1	59,5	34,9
An privaten Tanzparties teilnehmen	3,5	14,3	79,0
Nebenberufliche Arbeit machen	2,6	8,0	83,7
Tischtennis spielen	2,5	9,6	84,8
Brieftaubensport betreiben	1,4	0,6	95,4

In einer erneuten Befragung der Essener „Academic Data"[2], durchgeführt 1997 im Auftrag des Kommunalverbandes Ruhrgebiet (KVR), der Nachfolgeinstitution des SVR, wird nach Taubensport nicht mehr gefragt, interessant sind aber die Abweichungen vom Klischee, was den Fußball betrifft. Auf die Frage, welches Freizeitvergnügen für sie die erste Rolle spielt, antworteten in Dortmund (BVB Dortmund) 20,4% mit Fußball. (Das war bei allen Städten der höchste Wert, aber selbst hier macht dies gerade einmal ein Fünftel der Bewohner aus); in Gelsenkirchen (Schalke 04) gaben nur 5,6%

[2] *Die Ergebnisse wurden mir freundlicherweise vom KVR zur Verfügung gestellt.*

Tabelle 3.
Kulturelle Freizeitgestaltung nach einer EMNID-Untersuchung (1971)

	sehr oft/ oft	öfter/ manchmal	selten/ nie	keine Antw.
Gottesdienst	11,6	28,4	57,5	2,5
Veranstaltungen vom Verein	5,5	17,5	74,1	3,0
Tanzveranstaltungen	3,8	18,9	74,5	2,7
Theater	3,0	19,5	76,0	1,6
Kino	2,4	20,0	75,7	1,6
Konzertveranstaltungen	1,8	14,8	81,7	1,7
Vorträge	1,1	11,6	84,2	3,1
Kabarett, Nachtbar	0,4	6,8	89,5	3,2

der Befragten den Fußball an. In den ländlichen Gegenden (Wesel und Recklinghausen) spielt das Frei- oder Hallenbad eine große Rolle, in Essen (19,8%; soviel wie der Fußball in Dortmund), Recklinghausen und Bochum das Kino, das selbst in Dortmund noch von 11,5% der Befragten angegeben wird.

Ende des 20. Jahrhunderts

Es zeigt sich überdies in den Befragungen von EMNID, dass es im Alltagsverhalten der Bewohner 1970 kein Ruhrgebiet gab; das als Ruhrgebiet bezeichnete Territorium (Zuständigkeitsgrenzen des SVR) wird nicht als identische und voll genutzte homogene Einheit begriffen. Das Ruhrgebiet ist in den 1970er Jahren für die Bewohner eine personale oder soziale Identität, ein intrinsisches Wir-Gefühl, keine extrinsische Kulturlandschaft.

Ruhrgebiet im Bewußtsein der Bewohner

Die Befragung der Essener Academic Data von 1997 ergab immer noch, selbst bei verändertem Arbeitsverhalten, ähnliche Ergebnisse: So definieren sich 78,3% der Befragten (Zufallsstichprobe, 1004 Personen im gesamten Ruhrgebiet) dem Interviewer gegenüber als Ruhrgebietler, innerhalb Deutschlands würden sich von ihnen 48,3%, im Ausland 37,7% als

Selbstdefinition

Ruhrgebietler bezeichnen. Obwohl inzwischen 36,4% der befragten Berufstätigen zwischen Wohn- und Arbeitsort pendeln, verbringen 80% der Befragten ihre Freizeit im eigenen Stadtteil oder in der eigenen Stadt. Knapp 70% der Befragten haben ihren ersten Freund, ihre erste Freundin ebenfalls im gleichen Stadtteil oder in der gleichen Stadt kennengelernt. Einkäufe werden in der Regel am Wohnort erledigt, nur herausragende episodische Einkäufe (z. B. Möbel) werden auch in anderen Städten getätigt.

beruflich pendeln

sozial wohnorttreu

Nimmt man die erste Konstruktion einer Kulturlandschaft Ruhrgebiet 1928 bei Block und dazu die statistischen Daten und individuellen Äußerungen von Ruhrgebietskennern und -bewohnern, so muss man eine sehr heterogene und polyvalente Struktur konstatieren. Das Ruhrgebiet war im 20. Jahrhundert tatsächlich alles andere als eine eindimensionale Kulturlandschaft. Es scheint mir eine Art Metalandschaft mit geringer eigener lebensweltlicher Realität zu sein. Das Ruhrgebiet ist vielleicht Identifikationsraum, die eigene Stadt ist Handlungsraum geblieben.

heterogene Struktur

Das Neue Ruhrgebiet

Das Ruhrgebiet als historische Landschaft

Thomas Parent (Autor) und Heiner Stachelhaus (Fotograf) verstehen das Ruhrgebiet als „Stadtlandschaft Ruhrrevier" (1991). In dem einleitenden Text bestimmt Parent die Kulturlandschaft sehr stark von den Nutzern her und sieht sie also nicht als eine Welt der Gegenstände. Der größte Teil seines Textes handelt über das Wohnen der Arbeiter; er sieht die Stadtlandschaft Ruhrrevier somit nicht nur als Produktions-, sondern auch und vorwiegend als Reproduktionssphäre.

„Stadtlandschaft Ruhrrevier" (1991)

Als einer der wenigen Kulturlandschaftskonstrukteure stellt Parent auch die negativen Aspekte der Stadtlandschaft heraus; er spricht von Willkür, Profitgier, rivalisierenden Interessen, Planungsdefiziten und undemokratischer Machtverteilung („Meistbeerbte", „Dreiklassenwahlrecht") (Parent/Stachelhaus 1991, S. 23), schlechter Infrastruktur und schlecht ausgestatteten Schulen (ebenda S. 25). Bei den Werkssiedlungen hebt er die Kontrolle und Verstärkung der Abhängigkeiten (Verlust der Wohnung bei Arbeitskämpfen oder Kündigung) durch die Arbeitgeber hervor. Wie aber auch in dem kulturhistorischen Verständnis von Kulturlandschaft sieht Parent die „Stadtlandschaft" nicht als Landschaft, d.h. in ihrer lateralen synthetischen Präsenz, in der Synchronizität des Diachronen, sondern unternimmt eine retrospektive diachrone Analytik.

negative Aspekte

Das Buch enthält eine große Anzahl meist menschenleerer Fotos von Gebäuden, baulichen Ensembles und technischen Anlagen von Thomas Stachelhaus. Sie zeigen – abgesehen von geparkten Autos und Werbeschildern an den Fassaden – bis auf drei Ausnahmen (Bild S. 44/45 oben, S. 49, S. 51 unten), auf denen im Hintergrund moderne technische Anlagen zu sehen sind, Bauten aus der Zeit vor dem Zweiten Weltkrieg. Vom Image her gehört die gezeigte „Stadtlandschaft Ruhrgebiet" sogar mehr ins 19. Jahrhundert; auf den Bildern sieht man altes Fachwerk , Gründerzeit, Neoklassizismus, Jugendstil und *Arts-and-Crafts*; die Moderne der 1920er Jahre fehlt ebenso wie Bauten aus der Zeit des Nationalsozialismus, sei es vom Aussehen her oder vom Gebäudetypus (Hochbunker).

Motive

Die Bilder zeigen Arbeitersiedlungen, bürgerliche und scheinbürgerliche Straßenfronten, Hinterhöfe, öffentliche Gebäude sowie Kirchen und heben stets die Heterogenität von Tradition und Technik, von Dorf und Stadt hervor. Das Städtische der Stadtlandschaft besteht dabei

Bild 26.
„Dortmund-Derne" / *"Dortmund-Derne"* (aus Parent und Stachelhaus 1991)

Bild 27.
„Dortmund-Lütgendortmund" / *"Dortmund-Lüttgendortmund"* (aus Parent und Stachelhaus 1991)

Bild 28.
„Oberhausen" / *"Oberhausen"* (aus Parent und Stachelhaus 1991)

Stadtlandschaften (fast) ohne Menschen

in der Tatsache der Bebauung, nicht in der Urbanität. Auf den wenigen Bildern, auf denen Menschen vorkommen, werden in städtischer Eile vorwärtsstrebende Passanten gezeigt, nur auf einem Foto (Bochum-Wattenscheid, S. 102), sieht man im Hintergrund zwei ältere Frauen im Gespräch, während ein jüngerer Mensch liest.

In den Bildern der „Stadtlandschaft Ruhrrevier" wird dem Leser am Ende des 20. Jahrhunderts das Ruhrgebiet als vergangene Welt in ihrer heruntergekommen-pitturesken Gestrigkeit vor Augen gestellt, der jede politische Identität und jede konkrete Geschichtlichkeit fehlen. Deshalb fehlen die Menschen mit einer gewissen Konsequenz in den Fotos, denn sie würden den Betrachtern Gegenwärtigkeit und Aktualität vermitteln.

das Ruhrgebiet als vergangene Welt

Das Ruhrgebiet als Naturlandschaft

Die „Internationale Bauausstellung Emscherpark" (IBA Emscherpark) verstand sich zu Beginn ihrer Aktivitäten als regionalpolitische Organisation, um das Modernisierungsdefizit, das vor allem in der (nördlichen) Emscherzone des Ruhrgebiets bestand, auszugleichen (z.B. Ganser 1993). Damit wurde fortgesetzt, was mit Gründung der Bochumer, Dortmunder, Essen und Duisburger Universitäten und mit der Einwerbung etwa einer Produktionsstätte der Adam Opel AG nach Bochum in den 1960er Jahren in der (südlichen) Hellwegzone begonnen wurde. Mit der ökonomischen sollte zugleich eine ökologische Erneuerung verbunden sein. Als Ziele wurden angegeben:

ökonomische und ökologische Erneuerung

- „Die Übertragung der erfolgreichen Innovations- und Technologiepolitik von der Hellwegzone in den Emscherraum mit der Gründung einer ganzen Kette neuer Technologiezentren und Einrichtungen des Innovationstranfers.
- Die Konzentration und die Beschleunigung der Mobilisierung von Industriebrachen in Fortsetzung der bislang schon recht erfolgreichen Politik, die mit dem „Grundstücksfond Ruhr" eingeleitet wurde.
- Die Stärkung der „Forschungsinfrastruktur" mit der Neugründung und dem Ausbau insbesondere von Fachhochschulen im nördlichen Bereich des Reviers.
- Die verstärkten Bemühungen um die Qualifizierung von Langzeitarbeitslosen sowie um die Neu-Qualifizierung von Arbeitskräften, die von der Freisetzung im Montansektor bedroht sind." (Ganser 1993, S. 191)

Als Ergebnis der Arbeit wurden im Jahre 2000 89 Einzelprojekte in 7 Gruppen vorgestellt, darunter 20 Gewerbe-, Dienstleistungs- und Technologieparks, 14 städtebauliche und soziale Projekte, 14 Wohnungsbauprojekte, 7 Bauprojekte, 12 kulturelle bzw. touristische Projekte und 15 landschaftliche Projekte, wobei aber das Westfälische Museum für Archäologie in Herne den städtebaulichen Projekten zugeteilt wurde, die Klassifizierung also nicht immer schlüssig ist. Ich möchte hier weder die öffentliche Sanierung privatwirtschaftlich erzeugter Altlasten, noch den regionalökonomischen Sinn der Projekte noch ihre bautechnischen, praktischen oder ästhetischen Qualitäten diskutieren, die Frage steht hier nach der Kulturlandschaft.

Projekte der IBA Emscherpark

Wenn man den 20 Projekten „Arbeiten im Park" noch FRIEDA (Qualifizierungs- und Beschäftigungs-Gesellschaft für Frauen) aus der Gruppe der städtebaulichen und sozialen Projekte zurechnet, so stehen den 21 Projekten, die – *cum grano salis* – mit der Produktionssphäre zu tun haben, 68 andere Projekte gegenüber, die der Verbesserung der Reproduktionssphäre dienen.

Es ist wichtig, dass bei einer Analyse grundsätzlich zwischen ökologischen Verbesserungen, etwa durch den Bau von modernen Kläranlagen, und der Darstellung von Natur, etwa durch Begrünung und Wasserspiele, unterschieden wird. Bei der IBA Emscherpark kommt dies zusammen, sie hat Enormes zur ökologischen Sanierung des Ruhrgebietes geleistet. Zugleich aber hat sie das Ruhrgebiet auch begrünt.

ökologische Verbesserungen

In ihren Realisierungen und in den vielen Darstellungen, sei es durch eigene Publikationen, sei es durch Presseberichte oder durch die zahllosen Fernsehfilme wird das Ruhrgebiet zum ersten Mal in seiner kulturlandschaftlichen Geschichte als ein durchgehender Naturlandschaftsraum erfahren. Dazu trägt bei, dass es der IBA Emscherpark zum ersten Mal gelungen ist, die vielen sich von Nord nach Süd erstreckenden und die einzelnen Stadtbezirke voneinander abgrenzenden Grünzüge durch eine von Ost nach West gehende Grünklammer miteinander zu verbinden.

An der Ruhr war dies bislang nur ansatzweise gelungen, da sie – besonders stark im östlichen Ruhrgebiet – im 20. Jahrhundert bereits außerhalb des als eigentlich empfundenen Ruhrgebietes lag. Die Rad- und Wanderwege der IBA Emscherpark durch die Emscherzone hingegen schließen die einzelnen Streifen zu einer Naturlandschaft zusammen.

das Ruhrgebiet als Naturlandschaftsraum

Das Ruhrgebiet als Kunstlandschaft

Die IBA Emscherpark hat dazu – weitgehend in einer höheren Sphäre – noch eine zweite Kulturlandschaft, die Kunstlandschaft Ruhrgebiet hergestellt. Sie ist „höher" im wortwörtlichen und im metaphorischen Sinne. Sie besteht in der Gestaltung der hohen Haldenhügel und in der Umwandlung nicht nur der Halden, sondern mit ihnen und ihrer ubiquitären Sichtbarkeit auch des Ruhrgebiets in Kunst. Man sieht die Aufbauten auf den Halden im Emscherraum von vielen Orten, sie sind stets präsent. Sie überragen bei weitem die bestehenden Schlote und Fabriken, die zudem immer weniger werden. Kirchtürme und Verwaltungshochhäuser gehen eine aussichtslose Konkurrenz mit ihnen ein.

Kunst auf Halden

Die Anlagen bestehen aus stark geometrisierten oder formalisierten Strukturen, sie sind erfassbar entweder aus der Luft, also aus einer losgelösten Perspektive oder – als Foto – im Museum oder vom Lehnstuhl bei Betrachtung eines Fotobuches. In der alltäglichen Wahrnehmung stehen sie am Horizont, ohne dass man ihre Verankerung im Alltag erkennen kann. Man kann sie auch aus der Nähe besichtigen, dazu muss man die Halden besteigen und sich Schritt für Schritt aus dem Alltag lösen.

Was sieht man von oben? Das hängt natürlich stark vom Wetter ab. Die Bilder 29 bis 34 sollen dies am Beispiel des „Tetraeders" verdeutlichen.

losgelöste Perspektive

Bei klarer Luft im Sommer hat man einen weiten Blick über ein in sich homogenes grünes Land, aus dem einzelne Erhebungen, Gasometer, Halden, Kirchen, Schlote, Fabrikgebäude und Hochhäuser ragen, die das Land gestalten und strukturieren und viel zur Identität beitragen.

Der Versuch, seinen Stadtteil, seine Straße, sein Wohnhaus zu finden, kann gelingen (wenn es entsprechend in der Nähe ist). Die Enttäuschung aber ist groß. Es will nicht gelingen, von ober her, aus einer höheren, reineren Sphäre, das alltägliche Nähegefühl auszu-

Bild 29.
IBA-Projekt „Tetraeder" / *IBA project "Tetraeder"* (Foto: E. Führ)

Bild 30.
IBA-Projekt „Tetraeder" / *IBA project "Tetraeder"* (Foto: E. Führ)

Bild 31.
IBA-Projekt „Tetraeder" / *IBA project "Tetraeder"* (Foto: E. Führ)

Bild 32.
IBA-Projekt „Tetraeder" / *IBA project "Tetraeder"* (Foto: E. Führ)

Bild 33.
Tetraeder in Bottrop / *Tetraeder in Bottrop* (Foto: E. Führ)

Abbildung 34.
Blick vom Tetraeder aus übers Land / *View from the Tetraeder upon the landscape* (Foto: E. Führ)

lösen. Alles ist letztlich so gleich, auch wenn man es präzise verorten kann. Der Alltag ist fern, das Gefühl der Nähe, das man hat, wenn man an seinem Wohn- und Lebensort ist, stellt sich hier oben nicht ein. Die Gestaltung der Kunstlandschaft ist ein ästhetisches Verfahren zur Reinigung des Alltags. Es ist nicht so, wie die Misfits vom Gasometer in Oberhausen, den sie auf der Suche nach Welt bestiegen haben, ihre Enttäuschung zum Ausdruck bringend singen: „alles watte siehs, is Oberhausen". Oberhausen ist hier nicht mehr.

kein Gefühl der Nähe

Literatur

Block MP (Hrsg) (1928) Der Gigant an der Ruhr. Berlin

Blotevogel HH (1993) Vom Kohlenrevier zur Region? Anfänge regionaler Identitätsbildung im Ruhrgebiet. In: Dürr H, Gramke J (Hrsg) Erneuerung des Ruhrgebiets. Regionales Erbe und Gestaltung für die Zukunft, S. 47-52. Paderborn

Böll H, Chargesheimer (1958) Im Ruhrgebiet. Köln, Berlin

Dürr H, Gramke J (Hrsg) (1993) Erneuerung des Ruhrgebiets. Regionales Erbe und Gestaltung für die Zukunft. Paderborn

Führ E, Stemmrich D (1985) „Nach gethaner Arbeit verbleibt im Kreise der Eurigen". Arbeiterwohnen im 19. Jahrhundert. Wuppertal

Ganser K (1993) Die Internationale Bauausstellung Emscher Park: Strukturpolitik für Industrieregionen. In: Dürr H, Gramke J (Hrsg) Erneuerung des Ruhrgebiets. Reginales Erbe und Gestaltung für die Zukunft. Paderborn, S. 189-195

Ganser K (1999) Liebe auf den zweiten Blick. Internationale Bauausstellung Emscher Park. Dortmund

Hauser S (2001) Metamorphosen des Abfalls. Konzepte für alte Industrieareale. Frankfurt/M

Hahne K (1965) Geologie, Morphogenese, Pedologie und Geohydrologie im mittleren Ruhrgebiet. Ein Überblick. In: Gesellschaft für Geographie und Geologie Bochum e.V (Hg); Bochum und das mittlere Ruhrgebiet. Paderborn, S. 9 - 22

Kürten, W von (1973) Landschaftsstruktur und Naherholungsräume im Ruhrgebiet und seinen Randzonen. Paderborn

Parent T, Stachelhaus T (1991) Stadtlandschaft Ruhrrevier. Bilder und Texte zur Verstädterung einer Region unter dem Einfluß von Kohle und Stahl; (Schriften des Westfälischen Industriemuseums Bd. 11). Essen

Reger E (1931) Union der festen Hand. Berlin, hier zitiert nach der Ausgabe Reinbek 1979

Reger E (1932) Das wachsame Hähnchen. Berlin, hier zitiert nach der Ausgabe Hamburg 1980

Siebel W, Kleine K (1993) Die Soziale Strategie der Internationalen Bauausstellung Emscher Park. In: Dürr H, Gramke J (Hrsg); Erneuerung des Ruhrgebiets. Regionales Erbe und Gestaltung für die Zukunft; Paderborn, S. 145-149

SVR – Siedlungsverband Ruhrkohlenbezirk (1959) Ruhrgebiet. Portrait ohne Pathos. Stuttgart,Berlin

Spethmann H (1933) Das Ruhrgebiet im Wechselspiel von Land und Leuten, Wirtschaft, Technik und Politik. Berlin

Steinberg HG (1985) Das Ruhrgebiet im 19. und 20. Jahrhundert. Ein Verdichtungsraum im Wandel. Münster

Wehler H-U (1995) Deutsche Gesellschaftsgeschichte. Dritter Band: Von der „Deutschen Doppelrevolution" bis zum Beginn des Ersten Weltkrieges. München

Postindustrielle Natur

Die Rekultivierung von Industriebrachen als Gestaltungsproblem[1]

Stefan Körner

Der vorliegende Artikel fasst die Geschichte und das Programm des Natur- und Heimatschutzes zusammen. Vor diesem Hintergrund bemüht sich die deutsche Landschaftsarchitektur darum, sich von der rassistischen Tradition der deutschen Landschaftsgestaltung zu distanzieren. Das Ergebnis dieser Distanzierung ist die Gestaltung der so genannten *Neuen Landschaften* in den alten Industrieregionen und in den städtischen Brachen. Dabei wird besonders der weltoffene Charakter und die vielschichtige Uneindeutigkeit der typischen städtischen Natur betont.

The article summarises the history and the program of the German *Natur- und Heimatschutz (Protection of Nature and Home Country)*. Modern German landscape architecture strives to detach itself from its unfortunate racist background. The result is the design of so-called *New Landscapes* within the past industrial regions and their urban wastelands. In this context the open character and manifold ambiguity of typical urban nature is emphasised.

---

1 Bei dem vorliegenden Text handelt es sich um die erweiterte Fassung eines Vortrags mit dem Titel „Aus Ödnis wird Kulturlandschaft. Zum Bedeutungswandel der Brache in der Landschaftsgestaltung", der auf dem 9. Internationalen Kongreß der Deutschen Gesellschaft für Semiotik vom 3.-6.10.1999 an der TU Dresden gehalten wurde. Annemarie Nagel und Ludwig Trepl danke ich für Anregungen und Kritik.

Einleitung

Neue Landschaften

Neben der Geschichte der Entdeckung städtischer Peripherien durch Künstler und Ökologen in den 1960er und 1970er Jahren existiert eine Geschichte der internen Vorbereitung der Landschaftsarchitektur auf die Gestaltung der so genannten „Neuen Landschaften".

Stadtfeindlichkeit

Die Grundzüge dieser Gestaltungsarbeit kann man mit einem Rückblick auf die Fachgeschichte seit der Jahrhundertwende erklären, der verdeutlicht, weshalb die Gestaltung der Neuen Landschaften in Deutschland vor allem als Kritik an der Wertschätzung traditioneller Kulturlandschaften im Naturschutz verstanden wird. Es werden bei dieser Gestaltungsarbeit aber gleichzeitig (trivialerweise) traditionelle landschaftliche Symbole verwendet, deren neuartige semantische Besetzung sich dadurch ergibt, dass sie in Kontexten angesiedelt werden, die das Gegenteil zur ländlichen Idylle darstellen. Denn die Gestaltung der Neuen Landschaften ist, wie gezeigt wird, eine Art moderner Heimatschutz, der den (traditionalistischen) Heimatschutz im Naturschutz negieren soll. Dieser wird nicht nur als unkreative, d.h. als eine die Landschaft musealisierende, sondern auch als eine politisch reaktionäre Haltung verstanden. Letzteres zeige sich vor allem in einer ausgeprägten Stadtfeindlichkeit.

Daher kann man die kulturelle Bedeutungen landschaftlicher und städtischer Natur nicht erörtern, ohne die politischen Hintergründe dieser Bedeutungen zumindest anzudeuten.

Brachflächen als Neue Landschaften

Die weltanschaulich-politische Botschaft und das kulturell Bedeutsame der Neuinterpretation von Landschaft in Gestalt der Neuen Landschaften sollen anhand der städtischen Vegetation auf den Brachflächen illustriert werden. Hier werden die Kategorien des Wilden im Verhältnis zum Kultivierten sowie des Urbanen in Verbindung zu den Begriffen des Fremden und des Heimischen von besonderem Interesse sein.

Das Programm des traditionalistischen Heimatschutzes

Geschichtliche Wurzeln

Die Einheit von Natur- und Heimatschutz hat in Deutschland vor allem drei direkte geschichtliche Wurzeln, die sich alle um die Wende vom 19. zum 20. Jahrhunderts herausbilden: Er entstammt zum einem dem großräumlichen, auf die Kulturlandschaft bezogenen *Heimatschutz* Rudorff-scher Prägung, zum anderen dem auf einzelne Objekte bezogenen *Naturdenkmalschutz*, wie ihn Conwentz entworfen hat, und schließlich *einem bestimmten Zweig der Architekturkritik* am schwülstigen wilhelminischen Baustil.

Im Ganzen ging es darum, den Verlust „gewachsener" Landschaften zu bekämpfen, wozu auch einzelne Häuser und architektonische Ensemble gehörten. Denn seit der genannten Jahrhundertwende wurden nicht nur vermehrt neue Baumaterialien und -techniken eingesetzt, sondern es wurde vor allem das Landschafts- und Siedlungsbild durch Flurbereinigungen sowie durch eine umfangreiche Bautätigkeit insbesondere auch im industriellen Bereich (Kraftwerke, Fabriken und Hochspannungsleitungen) großflächig verändert (vgl. Knaut 1993).

Großstadt als Symptom einer kranken Gesellschaft

Die natur- und heimatschützerischen Bemühungen waren bekanntlich in eine konservative Zivilisationskritik eingebettet, die die Landschaftszerstörung und die Großstadt als Symptom einer „kranken" Gesellschaft ansah. Gegen die moderne Zivilisation wurde die traditionelle Kulturlandschaft als *Ideal gewachsener Lebensverhältnisse in Einklang mit der Natur*, d.h. als räumlicher Ausdruck regional-typischer Ausprägungen einer Einheit von „Land und Leuten", verstanden und der Zerrissenheit und dem Materialismus der modernen Existenz entgegengesetzt. Dieses Landschaftsbild wurde wegen seiner Individualität geschätzt, die dadurch erklärt wurde, dass in der Kulturlandschaft die konkret vorliegenden natürlichen Möglichkeiten (Klima, Boden, Baustoffe) und das „Wesen" ihrer Bewohner, das sich z.B. in ihren Sitten ausdrückt, eine einmalige Synthese eingehen.

Natur als Denkmal

Kultur war also gleichbedeutend mit *individuellen*, den Universalisierungs- und Nivellierungstendenzen von Industrie und Weltmarkt entgegengesetzten Lebensverhältnissen. Dieses Individualitätsprinzip spielte auch dann eine Rolle, wenn den Schutzbemühungen nicht explizit eine Vorstellung von der Kulturlandschaft als einer Ganzheit zugrunde lag, wie insbesondere bei der Naturdenkmalpflege von Conwentz, die sich vorwiegend auf einzelne Objekte in der Landschaft bezog. Diese erschienen zum einen aufgrund ihrer *Einzigartigkeit* als schützenswert, wie es bei alten Bäumen, auffälligen Felsen, Höhlen usw. der Fall ist. Zum anderen sind diese Objekte auch Spuren von Geschichte, sei es der Kultur- oder der Naturgeschichte. Sie haben deshalb den Status von *Denkmälern*. Kultur ist somit im Heimatschutz und in der Naturdenkmalpflege immer mit der geschichtlich herausgebildeten Identität der Landschaften und der Aura von Einzelobjekten verbunden.

Geschmacksbildung und räumliche Planung

Der Heimatschutz hatte aber nicht nur die Bewahrung des Alten zum Ziel. Die Notwendigkeit, in der Industriegesellschaft als Fortschrittsgesellschaft Bestehendes nicht nur zu schützen, sondern auch die weitere Gestaltung der Landschaft in „kultivierte Bahnen" zu lenken, wurde mittels zweier Strategien verfolgt: Zum einen sollte in der Bevölkerung mittels Architekturkritik eine *Geschmacksbildung* gefördert werden, denn der

Geschmack sollte jetzt an die Stelle des in die traditionellen Gebräuche eingebetteten „instinktiven Sinns" für gute Gestaltungen treten. Zum anderen erfolgte der Aufbruch in die räumliche Planung.

Schönheit als sachlich-vollkommene Gestaltung

Insbesondere Schulze-Naumburg propagierte in seinen „Kulturarbeiten" unter dem Einfluß der *Arts and Crafts*-Bewegung und der Volkskunstbewegung einen funktionalistischen Heimatstil. Dieser Stil umfasste erstmals nicht nur das Prinzip einer traditionsverbundenen, sondern auch das einer schlichten und sachlichen Architektur, die ein hohes ästhetisches Niveau aufweisen und zugleich behaglich sein sollte. Die Behaglichkeit von Architektur, von Garten- und Landschaftsgestaltungen wurde nicht nur aufgrund ihrer einfachen Zweckmäßigkeit als gegeben angesehen, sondern auch deshalb, weil durch die handwerkliche Fertigung ein hohes Maß an schlichter individueller Gestaltung gegeben war, welche sich wohltuend von einer gewollten, künstlich „malerischen", d.h. ornamentalen und effekthascherischen Individualität absetzte (Schultze Naumburg 1908, 1909a, 1909b, 1916, 1917). Mit Schönheit war die möglichst vollkommene funktionale und handwerkliche Gestaltung gemeint und kein übertriebenes Dekor, wie es um die damalige Jahrhundertwende üblich war (vgl. Hokema 1996, 103 ff.).

Schönheit und Zweckmäßigkeit

Der Aufbruch in die räumliche Planung wurde mit dem *Programm des „Neuschaffens"* (Knaut 1993, 60) eingeleitet. Mit diesem Programm sollte in der Tradition der *Landesverschönerung* (1770-1830) eine neue schöpferische Landeskultur durchgesetzt werden, die wie diese das Ziel hatte, Schönheit mit Zweckmäßigkeit zu verbinden. Die Bezugnahme auf die Landesverschönerung und ihre gartenkünstlerische Tradition verstärkte den auf die schöpferische Herstellung der Kulturlandschaft gerichteten konstruktivistisch-architektonischen Aspekt des Heimatschutzes. Denn die ganze Landschaft wurde vom Heimatschutz als Garten angesehen, der *nicht allein schön* sein sollte, sondern vor allem auch *nützlich*, ohne dass dadurch die gewachsene Eigenart verlorengeht. In letzterem bestand der Unterschied zur Landesverschönerung, denn mit ihr war ursprünglich ein Programm land- und forstwirtschaftlicher Melioration verbunden gewesen. Sie hatte das Ziel, ganz im Geiste der Aufklärung „wüste" Moore oder Heiden zu kultivieren, d.h. sie nach Maßgabe vernünftiger Zwecke zu gestalten (vgl. Däumel 1961).

„nützliche" Landschafts-verschönerung

Für den Natur- und Heimatschutz aber waren Moore und Heiden als Naturdenkmäler erhaltenswert (Naturschutz im engeren Sinne als Schutz urtümlicher Natur). Damit reagierte er auf die negativen Seiten der gesellschaftlichen Modernisierung wie Heimatverlust und Naturzerstörung.

Durchaus in der gartenkünstlerischen Tradition der Landesverschönerung wurde aber *Kunst* nun im Heimatschutz als Mittel angesehen, mit dem sich der Mensch als *Kulturwesen* schöpferisch die Natur aneignet und mit dem flexibel und mit Stilgefühl mit den neuen industriellen Herausforderungen umgegangen werden kann. Daher plädierte Mielke 1907 dafür, das Programm der Landschaftsentwicklung mit dem Begriff *Landespflege* zu bezeichnen (vgl. Runge 1998, 12) und empfahl, an den Hochschulen Landschaftskünstler auszubilden.

Landschafts-künstler für Kulturwesen

Die konkreten Aufgaben umriss er mit dem Anlegen von sozialem Grün und von Wald- und Wiesengürteln in der Stadt, der Gestaltung von Dorfangern, Kirchhöfen, Feldfluren, Land- und Wasserstraßen, mit Natur- und Naturdenkmalschutz sowie der Linderung von Landschaftsveränderungen, wie sie durch Steinbrüche, Ziegeleien usw. entstanden (vgl. Knaut 1993, 395 ff.).

Im Mittelpunkt steht somit die Gestaltung des Neuen in einem der traditionellen Landschaft angemessenen Maß und nicht allein die retrospektive Bewahrung des Alten, wie dem Heimatschutz oft unterstellt wird. „Neuschaffen" hieß statt dessen, *zu erhalten durch gestalten* (Landschaftsschutz und -gestaltung als Naturschutz im weiteren Sinne).

Neuschaffen als „erhalten durch gestalten"

Trotz der mit dem Natur- und Heimatschutz verbundenen Zivilisationskritik wurden daher auch Industrie und Technik nicht rundweg abgelehnt, obwohl sie primär als Gefahr für die Tradition angesehen wurden. Sie mußten in den Dienst dieser Kulturarbeit gestellt werden, was bedeutet, dass sie sich in das durch den „Geist" der Kulturlandschaft konkret vorgegebene „Maß" *einordnen* mussten. Das hieß konkret, dass sich technische Bauwerke in das Landschaftsbild einzufügen hatten. Die industrielle Technik konnte dann als Werkzeug für die weitere Kulturarbeit verstanden werden (vgl. vor allem Lindner 1926), wobei der *Landschaftskünstler* derjenige war, der mit Einfühlungsvermögen und Einbildungskraft in der individuellen Situation eine neue harmonische Synthese herstellte.

Industrie und Technik im Dienst der Landschaftskünstler

Mit diesem Aufgabenverständnis war durch den Heimatschutz die Etablierung der Landespflege an den Hochschulen und als staatliche Aufgabe dann im Nationalsozialismus vorbereitet. Das Programm des „Neuschaffens" wurde hier, nachdem es auf ein rassistisches Weltbild bezogen worden war, in einem großen Maßstab durchgeführt.

Etablierung der Landschaftspflege an den Hochschulen

Die nationalsozialistische Landespflege

Die rassistische Begründung des landespflegerischen Programms führte im Nationalsozialismus dazu, dass die Landespflege in eine expansionistische Politik integriert wurde. Das Programm des „Neuschaffens" wurde dahingehend interpretiert, dass nun *in eroberten Gebieten neue deutsche Heimaten* zu schaffen waren. Dieser Kontext stellt letztendlich den politischen Grund für die Ablehnung traditioneller Kulturlandschaften als Ausdruck organischer Lebensverhältnisse in der aktuellen deutschen Landschaftsarchitektur dar.

Ablehnung traditioneller Kulturlandschaften nach nationalsozialistischem Mißbrauch

Die Gründe dafür, dass die Befähigung zu Kultur in der „Rasse" lokalisiert wurde, lassen sich an der Position Schulze-Naumburgs nachvollziehen. Nach dem Ersten Weltkrieg zeigte sich bereits, dass das Projekt des Heimatschutzes, einen neuen schlichten und traditionsbewußten Stil zu entwickeln, scheiterte. Statt des Heimatstils beherrschte der *Funktionalismus des Bauhauses* die Architekturdebatte und mit ihm jener universalistische und industrieförmige Stil, den Schultze-Naumburg bekämpft hatte, obwohl er den Industriebau nicht völlig ablehnte. Dieser Funktionalismus versprach, die moderne Gestaltung nahezu aller Gegenstände des alltäglichen Gebrauchs mit der industriellen Massenfertigung zu verbinden und fügte sich nahtlos in die gesellschaftliche Modernisierung der 1920er Jahre ein (vgl. Link und Pötter 1995).

das Projekt „Heimatschutz" scheitert

Funktionalismus des Bauhauses

Ebenso *war die Landschaftszerstörung nicht aufzuhalten*. In Folge dessen änderte Schultze-Naumburg seine Auffassung, mittels ästhetischer Erziehung ein neues traditionsbewusstes Stilgefühl zu etablieren zu können. Er schloss sich den rassistischen Erklärungsmustern der Nationalsozialisten an (vgl. Knaut 1993, 55; vgl. zum Folgenden ausführlich Körner 2000a). Demnach war für den Verlust landschaftlicher Identität die verlorengegangene *rassische Homogenität* der Deutschen verantwortlich. Damit sei das angeblich natürliche Landschaftsgefühl der „nordischen Rasse" und ihre Fähigkeit durch die Verwurzelung im Boden Kultur zu schaffen, verschwunden. Daher wurde der Aufbau einer neuen deutschen Kultur zum einen von „Rassenhygiene" und Menschenzucht und zum anderen von der Gestaltung neuer Kulturlandschaften, insbesondere in den eroberten Ostgebieten, abhängig gemacht. Stilgefühl war nun eine Sache des „reinen Blutes".

national-sozialistisches „Stilgefühl"

Das praktische Aufgabenprofil der Landespflege folgte dem Anfang des 20. Jahrhunderts formulierten Programm eines entwicklungsorientierten Heimatschutzes als künstlerisch geleitete, funktionale und traditionsbewusste Gestaltung der Landschaft unter Einbeziehung moderner Bauwerke und dem Ressourcenschutz (Erosionsschutz, natürliche Ufergestaltung u.a. als Fischlaichgründe, naturnaher Waldbau auf Basis der Pflanzensoziologie). Die Landschaftsgestalter mussten in der Lage sein, sich jeweils in die regionale Eigenart einer Landschaft einzufühlen, um die in ihr geronnene Tradition des Volkes gestalterisch mit den neuen Bauwerken zu verbinden, um so die Eigenart der Landschaft weiter herauszuarbeiten und nicht allein die traditionelle zu konservieren.

Eigenart der Landschaft herausarbeiten

Neu war vor allem die Durchführung dieses Programms im Rahmen von Großprojekten wie dem *Autobahnbau*, wo z.B. das heimatschützerische Prinzip der landschaftlich angepaßten krummen Straße dazu führte, dass sich die Autobahn im Gegensatz zu den amerikanischen Interstates in die Topographie einfügte. Neu war auch die Planung *„deutscher Landschaften" in den eroberten Ostgebieten*.

Großprojekte

Mit dem Aspekt des *Ressourcenschutzes* für gesellschaftliche Nutzungen wurde ferner erstmals neben der künstlerischen Orientierung der Landschaftsgestaltung die *Verwissenschaftlichung* der Landespflege eingeläutet. Wissenschaft hatte zum einen die Aufgabe, das bäuerliche Erfahrungswissen bei der Kultivierung des Landes zu sammeln, zu systematisieren und weiterzu-

Ressourcenschutz

Typisierung einer „Deutschen Landschaft"

entwickeln, um diese Kenntnisse dann beim Bodenschutz, dem Aufbau dauerhafter Windschutzpflanzungen usw. zu verwenden. Zum anderen wurden die deutschen Landschaften typisiert, d.h. wenige „deutsche" Gestaltmerkmale festgelegt, wie besonders der Einzelbaum an Höfen oder in Feldern und die Feldhecke, um allgemeine Gestaltungsregeln für die Ostgebiete zu erhalten.

Die Betonung des Urbanen in der Landschaftsarchitektur

Entwicklung nach dem Zweiten Weltkrieg

Die Entwicklung nach dem Zweiten Weltkrieg bestand vor allem darin, dass man die begonnene Verwissenschaftlichung mit der *Ökologie als Leitwissenschaft* weiter ausbaute, um planerische Aussagen für den politischen Willensbildungsprozeß intersubjektiv nachvollziehbar formulieren zu können. Das künstlerische Aufgabenverständnis wurde als „irrational" weitgehend aufgegeben. Aus der Landespflege entwickelte sich so die heutige *Landschaftsplanung* und in Reaktion darauf die spezielle Ausrichtung der deutschen *Landschaftsarchitektur*.

Das Landschaftsideal, das als Leitbild des Handelns zugrunde gelegt wurde, bezog sich auch in der verwissenschaftlichten Landespflege auf die traditionelle, agrarisch geprägte und arkadische Kulturlandschaft als Ausdruck einer harmonischen Nutzung der Natur (vgl. Körner 2000a, 66 ff.).

Landschaftsgestaltung als künstlerische Aufgabe

Gegen die Verwissenschaftlichung wurde seitens der Landschaftsarchitektur, beginnend in den 60er Jahren des 20. Jahrhunderts, vor allem durch Mattern Kritik geäußert und darauf bestanden, dass die Landschaftsgestaltung eine maßgeblich *kulturelle* und somit bei allen funktionalen Anforderungen eine künstlerisch-gestalterische Aufgabe darstellt (vgl. ebd., 113 ff.).

In den 80er Jahren wurde dann zudem ausgeführt, dass der Inbegriff der modernen gebauten Umwelt nicht mehr die traditionelle Kulturlandschaft ist, sondern die *Stadt*, wobei die städtische Lebensweise als Ausdruck eines weltoffenen, demokratischen Gesellschaftsverständnisses angesehen wird (vgl. exemplarisch Bappert und Wenzel 1987). Die Stadt dient als symbolischer Ort eines alternativen Kulturbegriffs, mit dem man sich vom Kulturbegriff des Nationalsozialismus und seiner heimatschützerischen Tradition abzugrenzen versucht. Dem Naturschutz und der Landschaftsplanung wird hingegen vorgeworfen, dass er unschöpferisch das Alte bewahre und ein reaktionäres Gesellschaftsverständnis vertrete. Das Programm der planerischen Erhaltung und Entwicklung räumlicher Eigenart seitens des Heimatschutzes wird aber, obwohl es kritisiert wird, unter neuen Vorzeichen weiterentwickelt.

Stadt als Ausdruck einer demokratischen Gesellschaft

Die Neuen Landschaften und die neue Rolle der Industrie

Als Alternative zur Bewahrung der traditionellen Kulturlandschaft bemüht man sich in der Landschaftsarchitektur nicht nur um die Gestaltung städtischer Räume im Kern der Städte. Da es der Landschaftsarchitektur trivialerweise auch um Landschaft geht, beschäftigt man sich seit den 1980er Jahren auch mit den so genannten Neuen Landschaften an den Peripherien der Städte oder den großflächigen industriellen Agglomerationen wie im Ruhrgebiet. Hier liegen brachgefallene Räume vor, die nicht mehr die typische Eigenart ländlicher Kulturlandschaft aufweisen, sondern durch *urbane und industrielle Strukturen* gekennzeichnet sind.

„Neue Landschaften" in Städten

Das Programm der Landschaftsgestaltung, Landschaften als Urgrund des „guten Lebens" im Einklang mit der Natur auszugestalten, wird hierbei signifikant verändert; denn es kommt nicht mehr darauf an, dass Landschaften aufgrund einer Einheit von Zweckmäßigkeit und Schönheit als harmonische Ganzheiten wirken. Ihre Ausdruckskraft resultiert zum einen aus einem neuen und widersprüchlichen Verhältnis *urbaner Wildnis und Kulturlandschaft*. Neben dem Urban-Industriellen wird daher vor allem auch das *Abseitige* und *Heterogene* dieser Brachen thematisiert.

urbane Wildnis

Zum anderen spielt jetzt die Industrie, besonders die Schwerindustrie, eine andere Rolle als bisher. Ursprünglich wurde sie ja als ein Phänomen verstanden, das die Kultur und entsprechend auch die Landschaft zumindest gefährdet. Indem man die industriellen Bauwerke durch eine traditionsbewusste Gestaltung in die Landschaft *einordnete,* wurde die Industrie gleichzeitig als Chance gesehen, die Kultur in zeitgemäßer Form zu entwickeln. Selbst wenn die modernen Bauwerke unübersehbar die Landschaft prägten, sollte doch auf deren Eigenart Rücksicht genommen werden, wie etwa beim Autobahnbau, wo durch die Wahl der Trasse und durch die Bepflanzung eine Einbindung vorgenommen werden sollte. Mittlerweile wird der Industrie aber zugestanden, das traditionelle landschaftliche Maß zu *sprengen* und mit ihren gigantischen Hochöfen, Halden und Tagebaulöchern die Räume zu prägen, d.h. *selbst* Landschaften und Landmarken hervorzubringen, die vorher lediglich als Zeichen einer *Zivilisationswüste* gelesen worden wären.

Industrie als Chance einer zeitgemäßen Kultur

Dass diese Landschaften jetzt als neuartige Kulturlandschaften interpretiert werden und dass dabei die industriellen Artefakte eine dominante Rolle einnehmen, wird möglich, weil auch diese alten Industrien wie ehemals die kleinteilige Argarlandschaft durch den ökonomischen Strukturwandel *Geschichte* geworden sind. Man kann jetzt zu ihnen und zu den damit verbundenen Lebenswelten genauso ein zweckfreies, ästhetisches Verhältnis aufbauen, wie vormals zu den Argarlandschaften und Resten urtümlicher Wildnis.

Industrie wird zu Geschichte

Bild 1.
Ruinen der Schwerindustrie im Landschaftspark Duisburg-Nord / *Ruins of the heavy industry in the Landschaftspark Duisburg-Nord* (Foto: S. Körner)

Die industriellen Artefakte erhalten damit die Aura des Einmaligen und Unwiederbringlichen. Dass sie aber ganze Landschaften prägen können und sich nicht mehr einfügen müssen, erklärt sich mit Blick auf das *Erhabene*, das in den Industrielandschaften in Verbindung mit einem neuartigen Wildnisbegriff wieder eine Bedeutung bekommt.

Die Erhabenheit der „zweiten Natur"

„Feine Seelenbewegungen" Schillers

Die Möglichkeit, Erhabenheit in der Urlandschaft erleben zu können, stellte laut Schoenichen eine wesentliche, sich aus der Romantik ergebende Motivation für den frühen Naturschutz dar. Schoenichen spricht hierbei unter Bezug auf Schiller zum einen die überwältigende Größe z. B. von Bergen und zum anderen die Dynamik des natürlichen Geschehens an, die den Betrachter in gemischte Gefühle versetzen und zu „feinen Seelenbewegungen" veranlassen (Schoenichen 1954, 2 ff.).

Was die Erhabenheit der Industrienatur angeht, so sind zwei Kategorien zu unterscheiden, die Kant als das *Mathematisch-Erhabene* und das *Dynamisch-Erhabene* charakterisiert hat (vgl. Kant KdU 1786, § 25; § 28). Der Begriff des Mathematisch-Erhabenen bezieht sich auf eine scheinbar *unverhältnismäßige Größe*, etwa von Meeren, Wüsten oder hohe Berge, die sinnlich nicht fassbar scheint. Beim Dynamisch-Erhabenen erlebt man dagegen die *gewaltige Macht* der Natur, wie man sie in manchen Naturereignissen, z.B. einem tosenden Wasserfall oder der stürmischen See, erfahren kann.

die gewaltige Macht der Natur

Beide Formen von Erhabenheit scheinen auch in den Industriebrachen erlebbar zu sein und der Grund dafür zu sein, dass der Anblick der Artefakte der alten Industrien ein Gefühl der Freiheit des *Subjekts* ermöglicht. Insofern bei dem gestalterischen Umgang mit dem Erhabenen nicht die organische Einheit von Volksgemeinschaft und Natur in der Kulturlandschaft vermittelt werden soll, sondern gegen die Harmonieprinzipien der landschaftlichen Idylle das Unharmonische, nach traditioneller Auffassung Hässliche dieser Räume betont wird, kann man die Gestaltung der Neuen Landschaften als eine Kritik an dem traditionell natur- und heimatschützerischen Ideal verstehen. Die übliche Erklärung für die Freiheitserfahrung der Besucher von Brachen, die diese Erfahrung mit der Dysfunktionalität, also Aneignungsfähigkeit der Brachen und der Robustheit der Ruderalvegetation erklärt (vgl. z.B. Andritzky und Spitzer 1981), wird damit nicht bezweifelt, sie greift aber zu kurz. Diese Erfahrung von Freiheit ist jedoch, wie wir sehen werden, ambivalent.

Freiheitserfahrung beim Besuch von Brachflächen

Das Erleben des Erhabenen ermöglicht Kant zufolge dem Subjekt, sich seiner Freiheit und Vernunft, somit seiner Moralität bewusst zu werden. Im Gegensatz zum Schönen vermittelt die Erfahrung des Erhabenen keine *reine* Lust, sondern sie ist ein Wechselspiel von *Lust und Unlust*. Sie ist schaurig-schön und kann nur von dem erlebt werden, der ein sittliches Gefühl, also *Moral* besitzt.

Erleben des Erhabenen

Mathematisch-Erhaben „'nennen wir das, was *schlechthin groß* ist.' 'Wenn wir aber etwas nicht allein groß, sondern schlechthin-, absolut-, in aller Absicht- (über alle Vergleichung) groß, d.i. erhaben nennen, so sieht man bald ein: dass wir für dasselbe keinen ihm angemessenen Maßstab außer ihm, sondern bloß in ihm zu suchen verstatten. Es ist eine Größe, die bloß sich selber gleich ist. Dass das Erhabene also nicht in den Dingen der Natur, sondern allein in unseren Ideen zu suchen sei, folgt hieraus ...'. 'Erhaben ist also die (schlechthin große) Natur in derjenigen ihrer Erscheinungen, deren Anschauung die Idee der Unendlichkeit bei sich führt'" (Eisel 1987, 28 unter Bezug auf Kant). „Die 'Ideen des Erhabenen' werden 'am meisten erregt', wenn sich die Natur 'in ihrer wildesten regellosesten Unordnung und Verwüstung' repräsentiert, 'wenn sich nur Größe und Macht blicken läßt" (ebd., 28).

Das erste Empfinden ist *Achtung* und *Bewunderung* oder gar *Angst* angesichts der eigenen Unfähigkeit, die gewaltige Natur mittels der sinnlichen Einbildungskraft als Ganzes zu erfassen. Der Überlegenheit der Natur über die eigene Sinnlichkeit steht jedoch „die Unverzagtheit des reinen Intellekts gegenüber. Die Vernunft ist es, die uns in Stand setzt, 'der Natur in uns selbst, mithin auch der außer uns, (...) überlegen zu sein'" (ebd., 28 f.), sodass das Gefühl einer intellektuellen Überlegenheit über die Natur entsteht. Das Subjekt entdeckt in sich seine Überlegenheit als Vernunftwesen und somit seine Fähigkeit zu *freiem moralischen Handeln nach Vernunftsprinzipien.*

das Gefühl einer intellektuellen Überlegenheit über die Natur

„Also ist das Gefühl des Erhabenen in der Natur Achtung für unsere eigene Bestimmung, die wir einem Objekte der Natur durch eine gewisse Subreption (Verwechslung einer Achtung für das Objekt statt der für die Idee der Menschheit in unserem Subjekte) beweisen, welches uns die Überlegenheit der Vernunftbestimmung unserer Erkenntnisvermögen über das größte Vermögen der Sinnlichkeit gleichsam anschaulich macht." (Kant KdU 1786, § 27, B 97)

Daher bedarf nach Kant das Urteil über das Erhabene der Natur, mehr als das über das Schöne, eines gewissen Grades an *Kultiviertheit*, also eines Gefühls für moralische Ideen. Denn „erhaben ist das, was durch seinen Widerstand *gegen das Interesse der Sinne* unmittelbar gefällt" (ebd., § 29, B 111-113; 115; Hervorhebung S.K.). Das Erhabene verweist auf die Fähigkeit des Subjekts, die eigenen persönlichen und sinnlichen Interessen für höhere moralische Zwecke wie Freiheit und Humanität zurückzustellen.

das Erhabene und die Moral

Die Bedeutung des Erhabenen bei der Landschaftswahrnehmung erklärt zunächst, dass das Unheimliche, 'Unorganische', ja Hässliche der Industriebrachen nun auf einmal kulturwürdig wird. Das bedeutet aber, dass es eine besondere interpretatorische Arbeit erfordert, die sich von den – auch politischen – Gemeinplätzen der Interpretation landschaftlicher Idylle absetzt. Dazu muss die Erfahrung des Erhabenen mit der Eigenart der Industrienatur verbunden werden.

das Erhabene und die Industrienatur

Bei der Betrachtung von Brachen fällt zunächst die schiere Größe der aufgegebenen Industrien auf, die wie z.B. die Völklinger Hütte oder der Gasometer (vor allem sein Innenraum) in Duisburg-Nord. Oft erscheint ihre Konstruktion aberwitzig verschlungen und chaotisch oder im Falle des Innenraums des Gasometers schier unendlich. Man könnte daher das Gefühl beim Anblick dieser Bauten dem Mathematisch-Erhabenen zuordnen. Ihre Wirkung erklärt sich aber nicht allein dadurch. Vielmehr scheint ihrer Maschinenhaftigkeit eine besondere Macht innezuwohnen, welche das Kennzeichen des Dynamisch-Erhabenen ist. Zwar ist diese Macht mit dem Ende des Produktionsprozesses zum Erliegen gekommen, sie ist aber immer noch spürbar.

das Erhabene und die Wirkung von Industriebrachen

Die ambivalenten Gefühle und das moralische Erlebnis, die man angesichts der Industriebrachen erfährt, werden dadurch aber noch nicht vollständig erklärt. Hier ist noch eine andere Macht am Werk, die man nicht mehr unmittelbar sinnlich wahrnehmen kann, die aber eine wesentliche Voraussetzung dafür ist, dass man die Brachen als spezifische neue Wildnis wahrnimmt.

Sie wird nicht mehr von der unberührten Natur repräsentiert, deren Reste der Naturschutz schützt, sondern gewissermaßen vom „Auswurf" der Industrie. Nur auf den Brachen scheinen noch in Zeiten, in denen an jedem Naturdenkmal ein Schild hängt und Naturschutzgebiete verwaltet werden, elementare Erfahrungen möglich zu sein, d.h. vor allem das Erlebnis einer ungebändigten Gefahr, wie es für die Wildnis typisch ist (vgl. Praxenthaler 1996, Trepl 1998).

Daher wird man vor allem auch die Vorstellung der Kontamination der Brachflächen mit giftigen Stoffen unter die Kategorie des Dynamisch-Erhabenen einordnen können. Die Vergiftung ist jedem bewusst und sie ist mit einem gewissen Gefühl einer sinnlich nicht fassbaren Grenzenlosigkeit verbunden, weil sie z.B. das Grundwasser einer ganzen Region zu vergiften droht.[2] Die Industrie scheint hier ihre ganze Gewalt zu zeigen und die elementaren Grundlagen des Lebens wie Wasser und Boden zu gefährden. Diese Macht kann aber gar nicht unmittelbar wahrgenommen werden, wie etwa ein tosender Wasserfall, sondern nur erahnt werden.

[2] Daher liegt in Tarkowskijs Film „Stalker" über der „Zone" ein Gefühl der permanenten Bedrohung, weil sie radioaktiv verseucht scheint und geheimnisvolle Mächte am Werk sind, mit denen nur wenige Kundige umzugehen wissen.

Brachen als „modernes moralisches Erlebnis"

Dieses Ahnen wird durch ein vernunftkritisches Gefühl stimuliert. Denn es wird nicht allein das Gefühl einer emotionalen Bewährungsprobe des *einzelnen* Subjekts wie im Erlebnis des Erhabenen erzeugt, sondern das einer *allgemeinen* Gefahr durch die quasi faustischen Eigenschaften der menschlichen Freiheit und Vernunft. Dieses Gefühl wird dann aber wieder in ein Gefühl der Hoffnung für die Zukunft gewendet und darin besteht dann das moderne moralische Erlebnis.

Für diese Sinnerfahrung ist erforderlich, dass trotz allem das menschliche Handeln als *produktiv* und nicht nur als zerstörerisch erachtet werden kann. Dazu ist es notwendig zu zeigen, dass durch die industrielle Ausbeutung der Natur eine neue landschaftliche Eigenart entstanden ist. Zwar ist die alte Landschaft durch ihre Überformung mit Halden, Straßen, Schienensträngen, Kanälen und Siedlungen buchstäblich auf den Kopf gestellt worden, aber dennoch sind Standorte für eine neue typische Natur entstanden, die nun nicht mehr auf die bäuerliche Tätigkeit, sondern eben auf die (alte) industrielle Tätigkeit verweist. In der Zerstörung kann also eine Möglichkeit zur Schaffung einer anderen als der ländlichen Kultur gesehen werden, wenn man nur die Zeichen richtig lesen lernt und durch Gestaltung herausarbeitet. Diese andere Kultur ist die der alten industriellen Gesellschaft, zu der jetzt ein melancholisches und romantisches Verhältnis aufgebaut wird. Da es sich aber um *industrielle* und nicht um ländliche Lebensverhältnisse handelt, wird dieses Gefühl als fortschrittlich interpretiert. Es wird damit die Hoffnung verbunden, dass diese Landschaft allgemein auf eine Einheit von Industrie und Natur verweist.

Brachflächen als Versuch der Einheit von Industrie und Natur

Der morbide Charakter der Industrielandschaft in Verbindung mit der Fähigkeit der wilden Natur, sich unter widrigsten Umständen durchzusetzen, verursacht die besagten gemischten Gefühle. Zumindest für die Anhänger der geordneten Kulturlandschaft dürfte die Industrienatur eine unterschwellige Drohung der Wiederkehr einer chaotischen und damit barbarischen Natur bedeuten. Sie kann aber auch als Hoffnungszeichen gelesen werden, weil sie sich gegen das Menschenwerk durchgesetzt hat und „die Ruinen zum Blühen gebracht hat" (vgl. Eisel et al. 1998). In jedem Fall aber wird durch die Entdeckung und gestalterische Interpretation der wilden Industrienatur ihr Charakter in den einer geformten Wildnis transformiert; sie verliert ihre Unverfälschtheit und wird zu einer neuen Parklandschaft.

Brachflächen als Hoffnungszeichen

Gerade die Ambivalenz der Gefühle angesichts der Eigenart dieser Landschaften bietet die Möglichkeit neuer kultureller Erfahrungen. Aus diesem Grund ist man inzwischen – so paradox das klingen mag – auch bereit, die Kontamination nicht nur als Bedrohung, sondern als Bestandteil von Kultur, gewissermaßen als Spur menschlicher Tätigkeit zu akzeptieren, die besondere Vegetationsbestände hervorbringt (vgl. Hauser 1998, 189).[3]

[3] *Derart äußerte sich auch Thomas Sieverts in einer Diskussion auf dem 9. Internationalen Kongress der Deutschen Gesellschaft für Semiotik vom 3.-6.10.1999 an der TU Dresden.*

Deswegen (und auch, weil das reale Maß der Gefährdung durch solche Flächen oft ungewiß ist) wehren sich Landschaftsarchitekten, Stadtplaner und Stadtökologen gegen die ausschließlich technische Rekultivierung der Brachen. Dieser wird insgesamt vorgeworfen, die Eigenart der Brachen zu vernichten, weil durch den Auftrag von Oberboden, die Anlage eines gleichmäßigen Oberflächengefälles und eine uniforme Bepflanzung Standortdifferenzen nivelliert und damit auch die Artenvielfalt minimiert wird. Umgekehrt kann aber auch die Erhaltung einer alten Deponie mit ihrem regelmäßigen Schüttwinkel gefordert werden, weil sie als industrielles Bauwerk gleichsam Denkmalcharakter hat und somit auf die geschichtlich entstandene Eigenart des Raumes verweist. Zur Neuinterpretation natur- und heimatschützerischer Topoi gehört auch, dass nicht nur der wilde Charakter der Industrienatur betont wird, sondern auch ihr *kosmopolitischer*.

Brachflächen und ihr kosmopolitischer Charakter

Der Symbolwert städtisch-industrieller Natur

Die Industriebrachen werden also in zweierlei Hinsicht als Landschaften wahrgenommen. Einerseits erscheinen sie als neue Wildnis, andererseits als neue Kulturlandschaft.

Als Kulturlandschaften werden sie deshalb wahrgenommen, weil sie auf historische und sinnvolle menschliche Tätigkeiten verweisen und weil sie Eigenschaften haben, die ursprünglich der traditionellen Kulturland-

Brachflächen als Kulturlandschaft

schaft zugeschrieben wurden, die diese aber verloren hat. Dies betrifft vor allem die hohe Artenvielfalt und einen großen ästhetischen Reichtum. Beides ist in der heutigen ausgeräumten Agrarlandschaft nicht mehr anzutreffen.

Brachflächen als „Neue Wildnis"

Diese Artenvielfalt ist aber eine andere als die der traditionellen Kulturlandschaft. Denn sie ist dadurch gekennzeichnet, dass sie sich zu einem hohen Anteil aus *fremdländischen* Arten zusammensetzt. Diese können auf symbolischer Ebene als Ausdruck einer „'multikulturellen Gesellschaft' im Pflanzenreich" (Dettmar 1999, 135) und somit als Repräsentanten des Ideals einer weltoffenen Industriegesellschaft angesehen werden.

Neophyten als Repräsentanten der Moderne

Was fremde Arten mit der Industrie und der Etablierung des Weltmarktes zu tun haben, läßt sich gut mit dem vegetationskundlichen Begriff der *Neophyten* verdeutlichen, denn der Zeitraum des Auftretens der Neophyten wird mit dem Beginn der Etablierung des Weltmarktes nach der Entdeckung Amerikas 1492 angesetzt. Die Neophyten sind daher in gewisser Weise die Repräsentanten des *globalen* Zeitalters der Moderne, in dem die Tradition ihre Kraft verloren hat, denn sie werden durch weltweiten Handel und Transport verschleppt. Für *konservative* Naturschützer repräsentieren diese Kosmopoliten den bindungslosen Universalismus der Moderne im Gegensatz zur sinnstiftenden regionalen Eigenart (vgl. Disko 1996; 1997). Die Ablehnung der fremden Arten und die Verteufelung mancher von ihnen als „Killerpflanzen" (vgl. Bilder 2, 3 und 4) läßt sich daher nach dem heutigen Kenntnisstand – was die Situation in Mitteleuropa betrifft – weniger mit den schädlichen Auswirkungen fremder Arten auf die Ökosysteme begründen, obwohl das als Hauptargument angeführt wird. Vielmehr werden durch sie vertraute Bilder heimatlicher Räume zerstört (vgl. zu dieser Diskussion ausführlich Körner 2000b).

Die Bewertung der Neophyten im Naturschutz findet dabei vor dem Hintergrund unterschiedlicher ökologischer Theorien statt. Die *holistische* besagt, dass sich alle Mitglieder einer Lebensgemeinschaft nicht etwa in einem Konkurrenzkampf um Ressourcen befinden, sondern Mitglieder einer *harmonischen* und *hochintegrierten*, sich wechselseitig bedingenden und deshalb unteilbaren *Gemeinschaft* sind, die wie ein Organismus ein Überindividuum mit einem eigenen Wesen, also einen *Superorganismus*, darstellt. Dieses Wesen korreliert mit dem Wesen des *konkreten Ortes*, an dem sich der Superorganismus befindet; der Ort ist gewissermaßen selbst der Organismus. Er ist daher

holistische Naturkonzeption

Bild 2.
Sachalinknöterich / giant knotweed (*Reynoutria sachalinensis*) (Foto: S. Körner)

Bild 3.
Riesenbärenklau / giant hogweed (*Heraclemum mantegazzianum*) (Foto: S. Körner)

Bild 4.
Indisches Springkraut / ornamental jewelweed (*Impatiens glandulifera*) (Foto: S. Körner)

nicht nur ein räumlich vorliegendes Ensemble mehr oder weniger zufälliger Umweltbedingungen, sondern ist selbst ein unverwechselbares Individuum (vgl. z.B. Thienemann 1954). Fremde Arten werden daher abgelehnt, weil sie nicht zum Wesen der mitteleuropäischen Kulturlandschaften passen. Die von Gleasson (1926) so bezeichnete *individualistische* Naturkonzeption in der ökologischen Theorie geht dagegen nicht von festgefügten 'ganzheitlichen', räumlich manifestierten Lebensgemeinschaften mit einem eigenen Wesen aus, sondern von der *mehr oder weniger zufälligen Kombination der Arten* in einem bestimmten Raum. Der Begriff der Individualität bedeutet hier, dass lediglich das *Einzelne*, also die einzelne Art oder Pflanze, hinsichtlich ihrer Umweltansprüche als Realität anerkannt wird. Die Arten sind durch ähnliche Umweltansprüche aneinander gebunden und bilden hauptsächlich deshalb Gesellschaften, weil sie der *Zufall ihrer Ausbreitung* am gleichen Ort zusammenbringt. Dort 'arrangieren' sie sich dann. Daher ist praktisch eine unbegrenzte Zahl von Artenkombinationen denkbar, sodass es keine festen Lebensgemeinschaften mit einem eigenen Wesen wie im Holismus gibt (vgl. Gleason 1926). Das hat zur Folge, dass Ökosysteme nicht als Superorganismen angesehen werden, sondern als *gedankliche Abstraktionen der Wissenschaftler*, die die Natur untersuchen, sodass die Grenzen der Ökosysteme je nach Forschungsinteresse gezogen werden (vgl. Tansley 1935). Ein Ökosystem ist also *nichts Reales und kann daher auch nicht zerstört werden*; es verändern sich lediglich durch menschliche Eingriffe oder andere Ereignisse die Umweltbedingungen und damit irgendwelche Artenkombinationen. Die hieraus resultierende Naturschutzauffassung sieht daher fremde Arten als Ausdruck veränderter Umweltbedingungen an und begrüßt sie grundsätzlich als Bereicherung der vorhandenen Vielfalt (vgl. Reichholf 1996; 1997).

individualistische Naturkonzeption

Es handelt sich bei der Auseinandersetzung um die Auswirkungen fremder Arten auf die Ökosysteme, die im Naturschutz geführt wird, und bei der Betonung des Städtischen als Ausdruck moderner Kultur, wie man sie in der Landschaftsarchitektur findet, um zwei verschiedene Diskurse, die keinen Bezug aufeinander nehmen. Der Grund dürfte darin liegen, dass Naturschützer sich oft als seriöse Naturwissenschaftler, d.h. als Biologen verstehen, für die Gestaltungsfragen subjektiv sind, also nichts, womit sich die Wissenschaft zu beschäftigen hätte. Von Landschaftsarchitekten wird die Beschäftigung mit Naturschutz hingegen oft per se als naturalistisch und damit reaktionär abgelehnt. Das hat zur Folge, dass das zentrale Thema des Naturschutzes, die Bedeutung typischer Natur in konkreten Räumen generell ignoriert wird, sodass diese Bedeutung auch nicht zeitgemäß interpretiert werden kann. Der Naturbegriff der deutschen Landschaftsarchitektur ist daher nur sehr fragmentarisch formuliert.

Ökologie im Spannungsfeld zwischen Naturschutz und demAusdruck moderner Kultur

Die Neophyten repräsentieren als Kosmopoliten gewissermaßen den Genius der Stadt und der Industriegesellschaft, der ja für die Landschaftsarchitektur maßgebend ist. Dieser Genius wird bekanntlich als *Urbanität* bezeichnet. Sie wird von Soziologen als Konfrontation mit dem *Fremden* beschrieben, weil die Stadt der Ort ist, wo Fremde zusammenleben und verschiedene Lebensformen, Anschauungen und Kulturen nebeneinander und im Idealfall miteinander existieren. Daher wird Urbanität als keinesfalls harmonische, sondern eher als konfliktreiche *Kultur der Differenz* angesehen (vgl. z.B. Häussermann und Siebel 1997), die der eindeutigen Identität und Geborgenheit ländlich-landschaftlicher Eigenart entgegensteht.

Urbanität als Kultur der Differenzen

Der Liebhaber der städtischen Natur, der die Korrelation von Urbanität und Natur thematisiert, schätzt daher besonders das Uneindeutige und Überraschende (vgl. Reichholf 1996, 1997). Der Begriff des *Besonderen* ist hier nicht auf eine konkrete regionale Eigenart bezogen, sondern auf das Noch-nie-Dagewesene als Verwirklichung potentiell unendlicher städtischer Möglichkeiten. Dennoch werden städtische Situationen zumindest teilweise nach dem Muster traditioneller, also konservativer Naturschutzauffassungen interpretiert, weil auch hier ein Begriff der Typik des konkreten Ortes an diese Natur angelegt wird. Denn das Denken in den Kategorien der Eigenart von Orten und Kulturen gehört – wie auch die Geschichte des Natur- und Heimatschutzes zeigt – zum Kern des konservativen Weltbildes und seiner Naturkonzeption.

Urbanität und das Noch-nie-Dagewesene

Auf die Uneindeutigkeit der Stadtnatur soll jetzt nicht weiter eingegangen werden (vgl. Eiselet al. 1998). Sie hat zur Folge, dass die „urbane" Natur, wie oben schon ausgeführt, sich durchaus – und dies ist ein Teil ihrer Widersprüchlichkeit – nicht nur als Wildnis verstanden werden kann, sondern auch in das arkadische Schema der kultivierten ländlichen Natur einordnen lässt. Denn sie weist in der Regel ebenfalls typisch arkadische Elemente auf, wie die Blumenwiese (Ruderalfluren), den Einzelbaum und den lichten Hain.

ein Kosmopolit als Kulturzeiger

Statt dessen soll an einem vegetationskundlichen Beispiel, nämlich am Schmalblättrigen Greiskraut (*Senecio inaequidens*) gezeigt werden, wie sich Kosmopolitismus und die Geschichte des konkreten Ortes auf den Brachen verbinden. Bei dem Schmalblättrigen Greiskraut handelt es sich um eine hochexpansive Art, die im Landschaftspark Duisburg-Nord vom Frühsommer bis in den späten Herbst einen großflächigen Blühaspekt bietet. Diese Art ist insofern Kosmopolit und zugleich ein „Kulturzeiger", als sie mit den Erztransporten aus Südafrika eingeschleppt wurde und dann verwilderte. Sie verweist also als Spur auf das weltweite Wirken der Schwerindustrie und zugleich auf die Geschichte des konkreten Ortes. Diese Bedeutung verschwimmt aber langsam.

Derzeit kommt das Schmalblättrige Greiskraut auf den Brachen dieser Industrie noch besonders häufig vor, es hat sich aber schon auf dem Autobahnmittelstreifen in Richtung Süden bis ungefähr auf die Höhe von Köln vorgearbeitet. Hard weist für Osnabrück darauf hin, dass es schon auf anderen städtischen Standorten vorkommt (vgl. Hard 1998, 188). Auch in Berlin tritt es vereinzelt auf (vgl. Starfinger und Sukopp 1998, 7). Es ist daher aufgrund dieses Etablierungserfolges auf dem besten Weg, von einem Symbol der niedergegangenen Schwerindustrie und des Neuaufbaus industrieller Landschaften zu einem Symbol der allgemeinen Dynamik und Flexibilität urban-industrieller Natur zu werden.

ein Kosmopolit als Symbol der niedergegangenen Schwerindustrie

Landschaftsarchitektonische Gestaltungsstrategien

Für die Landschaftsarchitektur folgt aus der Wertschätzung der Stadtnatur, dass deren Eigenart durch Gestaltung lesbar gemacht werden soll. Dies geschieht – wie der Landschaftspark Duisburg-Nord zeigt – unter Verwendung von bekannten Chiffren landschaftlicher Idylle wie Baumhaine, Hecken, Staudenfluren, Teiche, Aussichtspunkte usw. Diese Chiffren werden wegen der Wertschätzung der städtischen „Kultur der Differenz" mit dem Fremden und Ungewohnten verbunden. Man arbeitet also mit dem Mittel der *Verfremdung* oder der *Exotisierung*. Dabei sind derzeit zwei Strategien zu beobachten, die, wie im Landschaftspark Duisburg-Nord, miteinander kombiniert werden können:

Verfremdung und Exotisierung

Das Fremde gehört zur Eigenart der Brachen. Daher verwendet oder fördert man z.B. neben heimischen auch fremde Pflanzen. Neben der oben erwähnten För-

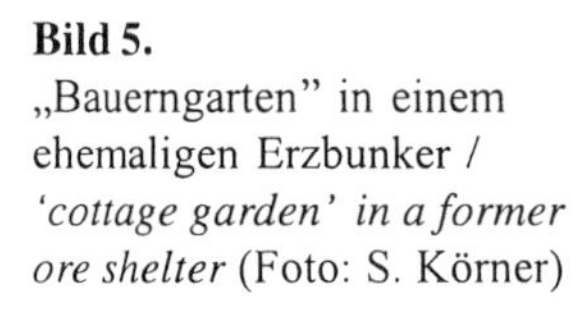

Bild 5.
„Bauerngarten" in einem ehemaligen Erzbunker / *'cottage garden' in a former ore shelter* (Foto: S. Körner)

derung des Greiskrautes durch die Parkpflege wäre ein weiteres Beispiel die Pflanzung des Kirschhaines am Eingang des Landschaftsparks Duisburg-Nord. Ursprünglich war meines Wissens die Verwendung von Chinesischen Blauglockenbäumen (*Paulownia tomentosa*) geplant. Diese gedeihen aber nur im Weinbauklima Südwestdeutschlands und verwildern dort auch. Typisch ist auch die Pflanzung eines Haines aus Götterbäumen (*Ailanthus altissima*). Der Götterbaum ist ein Charakterbaum städtischer Brachen, der ebenfalls aus China stammt. Er wurde auch deshalb verwendet, weil das Substrat kaum eine andere Baumart zulässt, also aus ökologisch-funktionalen Gründen.

Förderung von heimischen und fremden Pflanzen

Die (exotische) Schönheit, kultureller Sinn und Zweckmäßigkeit bilden hier nach alter Tradition – der Tradition der Landesverschönerung – eine Einheit. Die „Botschaft", die von Stadtökologen verstanden und begrüßt wird, besteht darin, dass man die fremde, gleichwohl „autochthone" städtische Vegetation schätzen lernen soll (Rebele und Dettmar 1996). Die Verwendung fremder Pflanzen ist eigentlich in der Garten- und Landschaftsgestaltung trivial und gerade der Götterbaum ist ein schon lange geschätzter Parkbaum. Allerdings wurden fremde Pflanzen in den 1980er Jahren durch die Naturgartenbewegung zugunsten so genannter einheimischer weitgehend tabuisiert (vgl. z.B.

Bild 6.
Seerosen in einem Wasserbecken / *water lilies in a water tank* (Foto: S. Körner)

Schwarz 1980). Daher hat die Wertschätzung der städtischen Ruderalvegetation mit ihren vielen fremden Arten und ihre Anreicherung mit fremdländischen Gartenpflanzen durchaus eine kulturell-politische Bedeutung, die sich gegen das konservativ-organizistische Weltbild richtet.

kultur-politische Bedeutung fremdländischer Pflanzen

Typische Elemente der kulturlandschaftlichen und gärtnerischen Idylle werden mit dem ihnen fremden, schwerindustriellen Kontext konfrontiert. Man pflanzt nicht nur Haine, sondern legt einen – allerdings abgewandelten – Bauerngarten mit Buchsbaumhecken in einem ehemaligen Erzbunker an. Teichrosen zieren Regenrückhaltebecken und Blumenfluren Deponiegelände.

Das Ziel dieser Gestaltungen ist also, nicht nur zu zeigen, dass die urbane Natur würdig ist, in die Gartenkunst aufgenommen zu werden und dass ihr fremdartiger Charakter traditionelle landschaftliche Interpretationsmuster und damit verbundene politische Überzeugungen in Frage stellt. Es soll auch mit einem gartenkünstlerischen Repertoire gezeigt werden, dass der industrielle Kontext kulturwürdig ist (vgl. Latz 1999). Demonstriert wird das unter Verwendung sehr traditioneller Gestaltungselemente, die seit langem für heimatliche Kultur stehen.

gartenkünstlerisches Repertoire im industriellen Kontext

Literatur

Andritzky, A, Spitzer, K (Hrsg) (1981) Grün in der Stadt. Hamburg

Bappert, T, Wenzel, J (1987) Von Welten und Umwelten. Garten und Landschaft 97 (3): 45-50

Däumel, G (1961) Über die Landesverschönerung. Geisenheim

Dettmar, J (1999) Neue 'Wildnis'. In: Dettmar, J, Ganser, K (Hrsg) IndustrieNatur – Ökologie und Gartenkunst im Emscher Park. Stuttgart. 134-153

Disko, R (1996) Mehr Intoleranz gegen fremde Arten. Nationalpark 93 (4): 38-42

Disko, R (1997) 'Grauhörnchen für Bayern'? Nationalpark 97 (3): 43-46

Eisel, U (1987) Das 'Unbehagen in der Kultur' ist das Unbehagen in der Natur. Über des Abenteuerurlaubers Behaglichkeit. In: konkursbuch 18, Landschaft: 22-38

Eisel, U, Bernard, D, Trepl, L (1998) Theorie und Gefühl – Zur Anmutungsqualität innerstädtischer Brachflächen. BrachFlächenRecycling (1): 51-59

Gleason, HA (1926) The individualistic concept of plant association. Bull. Torey Bot. Club 53: 7-26

Hard, G (1998) Ruderalvegetation. Ökologie und Ethnoökologie, Ästhetik und Schutz. Arbeitsgemeinschaft Freiraum und Vegetation (Hrsg.). Kassel

Hauser, S (1998) Naturästhetik peripherer Zonen – über Industriebrachen und die neue Natur. Europäische Zeitschrift für Semiotische Studien Vol. 10 (1,2): 175-191

Häusermann, H, Siebel, W (1997) Stadt und Urbanität. Merkur, Deutsche Zeitschrift für europäisches Denken 51 (4): 293-307

Hockema, D (1996) Ökologische Bewußtheit und künstlerische Gestaltung. Über die Funktionsweise von Planungsbewußtsein anhand von drei historischen Beispielen: Willy Lange, Paul Schultze-Naumburg, Hermann Mattern. Beiträge zur Kulturgeschichte der Natur, Bd. 5. Berlin

Kant, I (1996) Kritik der Urteilskraft. Werke in zwölf Bänden, X. Frankfurt/M. (Erstmals 1786)

Knaut, A (1993) Zurück zur Natur! Die Wurzeln der Ökologiebewegung. Supplement 1 zum Jahrbuch für Naturschutz und Landschaftspflege. Bonn

Körner, S (2000) Das Heimische und das Fremde. Der Werte Vielfalt, Eigenart und Schönheit in der konservativen und in der liberal-progressiven Naturschutzauffassung. Münster

Körner, S (2001) Theorie und Methodologie der Landschaftsplanung, Landschaftsarchitektur und Sozialwissenschaftlichen Freiraumplanung vom Nationalsozialismus bis zur Gegenwart. Landschaftsentwicklung und Umweltforschung, Schriftenreihe im Fachbereich Umwelt und Gesellschaft der TU Berlin, Nr. 118. Berlin

Latz, P (1999) Schöne Aussichten. Interview in Architektur & Wohnen (5): 95-102

Lindner, W (1926) Ingenieurwerk und Naturschutz. Berlin-Lichterfelde

Link, O, Pötter, S (1995) Individueller Ausdruck und allgemeine Form: Die Verwirklichung einer Paradoxie in der Geschichte des Bauhauses. In: Projektbericht Funktionalismus. Die Reduktion von Widersprüchen in der Moderne am Fachbereich 7 der TU Berlin. Bd. 2. 421-524

Praxenthaler, J (1996) Wildnis. Vom Ort des Schreckens zum Ort der Sehnsucht nach Vergöttlichung. Die Idee der Wildnis vor dem Hintergrund der Veränderungen des Naturverständnisses in der Neuzeit. Diplomarbeit am Lehrstuhl für Landschaftsökologie der TU München

Rebele, F, Dettmar, J (1996) Industriebrachen. Ökologie und Management. Stuttgart

Reichholf, JH (1996) In dubio pro reo! Mehr Toleranz für fremde Arten. Nationalpark 91 (2): 21-26

Reichholf, JH (1997) Sine ira et studio. Nationalpark 95 (2): 19-21

Runge, K (1998) Entwicklungstendenzen der Landschaftsplanung. Vom frühen Naturschutz bis zur ökologisch nachhaltigen Flächennutzung. Berlin, Heidelberg

Schoenichen, W (1954) Naturschutz – Heimatschutz. Ihre Begründung durch Ernst Rudorff, Hugo Conwentz und ihre Vorläufer. Große Naturforscher, Bd. 16. Stuttgart

Schultze-Naumburg, P (1908) Kulturarbeiten. Bd. III: Dörfer und Kolonien. 2. Auflage. München

Schultze-Naumburg, P (1909a) Kulturarbeiten. Bd. II: Gärten. 3. Auflage. München

Schultze-Naumburg, P (1909b) Kulturarbeiten. Bd. IV: Städtebau. 2. Auflage. München

Schultze-Naumburg, P (1916) Kulturarbeiten. Bd. VII: I. Wege und Straßen, II: Die Pflanzenwelt und ihre Bedeutung im Landschaftsgebilde. München

Schultze-Naumburg, P (1917) Kulturarbeiten. Bd. IX: Industrielle Anlagen, Siedlungen. München

Schwarz, U (1980) Der Naturgarten. Frankfurt/M

Starfinger, U, Sukopp, H (1998) Neophyten in Berlin. Ökowerkmagazin 5+6: 4-8

Tansley, AC (1935) The use and abuse of vegetational concepts and terms. Ecology 16: 284-307

Thienemann, A (1954) Lebenseinheiten – Ein Vortrag. Abhandlungen naturwissenschaftlicher Verein Bremen 33: 303-326

Trepl, L (1998) Die Natur der Landschaft und die Wildnis der Stadt. In: Kowarik, I, Schmidt, E, Sigel, B (Hrsg) Naturschutz und Denkmalpflege. Wege zu einem Dialog im Garten. 77-87

Postindustrielle Landschaft – Nine Mile Run: Intervention in the Rust Belt

The art and ecology of Post-Industrial Public Space[1]

Tim Collins

Nine Mile Run is a historic stream valley, identified for its beauty as well as its wastewater problems. By 1923, the valley was selected by influential Pittsburghers for a city park but was subsequently purchased by a steel industry slag disposal firm. Between 1922 and 1970 it was used as a dumping ground for industrial slag from Pittsburgh area Steel Mills. The Nine Mile Run watershed is a natural drainage basin of the Monongahela River. Approximately 34% of the entire watershed is classified as undeveloped land. In 1995, the City of Pittsburgh commissioned a master planning study of the 230 acre site, now owned by the Urban Redevelopment Authority. The project will result in 100 acres of open space to become the "Frick Park Extension" and the new housing development known as "Sommerset at Frick Park" (from http://slaggarden.cfa.cmu.edu/)

Nine Mile Run ist als historisches Flusstal so bekannt für seine Schönheit wie für seine Abwasserprobleme. Im Jahre 1923 wurde es von einem einflußreichen Pittsburger Bürger gekauft, um einen Stadtpark einzurichten, doch später übernahm es eine Firma, die Schlacken aus der Stahlindustrie entsorgte. Von 1922 bis 1970 wurden auf dem Gelände die Schlacken der Pittsburger Stahlwerke gekippt. Das Nine Mile Run-Gelände wurde als natürliches Einzugsgebiet des Monongahela-Flusses zu 34 % als Freiland eingestuft. Im Jahre 1995 gab die Stadt Pittsburgh die Generalplanung für die Entwicklung des 90 ha großen Geländes in Auftrag, das nun im Besitz der Urban Redevelopment Authority ist. 40 ha des Gebietes werden in Parkland, den „Flick Park Extension", verwandelt, der Rest wird zum „Sommerset at Frick Park"-Entwicklungsgebiet.

1 Excerpts from "Ample Opportunity: A Community Dialogue". Nine Mile Run is a project of the STUDIO for Creative Inquiry, Carnegie Mellon University, Pittsburg PA.

Figure 1.
Nine Mile Run Site overview looking north-east / *Blick von einer Schlackenhalde in das Tal des Nine Mile Run* (Photo: S. Hauser)

Objectives for artists involved in the restoration of post-industrial public space (an expansion on objectives developed by Kirk Savage, University of Pittsburgh):

- Enable a post industrial community dialogue which envisions a future: Create new forms of critical discourse, which provide the community with access, voice and a context in which to speak.
- Reveal the post-industrial legacy, not eradicate it or cloak it in nostalgia: Create images and stories, which reveal cause and effect and other aspects of a particular legacy.
- Reveal social conflicts in the city, not repress them: Social conflicts occur at points of dynamic change in a community.
- Reveal the ecological processes and infrastructure at work in the city: Cities have replaced ecosystems with infrastructure. Revealing these systems remind us of our relationship to them.

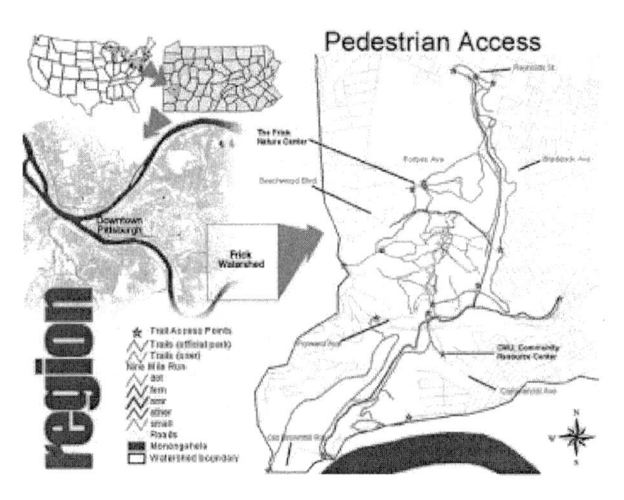

Figure 2.
Project plan (from http://slaggarden.cfa.cmu.edu/) / *Lageplan des Projekts*

The Nine Mile Run Greenway Project (NMR-GP) engages cultural and aesthetic issues of post-industrial public space, ecology, and ideology. The project team, directed by three artists, included a diverse group of professionals from academia, industry and municipal government. Over the past three years, the STUDIO team endeavored to generate an informed public conversation regarding Nine Mile Run, a brownfield site in Pittsburgh, Pennsylvania being developed into a mix of housing and public greenway. Brownfield development is routinely the domain of engineers, economists, and public policy analysts who work to solve isolated brownfield "problems". Alternatively, this artist-led team has defined the NMR brownfield development as a system of opportunities rather than problems. Viewing brownfields as the legacy of the industrial revolution, a cultural event that effectively privatized America's urban rivers, streams and estuaries, the team approaches the work as the cultural reclamation of public use, value and aesthetics. The question that had to be asked is what will post-industrial open space look like here in Pittsburgh PA?

a system of opportunities versus isolated problem-solving

The NMR-GP conversation was primarily constructed around issues of public space, specifically public space within the context of a specific urban brownfield (Nine Mile Run) which is about to be developed by private interests. It has been our contention from the beginning of this process that urban brownfields or post-industrial sites are an important public space opportunity, particularly for rust belt cities like Pittsburgh. Many of these cities were built upon the resources of the natural world. Pittsburgh is physically located at the tip of a peninsula formed by two major river valleys. Economically it was an industrial city, weaned on resource extraction and the use of the rivers as part of the transport infrastructure that made industrial growth, expansion and its culminating forces possible. Resource extraction and the use of the urban environment as the sink for the wastes of industrial production was typical of the industrial period. Ostensibly public space was utilized by private industry in the pursuit of profit. "Each society and its related means of production (in

public space misused to make profit

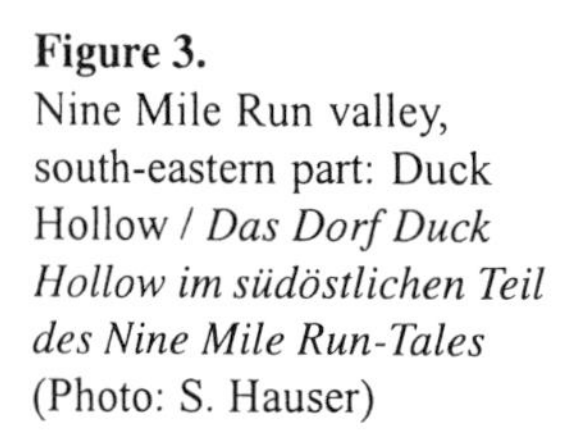

Figure 3.
Nine Mile Run valley, south-eastern part: Duck Hollow / *Das Dorf Duck Hollow im südöstlichen Teil des Nine Mile Run-Tales* (Photo: S. Hauser)

this case, extraction of resources and industrial production) creates a specific kind of physical space" (Lefebvre 1974, pp30-33). The steel industry in Pittsburgh colonized our waterfronts (excluding public uses), transformed our rivers, filled the skies with smoke and the valleys with slag. This was an amazing and radical spatial transformation. The land along the rivers became the frame for a giant machine of industrial production. The water, the air, even the people were part of the system. The land, once natural, became technological, a system to be harnessed in the pursuit of profit. The economic benefits to the private realm overwhelmed the benefits to the public realm.

natural land became technological

Today, we find ourselves immersed again in radical change. The question is, what kind of space will be created. Industry is gone, riverfront properties lie vacant and once again we are deciding the relative value of the public realm. The technological purpose for the land has passed but the economic need is still viable. The question is, can we view these properties in the context of a pre-industrial legacy of public access and natural value? Can we integrate economic benefit with public use and ecosystem function? Will we continue to accept the dichotomy of wilderness or zoo as the primary "spaces" of natural experience? Or, is there something

„spaces" to be created

Figure 4.
The trailer: on-site classroom and community resource center / *Der Trailer, Informationszentrum des Projektes* (Photo: S. Hauser)

new to consider at the place where the land meets the river and the soot of industry still stains the soil?

The unifying theory of the NMR-GP is reclamation as an integrated ecosystem restoration that embraces the complex goal of "nature" in the context of contemporary urban culture. The latest issue of Society for Ecological Restoration reflects this interdisciplinary complexity, „restoration practices which hold firm to ecological fidelity and embrace social and cultural goals are much more likely to prosper and endure" (Higgs 1997). A.D. Bradshaw, a restoration biologist involved in the reclamation of the Sudbury region of Canada, comments "The primary goal of restoration is an aesthetic one – to restore the visible environmental quality of the area" (Bradshaw 1995). Bradshaw also outlines specific scientific methods for ecological restoration: soil-chemical balance, initial vegetative stability and long-term biodiversity.

restoration as an aesthetic task

It is quite clear from the preceding statements that these scientific methods are operating within a set of cultural options. Do we identify the "original condition" and return our brownfields to that standard? At Nine Mile Run, the question of original condition is answered by millions of tons of slag dumped upon a broad floodplain. We need to work within the community to identify a

the question of original condition

socially acceptable solution that is economic, aesthetically rich, and ecologically sound. We must define what nature means within the context of our urban community. The immediately adjacent model is Frick Park. The NMR-GP would suggest that the baseline for our work is circumscribed in the flora, fauna, soils, and the remnant natural hydrology we see in Frick Park. The starting point and comparative bio-data can be found in the variation of plant succession that is occurring on the slag and shale slopes of the property today.

the starting point

Figure 5.
Reiko Goto and Bob Bingham (Nine Mile Run Team) at the project trailer / *Reiko Goto und Bob Bingham (Nine Mile Run Team) im Trailer* (Photo: S. Hauser)

How do we reclaim portions of our brownfield sites to restore the ecological function to our cities? How do we "build in" a sustainability that will allow these natural interventions in the urban landscape to endure the changes in politics, economics, and adjacent environments? How do we manufacture land stewardship in a community that was weaned on the extraction of resources? Sustainable Architecture expert Michael McDonough puts it clearly, "How do we learn to recognize the interdependence of humanity and nature, to treat nature as a model and mentor, rather than an inconvenience to be used, evaded or controlled?" (McDonough 1992).

questions

These questions begin to circumscribe our challenge and the evolving meaning of nature in an urban setting. Another important theoretical foundation can be found in our artistic intent which is informed by evolving contemporary ideas of socially based art practice and the last 30 years of reclamation art. Our process is rooted in ideas of reconstructive post-modern practice. "The attempt is to move the dominant model of humans in opposition to nature toward a more integrated aesthetic of interconnectedness, social responsibility, and ecological attunement." (Gabelik 1991)

an artistic intent:

reclamation art

This paradigm shift is also described in the context of evolving artist media and expanding public practice, as new genre-public art. Suzanne Lacy clarifies this approach, "new genre-public art-visual art that uses both traditional and nontraditional media to communicate and interact with a broad and diversified audience about issues directly relevant to their lives – is based on engagement" (Lacy 1995). The history of this work is rooted in some of the early ideas of "social sculpture" developed by the German artist Joseph Bueys (1921-1986). "He sets out from the premise that although great and definitive signals have emerged from the traditional concept of art, the great majority of human beings have remained untouched by this signal quality." Social art, or social sculpture, Bueys believed, is art that sets out to encompass more than just physical material. "We need a foundation of social art, on which every individual experiences and recognizes himself as a creative being and as a participant in shaping and defining the world. Everyone is an artist." (Stachelhaus 1987).

Figure 6.
Gardens around the trailer: A collection of species from the Nine Mile Run area / *Gärten um den Trailer mit Pflanzen aus dem Tal*
(Photo: S. Hauser)

Reclamation Art is a term used in an electronic document examining "artworks proposed or constructed by contemporary artists as a means to reclaim landscapes that have been damaged by human activities" (Frost-Kumpf 1995). This type of artwork goes back as far as

definition

Figure 7.
The Nine Mile Run streaming into Monongahela River / *Mündung des Nine Mile Run in den Monongahela River* (Photo: S. Hauser)

the '60s when a significant number of artists moved outside their studios and galleries in a movement known as Earthwork. Initial work in the field, relative to reclamation art practice, was done by Robert Smithson who actively searched out industrial land users for collaboration on his projects which explored formal/sculptural reclamation solutions to strip mine sites, slag piles, etc.. Another important artist with a more ecologically integrated approach would be Allan Sonfist, who actively "reclaimed" the native vegetation of New York City in a public park/art work begun in 1965. This "Time Landscape", as it is known, is still flourishing at Houston and La Guardia Place in New York City. Numerous artists have followed this path of contemporary practice. Common names in the field include Helen and Newton Harrison, Agnes Denes, Donna Henes, Hermann Prigan and Buster Simpson.

the value of reclamation artists

U.S. municipalities have also recognized the value of reclamation artists. In 1979, the city of Kent, Washington brought in a team of artists to consider various quarry and dumping sites, resulting in two celebrated works. Robert Morris created an elegy to the industrial use, while Herbert Bayer created a "sculpted" park that is more integrated into the community. In 1990, the meaning of reclamation art was debated at the National Endowment for the Arts (NEA). The NEA awarded, rescinded, and then reinstated funding for "Revival Fields". Artist Mel Chin had developed the project proposal in collaboration with USDA agronomist, Rufus L. Chaney. This is an art-science work that explores how plants can safely remove metals and materials from contaminated soils. Chin sees his work in two forms: as a formal planting on the landscape and as a complex series of „"ystemic sculptures" that occur as the plants and roots act on the contaminants in the soil. An interesting component of the "Revival Field" is that it has traveled to a variety of highlycontaminated sites around the country and recently to Europe. The integrated work has been used as a tool to acquaint new populations with the relationships and concepts of bio-remediation aesthetics.

The final theoretical approach is defined as "Community Dialogue". Our process is based on the philosophy and ideals of democratic empowerment through discourse. We are a culture that has fractured the complex experiences and understanding of life into specific disciplines and independent specialties (in other words, the quantitative evaluation of experts has taken precedence over the layman's ability to use experience and general qualitative analysis as a method of making decisions). We have learned to leave our decisions in the hands of experts, yet at the same time we have learned to mistrust those experts depending on who is paying for their opinion. The NMR-GP team would argue that brownfield sites provide an ideal environment to "reclaim" the individual's role in the discursive public sphere. We need to reclaim our relationship to complex public issues. The enormous potential for significant changes in thinking about urban development, public space, ecology, and sustainability make brownfield properties ideal subjects for democratic discourse. The real and perceived contamination issues surrounding most brownfield sites suggests that informed public discourse is a prerequisite for brownfield development. Recent brownfield literature identifies community involvement as an essential component of brownfield development (Pepper 1997). The NMR-GP program has used academic, municipal, and private resources to enable and inform the public discussion.

brownfields as subjects for democratic discourse

Jürgen Habermas, author of a groundbreaking work on the historic evolution of the public sphere (Habermas 1962), suggests the autonomous self emerges and democracy is enabled by participation in the discursive

the evolution of the public space

an autonomous self

context (public discussion). "Participation develops an individual's capacities for practical reasoning, as well as the kind of mutual respect ...entailed in the very possibility of discourse." (Warren) This notion of an autonomous self or "public man" has been suggested by some theorists to be a psychological function of humanity increasingly lost to modern culture (Sennett 1972).

public discourse

We attempted to devise a program that would provide context, method, and opportunity to explore the function of public discourse in relationship to Nine Mile Run. We see this public discussion as an important precursor to the spatial development of a greenway and its goal of sustainable stewardship. To accomplish this, we needed to re-orient the position of the expert in relationship to the community. Our process was to enable interdisciplinary discussion, by which we clarified the issues and language that permeate the "expert" discipline specific discussions.

Figure 8.
Aeria photography of the Nine Mile Run terrain in 1938 / *Luftbildaufnahme des Nine Mile Run-Gebietes von 1938*

Figure 9.
Aeria photography of the Nine Mile Run terrain in 1956 / *Luftbildaufnahme des Nine Mile Run-Gebietes von 1956*

Figure 10.
Aeria photography of the Nine Mile Run terrain in 1990 / *Luftbildaufnahme des Nine Mile Run-Gebietes von 1990*

breaking the "normal" client – expert relationship

With this new public language (freed of jargon) we then devised a series of workshops, tours, and public discussions in which we manipulated the normal client-expert relationship. We tried to provide the information tools to help the public understand the complexity of the issues and then devised events where the experts and the public could interact on a design basis of shared interests.

Numerous individuals saw the site primarily as a „dump." This perception is difficult to address, as both the development interests as well as some of the traditional environmental interests have a stake in this perception. The development team wants the freedom to act in its economic best interest. A site devoid of landscape and ecological value can be shaped into the form and function that best reflects their own goals.

aesthetic of ecology and respect for systemic function

The traditional environmental organizations have an invested interest in the wilderness/zoo duality as the primary sites of environmental import. The ecological value of a post-industrial ecosystem is for many a step down from the back-yard lawn and its birdfeeders. These are often professionals and organizations that have an economic and intellectual interest in assessing and protecting remnant pristine environments beyond the suburban core. While the STUDIO team would not argue the importance of either of these views, we feel that there is room for an alternative voice at the table speaking in support of urban environment. The STUDIO team is interested in defining the image, meaning and method of a sustainable infrastructure of ecosystem function. The argument in favor of an ecosystem-based approach to Nine Mile Run and other riparian brownfields can be found in the relationship between the vast body of potential urban users and the great estates of vacant brownfield properties which line our rivers for miles. If we are to teach an aesthetic of ecology and respect for systemic function, it needs to permeate daily life, not be a lofty goal for properties seldom experienced and only accessible by automobile or airline.

The Nine Mile Run team would argue that art is about shifting values. If we look at the evolution of art since the days of American landscape painting, we see an evolution away from paint as a tool to replicate the world to an interest in the paint itself, from the psychological effects of fields of color to the physics of light and color. The value of painting shifted from its role in representing the world to its value as an essential part of the world; from the object of manipulation to the subject of manipulation. The work of the Nine Mile Run team reflects another shift in values. The artists are interested in the place itself as the object and subject of inquiry and manipulation.

from fields of color to light and color

We have the chance to reconsider the forces that created post-industrial brownfield properties and how we can better integrate production goals with environmental health and quality. We have the chance to reconsider the role of public space and waterfront access. We have the opportunity to reconsider the split between nature and culture, and public and private. What will the physical space of post-industrial Pittsburgh look like? Brownfields lie vacant along its rivers and streams, as do the slag heaps and refuse piles that fill its valleys. To establish viable public spaces on brownfields, these sites must be understood as unique ecosystems that can provide valuable natural urban experiences. New images, symbols and ideas must be embraced and creative thinking (by both children and adults) must be welcomed in post-industrial dialogue and community planning. We must work to learn the complexity of our local problems and find local solutions; we must find ways to collaborate in our problem solving; we must realize that many of our environmental problems are not conveniently delineated by property lines or municipal borders; nor are their solutions likely to be found in the isolated discourse of reductionist disciplines.

creative thinking in post-industrial dialogue

References

Lefebvre H (1974) The Production of Space. Translated by Nicholson-Smith, D. (1991) Blackwell Publishers, Malden Massachusetts.P. 30-33

Higgs E (1997) "What is Good Ecological Restoration?", excerpts from an article originally published in the Journal of Conservation Biology. Society for Ecological Restoration News, Vol.. 10 No. 2-1997

Bradshaw AD (1995) "Goals of Restoration", published in „Restoration and Recovery of an Industrial Region" Ed., Gunn, J.M., Springer-Verlag N.Y. Inc.

McDonough W (1992) "The Hannover Principles", published electronically at http://minerva.acc.Virginia.EDU/~arch/pub/hannover_list.html

Gabelik S (1991) "The Reenchantment of Art". Thames and Hudson, 500 Fifth Avenue, NY, NY

Lacy S (1995) "Mapping the Terrain: New Genre Public Art". Bay Press, Seattle, WA

Stachelhaus H (1987) "Joseph Beuys". Abbevile Press, 488 Madison Avenue. NY, NY

Frost-Kumpf HA (1995) "Reclamation Art: Restoring and Commemorating Blighted Landscapes". Published electronically on the Pennsylvania State University, Geography Department server. http://www.geog.psu.edu.Frost/Frost/HTML/FrostTop.html

Pepper E (1997) "Lessons From the Field, Unlocking Economic Potential with an Environmental Key". Northeast-Midwest Institute, Washington D.C.

Habermas J (1962) "The Structural Transformation of the Public Sphere". Translated by Burger H (1989) MIT Press, Cambridge Mass.

Warren M ( ) "The Self in Discursive Democracy", published in; "The Cambridge Companion to Habermas", White, S.K., ed.. Cambridge University Press, N.Y., N.Y.

Sennett R (1972) "The Fall of Public Man". W.W. Norton and Co. 500 Fifth Avenue, N.Y., N.Y.

III Park und Garten

Die Metamorphose der Industrielandschaft

Der Landschaftspark Duisburg-Nord auf dem Gelände des früheren Hüttenwerks Meiderich und der Zeche und Kokerei Thyssen 4/8

Peter Latz, Anneliese Latz und Christine Rupp-Stoppel[1]

Ein neuer Landschaftstyp entsteht in allen entwickelten Ländern, der weder mit natürlichen oder kulturellen, noch mit gebauten Landschaften etwas gemein hat. Ihn als „Landschaftsschaden" zu bezeichnen und seine Rekultivierung zu verlangen, wird ihm nicht gerecht. Das Beispiel des Landschaftsparks Duisburg-Nord auf dem Gelände eines früheren Stahlwerks zeigt eindrücklich, wie postindustrielle Landschaften behutsam neu interpretiert und umgenutzt werden können.

There is a new type of landscape in all developed countries, which is neither associated with natural or cultural landscapes, nor with constructed ones. It doesn't appear adequate to denote this new type of landscape as "degraded land" and simply ask for its recultivation. The example of the revitalisation of the derelict steel mill Duisburg-Nord (German Ruhr-District) illustrates clearly how post-industrial landscapes can be re-interpreted and put to new usw.

---

1 1991 gewann das Büro Latz + Partner den von der Internationalen Bauausstellung Emscher Park ausgeschriebenen Wettbewerb für den „Landschaftspark Duisburg-Nord" auf einem alten Industriegelände. Der mittlerweile in der Zunft sehr bekannte Entwurf ist über das letzte Jahrzehnt realisiert worden. Ihm liegt die Anerkennung aufgegebener Industrieareale als neuer Landschaftstyp mit einer neuen Ästhetik zugrunde, der behutsam mit präzisen Eingriffen weiterentwickelt, neu gedeutet und neu genutzt werden kann. Der Beitrag geht zurück auf einen Vortrag anläßlich der PUSCH-Tagung Praktischer Umweltschutz Schweiz, Zürich, am 27.3.2001

„phantastische Landschaften"

Wir bezeichnen diesen Typ heute als „die phantastische Landschaft, die nach dem Industriezeitalter kommt", eine Landschaft, mit der wir uns neu und behutsam befassen. Im nördlichen Ruhrgebiet haben die Kohle-, Eisen- und Stahlindustrien, erschüttert durch periodische Krisen, eine bizarre Landschaft zurückgelassen. Zerrissene Räume, Landschaftsschäden, Landsenkungen mit Sümpfen und Poldern, Schlackehügel, wo einst Auenwälder wuchsen, und Böden, verseucht mit polyzyklischen Aromaten und Schwermetallen.

Die grundlegende ökologische Basis dieser Landschaft wieder herzustellen und das Gebiet mit seinen 2,5 Millionen Einwohnern für neue Investitionen wieder attraktiv zu machen, war das Ziel der Internationalen Bauausstellung Emscher Park 1989-1999. Eines ihrer wichtigsten Projekte ist der Landschaftspark Duisburg Nord.

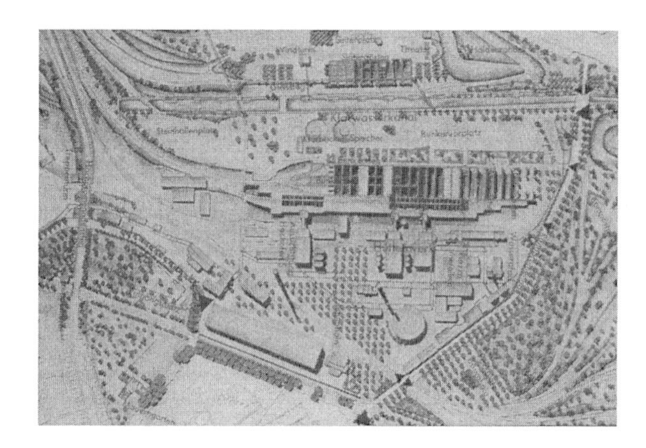

Bild 1. Landschaftspark Duisburg Nord – der Plan / *Landscape park Duisburg-Nord: site planning* (Foto: Latz + Partner)

Die Piazza metallica

eine andere Auseinandersetzung mit Landschaft und Natur

Die Piazza metallica ist das Symbol des Parks und verdeutlicht das Programm unserer Arbeit, die Metamorphose von Industriestrukturen in all ihren Formen in einen Park. Der Park selbst reflektiert den Versuch, sich einmal anders mit Landschaft und Natur auseinanderzusetzen. Das Artefact auf einem Platz mitten im Hochofenwerk entstand aus der Idee, Eisen zu erfassen, in seiner physikalischen Form, in flüssigem und erstarrtem Zustand.

Auf der Suche nach einer Produktionsweise, die diese Vorgänge verdeutlichen könnte, fanden wir schließlich Platten in der damals noch laufenden Mangan-Eisenerz-Gießerei, wo sie das Gießbett auskleideten: Hämatitplatten, ein besonders widerstandsfähiges Material gegen die 1600° heiße flüssige Glut, die auf den Platten aber ihre Spuren hinterließ.

Bild 2.
Die Piazza metallica / *The Piazza metallica* (Foto: M. Latz)

Die interessantesten Platten wurden mit riesigen Maschinen – jede von ihnen wiegt 7 bis 8 Tonnen – ausgebaut und mitten in dem neuen Platz verlegt. Befreit von den Aschen und Gießrückständen, zeigten sich die subtilen Muster des Erstarrens. Es ist die „physikalische Natur", die so zum symbolischen Thema wird.

Eine Metamorphose der industriellen Struktur

Was die „Nutzung" des Parks betrifft, ist unsere Position die Folgende: Die Objekte und Anlagen werden nicht auf eine bestimmte Nutzung hin umgebaut oder bestimmt, sondern die individuelle Phantasie soll es den Besuchern ermöglichen, die vorhandenen, abstrakten Objekte neu zu nutzen und mit ihnen zu spielen. Es geht hier also um Adaption und Neuinterpretation bis hin zur (Um)Nutzung – eine Metamorphose von industriellen Strukturen, ohne sie zu zerstören.

Neuinterpretation und Metamorphose

Der Hochofen ist nicht nur ein alter Ofen – er steht wie ein Drache vor eingeschüchterten Menschen. Und er ist auch ein Gipfel, der die Umgebung überragt und beherrscht und von den Besuchern bestiegen werden kann. Es war ein umstrittenes Projekt, eine Platz-

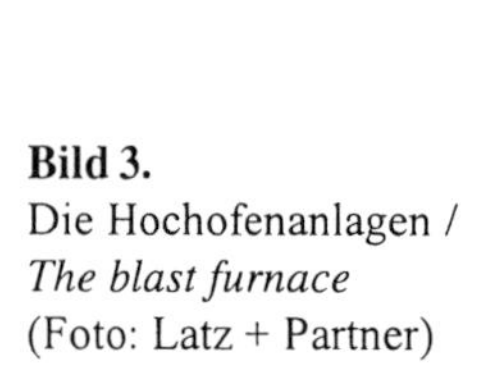

Bild 3.
Die Hochofenanlagen / *The blast furnace*
(Foto: Latz + Partner)

formation in die Hochofenanlage hinein zu bauen – mit blühenden Bäumen, die, zu Anfang noch im Eisen gefangen, sich mit dem Gerüst der Cowper und Hochöfen verflechten sollten.

„Almaufstieg" am Kletterfelsen

Schon seit einiger Zeit werden die riesigen Bunkertaschen wie Kletterfelsen benutzt. Für die jungen Kletterer gibt es den sogenannten „Almaufstieg" – einen in die Bunkeranlage eingebauten Berghang mit einer riesigen Rutsche, mit Sandkuhlen und Kletternetz.

unterirdische Seen in „Höhlen"

In die tiefen „Höhlen", die Untergeschosse der Erz-Bunkertaschen, ist Grundwasser eingedrungen und hat einen unterirdischen See erzeugt; in diesem agieren Taucher. Ein ganzer Tauch-Club räumte Schutt und Verunreinigungen im Wasser beiseite und suchte in den unterirdischen Gängen nach Abenteuern. Mit demselben Engagement verfolgten die Taucher das Ziel eines Tauchzentrums im alten Gasometer – das mittlerweile realisiert und mit 25.000 m^3 Wasser gefüllt ist.

andere Nutzungen

Die zahlreichen Gebäude aus dem industriellen Erbe stehen heute anderen Nutzungen offen. Konzerte und Veranstaltungen finden heute in der Pumpen- und Gebläsehalle, in der Kraftzentrale oder in der Gießhalle statt. In den Werkstätten und Schalthäusern sind

Ausbildungsstätten für Schlosser, Gärtner und Bauhandwerker untergebracht, die Alte Verwaltung wird zum Ausbildungs- und Jugendhotel.

Bild 4.
Ein Fest im Park / *A festival in the park* (Foto: A. Latz)

Im Park werden heute alljährlich Feste gefeiert. Zur Zwischenpräsentation der IBA 1994 waren es an einem Tag 50.000 Leute. Heute sind es Konzerte, Open-Air-Kinos, Rockkonzerte, die auf den Plätzen im Park stattfinden.

Prinzipien der Planung

Bestimmte Grundprinzipien waren für die Planung des Parks bestimmend.

fünf Schichten

Es sind fünf Schichten, Einzelsysteme, die zu keiner wirklichen „Gesamtheit" zusammengefügt werden. Lediglich durch besondere Verknüpfungselemente sind sie funktional, visuell oder auch nur ideell an bestimmten Punkten miteinander verbunden. Die höchste Schicht ist der Bahnpark mit seinen Hochpromenaden, die unterste der tief eingegrabene Wasserpark. Andere Einzelsysteme sind die Verbindungspromenaden auf Straßen-Niveau, die Gärten und die einzelnen Felder und Schollen der Vegetation, die unverbunden nebeneinander liegen. Das System der Verknüpfungselemente soll alle diese verschiedenen Schichten oder Einzelparksysteme verbinden – entweder symbolisch oder substantiell mit Rampen, Terrassen oder Treppen.

Die beschriebenen Interventionen stellen nur Eingriffe in einem relativ kleinen Teil der Gesamtanlage dar. Die Gesamtfläche beträgt über 200 Hektar, mit vielen Flächen, in die wenig eingegriffen wird, sie werden „belassen", wie sie sind und wie sie sich von selbst entwickeln.

Wasser

Wasserpfade als Artefakte

Natürliches Wasser ist im Gelände, auch wegen der großen Versiegelung, nicht mehr existent. Das neue Wassersystem folgt dem Lauf der „Alten Emscher", früher ein offener Abwasserkanal, der das Gelände von Ost nach West durchschnitt und unbehandelte Abwässer in Richtung Rhein transportierte. Wir wollten die Formen dieses Bauwerks beibehalten, allein schon, um den lokalen Kontaminationen der Umgebung auszuweichen. Nur dort, wo wir einen Schlackehügel kreuzen mussten, wichen wir von der alten Trasse ab. Es war möglich, das Schlackematerial für das neue Bett zu nutzen.

Bild 5.
Das neue Bett der „Alten Emscher" / *The new bed of the old Emscher River*
(Foto: Latz + Partner)

Wasser sammeln

Innerhalb dieses Profils sollte das neue „Klarwasser-System" installiert werden. Hierfür musste Regenwasser von den Gebäuden und von den Oberflächen des Geländes gesammelt und über kleine Kanäle und Bäche, den sogenannten Wasserpfaden, dem neuen Wasserkanal zugeführt werden. Grundwasser kam aufgrund der Belastung in der obersten Schicht durch polyzyklische Aromate nicht in Frage.

In dem vorhandenen tiefen Einschnitt wurde zunächst ein großes Kanalrohr mit 3,5 m Durchmesser verlegt.

Darauf wurde eine Tondichtung eingebaut, die das von den Gebäuden, von Bunkertaschen und Kühlbecken ablaufende Regenwasser sammelt.

Es gibt verschiedene Wasserpfade: Das Regenwasser fließt in oberirdischen Rinnen und durch die vorhandenen oberirdischen Rohrsysteme, fällt dann in die früheren Kühlbecken, um von dort, mit Sauerstoff angereichert, den Weg fortzusetzen. Die ehemaligen Klärbecken wurden von 500 Tonnen Arsen-Schlamm gereinigt. Nun sind sie mit sauberem Wasser gefüllt, das aus den Erz-Bunkern in diese Becken eingepumpt werden konnte.

Mittlerweile ist das Bett der neuen „Alten Emscher" gefüllt, die Sammelpfade münden jetzt in den neuen sauberen klaren Wasserlauf. Die Uferstege warten auf Besucher und kleine Inseln im Wasser werden von Pflanzen und Tieren besiedelt.

Bild 6.
Das Windrad / *The Windmill*
(Foto: M. Latz)

Im Turm der früheren Sinteranlage wurde eine spektakuläre Installation aufgebaut: Das riesige Windrad ist der weltweit größte Vielblattrotor, der je produziert wurde. Windkraft hebt das Wasser über eine „Archimedische Spirale" aus dem Kanal hoch. Nach einem Weg durch die Gärten fällt es wieder in den Fluß zurück.

natürliche Kunstsysteme

Dies ist nicht nur eine Attraktion für die Besucher – es wird dabei Sauerstoff in das biologische System eingebracht. Der Wasserkanal ist ein Artefakt, der in einer devastierten und pervertierten Situation natürliche Prozesse zum Ziel hat – also Vorgänge, die nach ökologischen Regeln ablaufen, die jedoch durch technologische Prozesse initiiert und aufrecht erhalten werden. Somit ist es das natürlichste und zugleich das künstlichste System.

Der Bahnpark

noch nie dagewesene Fernsicht

Der Bahnpark ist noch nicht in allen Teilen realisiert. Es sind hohe Dämme, die die Landschaft überall dort durchqueren, wo sie für die Produktion notwendig waren. Bis zu zwölf Metern liegen sie über der natürlichen Landschaft und ermöglichen eine Fernsicht, wie sie niemals vorher möglich war. Auf ihren Trassen entstehen kurze Verbindungswege durch den Park und zwischen den umliegenden Stadtteilen. Die zugehörigen Brücken überwinden Hindernisse, wie z.B. die Autobahn, und verknüpfen auf diese Weise auch die einzelnen Parkteile untereinander.

Bild 7.
Die Gleisharfe / *The rail harp* (Foto: Latz + Partner)

kollektive Ingenieurkunst

Der interessanteste Teil des Bahnparks ist die Gleisharfe: ein Gleisbündel, bei dem jeweils ein Gleis in eine untere und ein Gleis in eine obere Ebene führte. So entstand im Laufe der hundertjährigen Geschichte dieses Werkes ein kollektives Kunstwerk von Ingenieuren, das nun erst vom Hochofen 5 herab „betrachtet" und als riesige Landart erfasst werden kann. Mit Hilfe der Gärtner konnten wir die Gleisharfe mit ihren Dolomitschotter- und Schlackeböden und ihrer farbenprächtigen und artenreichen Vegetation langsam wieder herauskristallisieren.

Sie ist nun ein Artefakt, das mit allen Sinnen wahrgenommen und durch Management in einem Zustand der offenen Landschaft gehalten wird. Es ist ein Experiment, gleichzeitig ein Kunstwerk *und* einen Zustand der Natur zu erhalten, der sonst durch die natürliche Sukzession verdrängt würde.

Oberflächen

Am interessantesten ist die Vegetation dort, wo sie nicht deckend ist, sondern nur in offenen Schotterflächen punktuell entwickelt ist. Hier wächst zum Beispiel der Absinth, eine Art der Roten Liste.

Vegetation und Schotterflächen

Auf offenen Oberflächen werden zumindest am Anfang schwermetallhaltige Stäube nicht durch Substrate gebunden, sondern können aufgewirbelt werden und über den Luftpfad eine Gefährdung für die Parknutzer darstellen. Es wurde daher so verfahren, daß vegetationsoffene Flächen, die im Park genutzt werden sollten, mit Schlackengrus oder Kalksplitt abgedeckt bzw. gezielt mit einer Vegetationsschicht überzogen wurden.

inszenierte Spontanvegetation

Dies ist der Fall bei der Fläche des Bunkervorplatzes mit einer bespielbaren Magerrasenschicht. Das kalkhaltige (adsorptionsfähige) Abdeckmaterial, das dem Ausgangssubstrat in seinen chemischen und physikalischen Eigenschaften sehr verwandt ist, ermöglicht eine Vegetationsentwicklung, die der spontanen Entwicklung sehr verwandt ist.

Abdeckungen von offenen Flächen finden sich in den Bereichen, die intensiv genutzt werden und die erst kurz vor Öffnung des Geländes stillgelegt wurden. In den landschaftlichen Teilen des Parks, die schon länger brach lagen, wurde teilweise darauf verzichtet. Es ist davon auszugehen, daß ungebundene Stäube mit der Zeit durch die Niederschläge in untere Bodenschichten ausgewaschen werden und Schwermetalle dort im Substrat gebunden werde. Die nackten, oberflächlichen Schotterschichten werden so zu Schutzschichten.

Die Vegetation und ihre Substrate

Bild 8.
Februar im Park / *February in the park* (Foto: Latz + Partner)

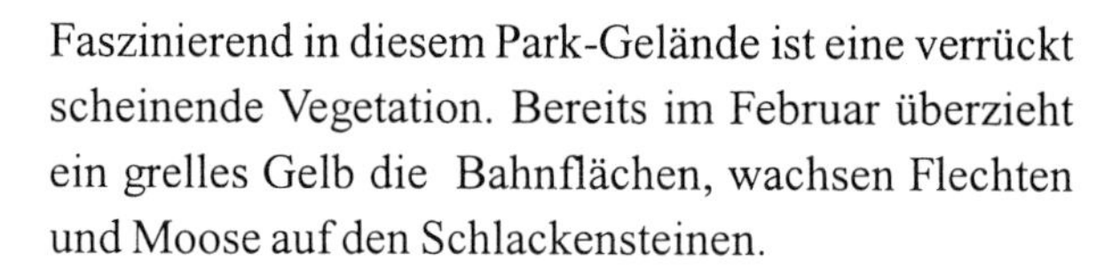

Faszinierend in diesem Park-Gelände ist eine verrückt scheinende Vegetation. Bereits im Februar überzieht ein grelles Gelb die Bahnflächen, wachsen Flechten und Moose auf den Schlackensteinen.

Die Vegetation überzieht nicht etwa gleichmäßig oder in ähnlichen Formationen wie in einer natürlichen Landschaft den Park. Einzelne Vegetationsfelder liegen wie Schollen zwischen den linearen Systemen der Bahn und der Wasserflächen; sie überziehen Einzelflächen in differenzierten Formen und Farben.

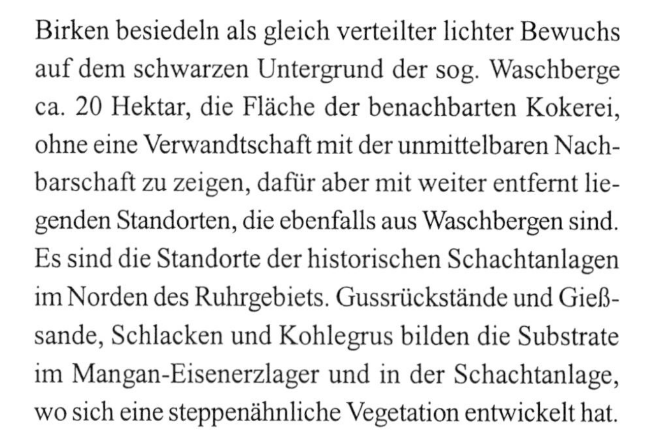

Birken besiedeln als gleich verteilter lichter Bewuchs auf dem schwarzen Untergrund der sog. Waschberge ca. 20 Hektar, die Fläche der benachbarten Kokerei, ohne eine Verwandtschaft mit der unmittelbaren Nachbarschaft zu zeigen, dafür aber mit weiter entfernt liegenden Standorten, die ebenfalls aus Waschbergen sind. Es sind die Standorte der historischen Schachtanlagen im Norden des Ruhrgebiets. Gussrückstände und Gießsande, Schlacken und Kohlegrus bilden die Substrate im Mangan-Eisenerzlager und in der Schachtanlage, wo sich eine steppenähnliche Vegetation entwickelt hat.

Integration von Altlasten

Inmitten eines idyllischen Wäldchens am Rande der Schachtanlage liegt der sogenannte Teersee, ein wahrscheinlich tongedichtetes Schlammabsetzbecken, das für die Belastung im Grundwasser als hauptverantwortlich gilt. Jahrelang war der Bereich eingezäunt, in diesem Jahr wurde mit der Sanierung durch Einkapselung der Altlast begonnen.

Bild 9.
Der Teersee / *The "Tar Lake"* (Foto: Latz + Partner)

Auch die Klärteiche im Hochofenwerk stellen eine ähnliche Altlast dar. Zuerst waren sie eingezäunt und nur von einer Wiese überwachsen, dann wurden sie vor zwei Jahren mit Tondichtungen versiegelt, um Auswaschungen durch Niederschlagseintrag zu verhindern. Die Fläche wurde über den Dichtungen mit tragfähigen Schotterschichten aufgebaut, sodass die Fläche heute als Festwiese genutzt werden kann. Das Regenwasser, das hier anfällt wird über das Drainagesystem über der Dichtung gesammelt und dem neuen Gewässer zugeführt.

nachbehandelte Flächen neu nutzen

Im gesamten Ruhrgebiet gibt es wiederkehrende Vegetationstypologien der sogenannten Ruderalvegetation, mit sehr vielen, aus der ganzen Welt eingewanderten Arten, Neophyten genannt (allein in Duisburg ca. 200). Die Tatsache, dass diese Art Vegetation für den Park gepflegt, besser gemanagt und entwickelt werden sollte, hat eine spezifische Ausbildung für die Gärtner notwendig gemacht.

Ruderalvegetation mit Neophyten

Wenn man der Sukzession freien Lauf ließe, hätte man sehr bald auf den Teilgebieten eine gewisse Verwandtschaft, d.h. eine Entwicklung zum Wald. Für den Park wollen wir die verschiedenen Vegetationstypen erhalten. Es ist also Aufgabe der Gärtner, das Gelände zu

Erhaltung der Vegetationstypen

beobachten und ab und zu auch zu radikalen Maßnahmen zu greifen: z.B. Birken und andere Sträucher zu roden und die Oberflächen danach wieder zu verdichten. Auf der Gleisharfe ist diese Maßnahme ca. alle drei Jahre notwendig. Nur mit einer Pflege dieser Art ist es auf Dauer möglich, die vielfältigen Vegetationsformationen zu erhalten. Dies ist auch im Sinne der faunistischen Lebensräume.

Recycling

Die Sinteranlage, die bereits in den ersten Jahren realisiert wurde, musste auf Grund der Kontaminationen abgerissen werden – nach der Sprengung des Schornsteins war das Gelände rot eingefärbt. Hier mussten wir eine andere Art der Wiederverwendung und Metamorphose durchführen – das Recycling.

das rote Amphitheater

Das kontaminierte Material des Schornsteins wurde in Bunkertaschen gefüllt und versiegelt. Das Material, das wir als Substrat zu Boden und zu neuem Stein verarbeiteten, war nicht kontaminiertes Abbruchmaterial, aber ebenfalls vom Gelände. Der Beton des angrenzenden Amphitheaters erhielt seine Farbe u.a. durch den recycelten Ziegelsplitt. Das Theater hat Platz für 500 Besucher, der Festplatz für 5.000.

Bild 10.
Reste der alten Sinteranlage mit Hain / *Relics of the old sinter plant with grove*
(Foto: M. Latz)

Der Hain aus Götterbäumen auf dem Sinterplatz, wächst in Schuttmaterial. Zum Hochofenwerk hin rahmt diesen Sinterplatz ein Hochsteg, der auf der Ebene des Bahnparks an die Gleisharfe anschließt. Er führt über die Bunkertaschen hinweg, und man kann von hier aus auf der einen Seite den Sinterplatz, auf der anderen Seite das Hochofenwerk betrachten und sieht auf die Gärten.

a sky walk

Bild 11.
Der Hochsteg / *The sky walk*
(Foto: C. Panick)

Wir hatten die Vision blühender Gärten auf den Recycling-Substraten in den Ruinen. Die ersten sind Dachgärten, angelegt über den Altlasten der Sinteranlage, die in die Bunker eingefüllt, abgedeckt und abgedichtet wurden.

blühende Gärten auf Recycling-Substraten

Wie das Theater und das Bühnenhaus hat auch der Steg „frische Farben", die zeigen sollen, dass diese Bauteile genutzt werden können. Dem gegenüber symbolisieren graue und rostige Materialien, dass man die Anlagen nicht betreten kann. Der Steg selbst ist ebenfalls weitgehend aus Recyclingmaterial hergestellt. Er liegt auf alten Pfeilern, deren Köpfe erneuert wurden. Die Treppenaufgänge sind teils aus alten Bedienungsstegen und Treppen gewonnen, oder es sind Teile alter Kranbrücken.

Bild 12.
Gärten auf den verfüllten Bunkern / *Gardens crowning the filled-up bunkers* (Foto: M. Latz)

Die Gärten sind in den verschiedensten Höhen und Tiefen der Bunkeranlagen eingebaut. Tief unten ein Garten, in dem zwischen Birkenholz Farne und Ranker wachsen – Material, das beim Vegetationsmanagement der Gleisharfe übrig blieb. Die riesigen Wände mit bis zu 1,20 m Dicke wurden aufgeschnitten, die Bunker wurden zum Teil verfüllt, zum Teil sind sie als Wasserreservoire genutzt. Anstelle geschütteter Erz- und Kohlereserven blühen nun die vielfältigsten Gärten, die man nutzen oder auch nur als Bilder betrachten kann.

Das Ende der Internationalen Bauausstellung bedeutet nicht das Ende der Bauaktivitäten im Landschaftspark. Eines der aktuellen Projekte ist eine Spielanlage für Jugendliche in den Bunkern des früheren Mangan-Eisenerz-Lagers, das erst 1994 stillgelegt wurde. Eigentlich wurde sie im Jahr 2000 fertiggestellt, im Moment wird ihre Erweiterung um eine Half-Pipe und eine BMX-Bahn geplant. Stück für Stück entsteht so eine andere Geschichte und ein anderes Verständnis für die kontaminierte Gegend.

Neue Leitbilder

durchwühlte Landschaften und neue Steppen

Die Idee, aus menschlichem Zerstörungswerk die Faszination der Zukunft zu entwickeln, gibt es schon länger, wie an der Grenze zu Luxemburg und Frankreich, wo mehr als 50 % der Landschaft in den letzten hundert Jahren von Baggern durchwühlt, von Tunneln durchzogen worden sind. Die Oberflächen der alten Agrarlandschaft sind total verändert. Eine Fläche von 250 Quadratkilomtern zeigt Formen, wie man sie sonst in Wüsten findet, schüttere steppenähnliche Vegetation, durch Sprengarbeiten brüchige Felsformationen und einen Bewuchs aus Kiefern und Dornengebüsch: eine Gegend von pittoresker Anmut, im Frühjahr mit Millionen von Orchideen.

In einem dieser Gebiete, in Esch-sur-Alzette, sollten wir in einem Wald einen Park entwerfen. Wir machten jedoch den ganz anderen Vorschlag, diese Abbau-Formationen zu nutzen, um einen Naturpark, den „Parc Naturelle des Terres Rouges" zu entwickeln. Viele Menschen halten sich gerne in Wüsten auf oder in Landschaften, die nicht mehr dem gängigen Naturideal entsprechen.

Landschaften, die nicht mehr dem gängigen Naturideal entsprechen.

Es liegt auf der Hand, dass Leitbilder wie idyllisch erscheinende Formen der Kulturlandschaft, nach Möglichkeit überstanden von blühenden Obstbäumen, Symbole einer romantischen Ideallandschaft, in solchen Gebieten nicht tragen. Zwar gibt es nicht zu überbietende Parks, die nach diesen Traumbildern entstanden sind, als Prinzip für die heutige Landschaft scheitern sie.

Traumbild Kulturlandschaft

Industrieanlagen und Tagebaugebiete erfordern eine andere Herangehensweise an Landschaft. Hier müssen wir die physikalische Natur akzeptieren, die zerstörte Natur, auch die zerstörte Landschaft. Mit „Re-Kultivierung" im ursprünglichen Sinne, würde man die Qualitäten negieren, die diese Gebiete besitzen, würde sie ein zweites Mal zerstören. Die Vision für eine neue Landschaft suchen wir daher innerhalb der existierenden Formen von Zerstörung und Erschöpfung.

die zerstörte Landschaft akzeptieren

Welche Orte in solchen Räumen wollen oder müssen wir dann nutzen und besetzen, welche Orte sollen tatsächlich mit den Insignien eines kulturellen Eingriffs verändert werden ? Wir knüpfen hier an das Idealbild unserer abendländischen Kultur an, an das Paradies, die Oase in der Wüste, von der heraus der Mensch sich in einem eigenbestimmten Raum gegen die Unbilden der physischen Natur durchsetzen muß.

Paradiese zwischen Kunst und Natur

Bild 13.
Situation am Wasser / *At the water* (Foto: M. Latz)

Werte zwischen Kunst und Natur

Dieses Bild der Oase in unwirtlichen Räumen ist hier der Idealtyp, der Auseinandersetzung mit Natur: diese kann sich selbst überlassen bleiben und aus den belassenen Formationen berauschende Bilder für die Zukunft entwickeln. So können Werte *zwischen* Kunst und Natur entstehen, wie sie weder ein Künstler noch die Natur alleine jemals hervorbringen würden.

Postindustrielle Gärten

Nach dem „tabula rasa" der Industrialisierung

Peter Drecker

Das Ruhrgebiet ändert sein Gesicht. Die Qualifizierung einer Industrielandschaft zu einer neuen Form von Kulturlandschaft ist bei diesem Wandlungsprozess das zentrale Motiv. Die Herausforderung liegt im Anspruch selbst: Gestaltung von Industrielandschaft. Industrielandschaften besitzen ihren eigenen Formenkanon, ihre eigenen Symbole, die Grundlage und Inspiration für eine neue Ästhetik in diesem alten industriellen Ballungsraum sind. Im „Tabula rasa" der Industrialisierung liegt für die postindustrielle Stadtlandschaft und die zukünftige Freiflächengestaltung die Chance, sich aus eigener Kraft neu zu erfinden: authentisch, ungewöhnlich, bizarr und unvergleichlich – ein eigener Weg zu einer eigenen Symbolik in der postindustriellen Parkästhetik entsteht.

The German Ruhr-District changes its face. In the course of this transformation process upgrading industrial wasteland to a new form of landscape becomes the central motif. The challenge is the pretension itself: the design of the industrial landscape. Industrial landscapes hold their own special canon of forms and features, their own symbolism, which is the foundation of and inspiration for new aesthetics. The "tabula rasa" of the times of industrialisation permits the post-industrial urban space with all its aspects of the future landscape design to reinvent itself in a genuine, startling, peculiar and incomparable way, to find its distinctive path to the unique symbolic power and the new post-industrial aesthetics of urban parkland.

Strukturwandel

Zechensterben
Stahlkrise
Strukturwandel

Kohle und Stahl bestimmten in den letzten hundert Jahren das Gesicht des Ruhrgebietes. Es entstand eines der größten industriellen Zentren weltweit. Zechensterben und Stahlkrise lösten in den letzten 30 Jahren einen Strukturwandel aus, der zur Schließung und Stillegung vieler Industrieanlagen und zu einem Umdenken im Umgang mit Mensch, Natur und Technik führte.

Annäherung
von
Industrie
und
Landschaft

Mit jeder Woche, jedem Monat, jedem Jahr wird das Ruhrgebiet nun grüner und abwechslungsreicher. Industrie und Landschaft, lange als ein unversöhnliches Gegensatzpaar geltend, nähern sich auf den Hunderten von Brachflächen und stillgelegten Industriearealen des Ruhrgebietes an, finden zueinander, verschmelzen zu einem neuen, sich ständig wandelnden Bild. Ein Bild, das irritiert, weil es ungewohnt und aufregend zugleich ist.

Brachflächen

Zeichen
des
Übergangs

Die sich wandelnden Brach- und Industrieflächen sind Zeichen des Übergangs von der Epoche der Industriegesellschaft zur Epoche der Postindustriegesellschaft. Wirtschaftliche und gesellschaftliche Rahmenbedingungen wandeln sich und damit auch das Gesicht der Flächen.

Welche Symbolik geht von diesen Industriebrachen aus?

Welche Zeichen nimmt der Betrachter wahr?

Da gibt es die kulturellen Zeichen und auch die Zeichen der Natur.

Bild 1.
Zeche Zollverein /
'Zollverein' colliery

kulturelle Zeichen

Zu den kulturellen Symbolen zählt man spontan Fördertürme, Gasometer und Schornsteine, jene früher selbstverständlichen und eher als hässlich empfundenen Dinge, die heute zu Industriedenkmälern geadelt werden. Ein und dasselbe Symbol kann mit verschiedenen, stellenweise völlig diametralen Bedeutungen besetzt sein. Nur bei einem völligen Wandel des Zeitgeistes tritt eine grundsätzliche Symbolwandlung auf.

Aber ist ein Förderturm auch ein eindeutiger Indikator, ein eindeutiges Symbol einer Industriebrache?

Bei näherem Betrachten stellt man Stille, den Stillstand fest. Das Fehlen von Lärm, sich drehenden Förderrädern, Staub, Arbeitern und Verfallserscheinungen wie Rost und Industrieschrott machen aus den Industriebauten kulturelle Symbole dieser Brachflächen.

natürliche Zeichen

Aber auch natürliche Zeichen sind auf solchen Arealen allgegenwärtig: erste Pionierpflanzen erobern kleine Bereiche, siedeln sich an, breiten sich aus. Birken und Pappeln fußen selbst auf Dachflächen, Sommerflieder zieht sich an stillgelegten Bahngleisen entlang, Goldrute und Kreuzkraut verwandeln ganze Flächen in ein leuchtendes Gelb.

bizarre Bilder

Orte größter Hitze, Staub und Verschmutzung und schwerer körperlicher Arbeit wandelten sich in den vergangenen Jahren für viele unbemerkt in stille, unzugängliche Brachflächen. Lautlos eroberte sich die Natur ihren einstigen Lebensraum zurück und gestaltete bizarre Bilder unverwechselbarer Industrielandschaften.

Zusammenspiel kultureller und natürlicher Zeichen

Das Zusammenspiel und das Beziehungsgeflecht von kulturellen und natürlichen Zeichen auf einer Industriebrache läßt immer wieder neue, faszinierende Bilder entstehen. Die Deutung dieser Symbole durch den Wahrnehmenden bestimmt die individuelle Ästhetik der brachliegenden Flächen.

Umgang mit Brachflächen

Das Ruhrgebiet ist für viele eine strukturlose, zersiedelte und zerschnittene Landschaft mit begrenztem Wohnraum und fehlender Freizeitqualität, geprägt durch große innerstädtische Flächen ehemaliger Industriestandorte.

Altlasten Kulturzeugnisse Biotope

Vor allem drei Aspekte rücken die Industrie- und Brachflächen im Kontext späterer Nachnutzung in den Vordergrund: die Problematik vorhandener Altlasten, das oftmalige Vorhandensein von baulichen Zeugnissen industrieller Kultur und der besondere Artenreichtum von Pflanzen und Tieren im Vergleich mit anderen innerstädtischen Biotopen.

Unumgänglich auf dem Weg der Reintegration solcher Areale ist die Auseinandersetzung mit der Problematik „Altlasten" und deren Sanierung.

Die Geschichte hinterlässt Problemflächen! Altlasten jeglicher Art: Berge von Kabeln, Rohren und Fundamenten verbleiben auf den abgebrochenen Flächen im

Untergrund und erschweren die Umnutzung. Das Fehlen eines Umweltbewusstsein in den Pionierjahren tut ein übriges. Bodenverschmutzungen sind fast allgegenwärtig.

von teuren Sicherungsmaßnahmen zu differenzierten Strategien

Während in früherer Zeit das Wort „Sanierung" mit einem unerschwinglichen Kostenaufwand verbunden war, verfügt man inzwischen über reichhaltige Erfahrungen, die bei unterschiedlichem Grad der Kontaminierung differenzierte Sanierungskonzepte ermöglichen.

Problemflächen als Lebensraum zurückgewinnen

Problemflächen werden, gemäß der gesetzlichen Bestimmungen und entsprechend der technischen Möglichkeiten zu gesundheitsunschädlichen Flächen umgewandelt, kostenverträglich wiederbelebt und als Lebensraum zurückgewonnen.

Flächensanierung und Neuplanung sind nur mit Fingerspitzengefühl und Gespür für eine integrative Wandlung möglich.

Bild 2.
Höhenstaffelung / *cover of soil on the polluted ground*

Bild 3.
Fundamentabbrüche auf Sanierungsboden / *concrete and demolished brickwork*

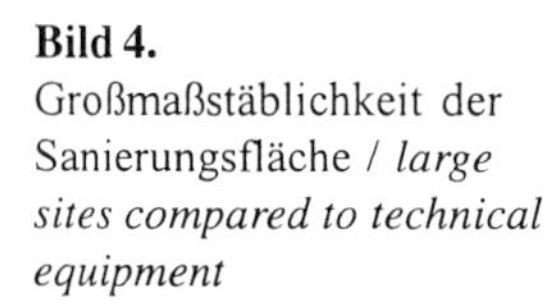

Bild 4.
Großmaßstäblichkeit der Sanierungsfläche / *large sites compared to technical equipment*

industriehistorisches Potential einbeziehen

Gegen eine schnelle und neue Besetzung alter Industrieflächen als billiger Bodenvorrat für beliebige Nutzungszwecke muss eine Planung gesetzt werden, die sich jeweils authentisch aus dem Ort entwickelt, die ihm eigene Symbolik erfasst und sein gesamtes industriehistorisches Potential mit einbezieht. Wo die Siedlungsdichte an 2.000 Menschen pro Quadratkilometer heranreicht und größere Landschaftszusammenhänge nicht mehr vorhanden sind, müssen Freiraumqualität, Stadt- und Wohnraum neu diskutiert werden.

strategisches Flächenmanagement gefordert

Auf den Brachflächen der großen innerstädtischen Industrieareale bietet sich die einzigartige Chance, neue Wohn-, Park- und Arbeitswelten inmitten der Städte zu entwickeln. Um trotz des rasanten wachsenden Flächenbedarfs der einzelnen Städte ein dauerhaftes, ökologisches Gleichgewicht zu erhalten, ist heute eine weitere Inanspruchnahme von Flächen in der Landschaft oder an Siedlungsrändern nicht mehr vertretbar. Hier sind die Städte gefordert, ein strategisches Flächenmanagement zu entwickeln, bei dem Brachflächen und zur Zeit noch industriell genutzte Flächen derart einer Neunutzung zugeführt werden, dass qualitativ hochwertige Attraktionspunkte innerhalb der Städte entstehen.

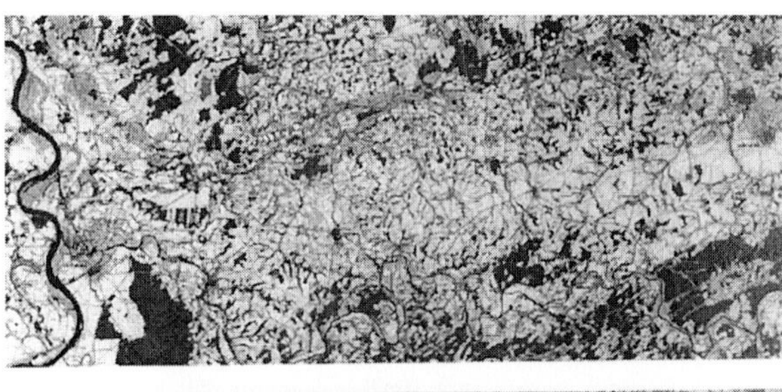

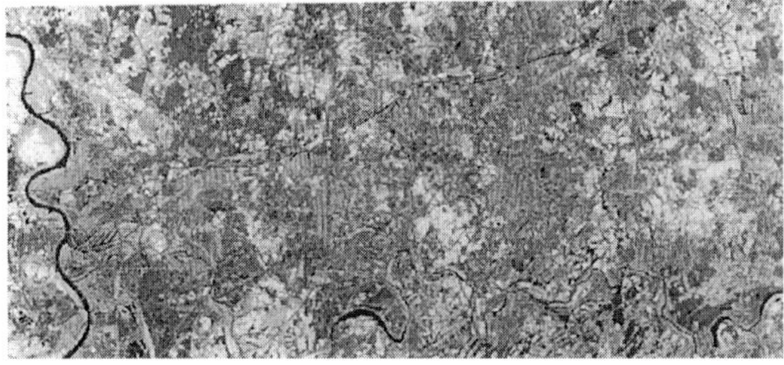

Bild 5.
Besiedlungsdichte / *population density*

Vormals genutzte Flächen mit einer optimalen strukturellen Anbindung und Flächengrößen von 30 bis 60 ha bieten einen idealen Ausgangspunkt für die Realisierung von Wohn-, Park- und Arbeitswelten mit einer einzigartigen Atmosphäre und struktureller Identifizierung.

idealer Ausgangspunkt

Die Vernetzung ehemaliger Industrieräume ermöglicht die Schaffung innerstädtischer sowie übergreifender, regionaler Grünzüge mit der Anbindung an größere Freizeit- und Erholungslandschaften. So wird das bestehende Verbindungsgeflecht der nicht mehr genutzte Gleisanlagen zu Rad- und Fußwegen umgestaltet. Die Zerschneidung der Landschaft wird überwunden, eine Vernetzung von Freiflächen und Biotopen geschaffen.

Überwindung der Landschafts-Zerschneidung

In den vergangenen zehn Jahren wurden seit Beginn der Internationalen Bauausstellung (IBA) Emscher Park zwischen Duisburg und Dortmund zahlreiche bedeutende Parkschöpfungen auf Industriebrachen realisiert. Unterschiedliche Parks und Gärten, differenzierte und ungewöhnliche Freiräume wurden von Landschaftsarchitektinnen und -architekten geschaffen.

Parkschöpfungen auf Industriebrachen

Gärten und Parks als Quelle eines neuen Selbstbewusstseins – für die Region, die Stadt, den Stadtteil und die Menschen, die in der Umgebung leben. Wer sich heute im Ruhrgebiet auf die Suche nach gestalterischen Lösungen begibt, wird die industrielle Umformung der Landschaft nicht ausblenden können; sie muss zum inspirierenden Thema gemacht werden. Eine neue Garten- und Landschaftsästhetik entsteht.

Gestaltungsprinzipien

eine neue Ästhetik

Basis für ein verändertes Selbstbewusstsein

Die Industrielandschaft besitzt einen eigenen Formenkanon, der Grundlage und Inspiration für eine neue Ästhetik ist. Aus der Verdrängung der prägenden Symbole der Industrialisierung entsteht ebensowenig eine neue Ästhetik des Freiraumes wie aus stimmungslosem Verschönern. Vielmehr schafft die Kontinuität industrieller Formensprache die Basis für ein verändertes Selbstbewusstsein.

Kontraste

Die ästhetische Wirksamkeit entwickelt sich häufig über Kontraste. Auch der Reiz der Brachflächen entwickelt sich aus den vielfältigen, sich überlagernden Kontrasten der kulturellen und natürlichen Zeichen, über das Spannungsverhältnis Ordnung – Unordnung, Planung – Zufall, Harmonie – Dissonanz, Verfall – Neuanfang, Kultur – Natur.

der Geist des Ortes

Im dominierenden Spannungsverhältnis von Kultur und Natur wird die Industriebrache sowohl zum Symbol der unverwüstlichen Natur sowie zum Zeichen der vergänglichen Kultur. Es gilt, den Geist des Ortes (auf)zuspüren und neu zu interpretieren. Industrielandschaften haben eine eigene Identität, ihren eigenen Charakter, geprägt durch eine typische Zeichen- und Formensprache, deren Symbolik – getragen von Materialien, Pflanzen und Gebäuden – den *genius loci*, den Geist des Ortes, ausmacht und eine unverwechselbare Atmosphäre schafft.

Bei der Gestaltung ist grundsätzlich zu beachten, dass jede Symbolbildung ein Stück als Wahrheit empfundene Erfahrung voraussetzt, die sich in ihr kristallisiert. Ohne diesen Wirklichkeitsbezug ist ein Symbol unglaubwürdig. Hitze, Glut, Erde, Kohle, Stahl – prägend für die regionale Industrie und den Geist der Region.

Die nachindustriellen Parkschöpfungen im Ruhrgebiet zeigen deutlich, dass die von Bergbau und Stahlindustrie überformten Landschaften des Ruhrgebietes sich nicht dafür eignen, ihnen die traditionellen Bilder idyllischer Naturschönheit, wie in den Landschaftsparks des 18. Jahrhunderts, überzustülpen. Nichts ist mehr wirklich „natürlich". Idyllische Kleinräumigkeit und Verspieltheit sind keine angemessenen Antworten auf die Strukturen der Großindustrie, der ehrliche Umgang mit dem Standort steht im Vordergrund.

keine traditionellen Bilder idyllischer Kleinräumigkeit

Die Qualifizierung einer Industrielandschaft zu einer neuen Form von Kulturlandschaft ist bei diesem Wandlungsprozess das zentrale Motiv. Die Herausforderung liegt im Anspruch selbst: Gestaltung von Industrielandschaft. Es gilt zuerst, das Potential der industriellen Hinterlassenschaften zu begreifen, um der gestalteten Landschaft in diesem Ballungsraum überhaupt einen Wert zu geben.

Bild 6.
Achse ausgerichtet auf das Gasometer, Oberhausen / *axis alligned to the Old Gas tank, Oberhausen*

Bild 7.
Landmarke: Tetraeder auf der Halde Beckstraße, Bottrop / *landmark: Tetraeder Bottrop*

Bild 8.
Halde Beckstraße, Bottrop / *heap Bockstraße Bottrop*

Sanierungen bergen die Möglichkeit, Wesen und Geschichte des Ortes neu zu sehen, neu und dauerhaft zu inszenieren. Dabei erlangen frühere Nutzungen und Gestaltungselemente mit Hilfe der Gartenkunst neue Ausdrucksformen. Der Betrachter wird dazu gebracht, Neues zu sehen, Neues zu erkennen und mit seinem Leben, seiner Kultur zu assoziieren. Alte Industriebauwerke beeinflussen dabei das gestalterische Konzept ebenso wie die spontane Vegetation auf den ehemaligen Industrieflächen.

Bild 10.
Ehemalige Zeche Jacobi / *former Jacobi colliery*

Bild 9.
Königskerzen auf Brachflächen/ *Verbascum on wasteground*

So entstehen Schritt für Schritt neue Landschaften und Bilder, die ihre Wurzeln ebenso in der Vergangenheit wie in der Zukunft haben. Sie leben von dem Selbstbewusstsein, dass Industrielandschaften ihre eigene Formensprache besitzen, die Grundlage und Inspiration für die neue Ästhetik in diesem alten industriellen Ballungsraum ist. Diese Symbolik muss als ein grundlegendes Gestaltungsprinzip begriffen werden.

Symbolik als Gestaltungsprinzip

Im „Tabula rasa" der Industrialisierung liegt für die postindustrielle Stadtlandschaft die Chance, sich aus eigener Kraft neu zu erfinden: authentisch, ungewöhnlich, bizarr und unvergleichlich. Dabei kann vor allem die Kunst die Rolle eines Vermittlers zwischen Realität und Vision übernehmen.

Alte Strukturen und Formen

Verfallserscheinungen weisen Industriebauten als Symbole der Vergangenheit aus. Wie prägend das Zeitalter der Schwerindustrie war, zeigt sich nicht zuletzt in der Architektur der Zechengebäude: Ob Jugendstilfassade oder turmartige Eingangsportale, sie alle spiegeln die Imposanz und das Selbstbewusstsein einer Epoche

Bild 12.
Gleise / *rail tracks*

Bild 11.
Steigerhaus der ehemaligen Zeche Osterfeld, Oberhausen / *historic building, former Osterfeld colliery, Oberhausen*

Bild 13.
Alte Brücke am Gasometer, Oberhausen / *old Bridge near the Gasometer, Oberhausen*

Bild 14.
Moderne Brücke, Herten / *modern bridge, Herten*

wider. Die Zufälligkeit des Unbeachteten lässt dagegen eine ureigene Ästhetik erkennen, die es planerisch zu thematisieren gilt. Stahl und Glas in verschiedenen Farben: Relikte einer vergangenen Zeit, die Gegenwart und Zukunft überdauern.

Zufälligkeit des Unbeachteten

Überreste vergangener Zeiten faszinieren stets auf Neue. Sie erzählen die Geschichte des Ortes, tragen einen Hauch von Verwunschenheit und sind häufig Inspiration für ein neues Gestaltungskonzept. Durch diese alte Formensprache wird der Geist des Ortes bewahrt. Das Neue lebt mit der Geschichte und wächst darüber hinaus, Altes bleibt auf liebenswürdige Weise erhalten.

Wandel bedeutet in einer Industrieregion, alte Strukturen aufzugreifen und neu zu inszenieren, bewusst zu machen, Spuren zu lesen.

Pflanzen

Gleichzeitig überzieht die Natur ihre ausgegrenzten Flächen wieder mit einem Schleier von Grün. Aus den Ursprungselementen entstehen Gestaltungsvisionen.

Aus der Spontaneität und Willkür entsteht ein ganz eigenes Bild von Ästhetik. Materialien und Pflanzen stehen in einem spannungsvollen Kontrast zueinander. Die Zufälligkeit der Standorte und Kompositionen auf Industriebrachen wird mit den Mitteln der Gartenkunst gestalterisch neu inszeniert: Reizvolle Gartenbilder aus schwarzer Glasasche, alten Gleisschienen, Schotterflächen und Beton kombiniert mit zumeist unbeachteten Pflanzenarten entstehen; eine stilisierte, ästhetische Qualität des Zufalls und der pflanzlichen Eigendynamik.

Spontanität und Willkür

Der Zufall „malt" auf den Haldenflächen Bilder aus Pflanzen und Abraum, die durch ihr einmaliges Farbenspiel das Potential für neue Versionen in sich tragen.

Bild 15. Altes Zechengelände mit Birkenrand / *Old colliery site framed with birches*

Bild 16.
Haldenfläche mit gelber Staude / *yellow perennial*

Bild 17.
Solidago-Feld / *field of Golden Rod*

Bild 18.
Halde mit gelben Stauden, zufällig / *the ashy waste heap surface with yellow perennial, random*

Bild 19.
Pflanze inszeniert mit Glasasche, Schotter, Gleis und Beton / *scenery of glass ash, gravel, rail tracks and concrete*

Bild 20.
Tabak und Glasasche, inszeniert / *white tobacco plants in black glass ash, staged*

Materialien

Zechen waren Produktionsstätten. Teils riesenhafte Fundstücke erzählen die Geschichte einer vergangenen Epoche, einer harten Arbeitswelt, geprägt durch Hitze, Glut und Rauch. In Form von Kunstobjekten, in Szene gesetzt, verleihen diese Fundstücke dem Ort weiterhin ein mystisches Flair. Beim Abbruch anfallende Stoffe wie Ziegelbruch oder Glas lassen sich recyceln. Buntes Glas, als recycelter Rohstoff, erhält durch Abstraktion eine neue, ästhetische Qualität. Industrieschrott, Vermächtnisse ehemaliger Nutzungen, werden dauerhaft in die neue Parknutzung einbezogen.

Material-Mystik

Die Zufälligkeit der Komposition aus Kabelresten, die sich fast konzentrisch um einen Stein gruppieren und von der zarten Pflanzung mit der Umgebung verwoben werden, rufen die Assoziation an einen industriellen Zen-Garten wach.

Schmiedeeiserne Gitter bestechen noch heute durch ihre Formschönheit und verleihen, vom Zahn der Zeit angenagt, dem Ort einen Hauch Poesie.

Bild 21.
Kabelreste, Stein und Stauden / *cable and stone – associating a zen garden*

Bild 22.
Schmiedeeisernes Gitter / *iron grating*

Bild 23.
Glasbruch und buntes Glas, recycled / *broken and coloured glass, recycled*

Bild 24.
Glasbrocken auf der LGO Industrieblumenfelder / *blue chunks of glass on threaded rods, flowers of industry*

Aus dem Ursprungselement entsteht eine Gestaltungsvision. Blaue und Grüne Glasbrocken auf Gewindestangen erwachen als assoziierte Pflanzenbilder zu neuer Blüte.

Neue Gärten und Parks im Ruhrgebiet

Kennziffern industrieller Vergangenheit

Beispielhaft für den bewussten Umgang mit der postindustriellen Industrielandschaft ist die Planung und Ausführung des Osterfelder Gartens auf dem Gelände der ehemaligen Zeche und Kokerei Osterfeld durch die Arbeitsgemeinschaft Dittus/Drecker. Landschaftsarchitektonische Formen, die eindeutig und stark geometrisch motiviert sind, prägen das Bild. Mit gärtnerischen Mitteln werden „Kennziffern" der industriellen Vergangenheit des Ruhrgebiets aufgegriffen, verwandelt und neu inszeniert. Alten Bildern weist die Planung neue Inhalte und Funktionen zu. Der Anonymität früherer industrieller Großstrukturen antwortet die Gartenkunst im Garten Osterfeld mit lesbaren, Orientierung ermöglichenden Großstrukturen.

Der ökologische und gestalterische Umbau der Industrielandschaft ist auch im Garten Osterfeld das planerische Ziel.

Bild 25.
Stahlschrott in den Industrieblumenfeldern / *rusted steel and steel scrap*

Entstanden ist ein neuer Park, der Vergangenes und Zukünftiges mit den Mitteln moderner Gartenkunst zu einem neuen Bild zusammenfügt und Sehgewohnheiten verändert.

Industrielandart

Diese moderne Industrielandart will – nach der vormaligen Nutzung, die „Unbefugte" ausschloss – klare, transparente und eindeutige Strukturen etablieren, neue Perspektiven und Nutzungen ermöglichen und hierdurch eine eigene ästhetische Qualität entwickeln. So sind Zeche und Kokerei Ansatzpunkte für eine (garten-)künstlerische Neuinterpretation.

Große Achse

Einst grau und staubig, heute grüne Parklandschaft. Während Steigerhaus und Dom noch die sichtbaren Zeichen früherer Nutzungen sind, erwachen in dem ausgeräumten Gelände alte Strukturen erst ganz langsam und mühsam wieder zu neuem Leben. Hauptschwerpunkt ist die Große Achse, ausgerichtet auf das neue Wahrzeichen Oberhausens, den Gasometer. Sie zeichnet seinen Schatten im Gelände nach und entspricht den räumlichen Grunderfahrungen der montanen Region.

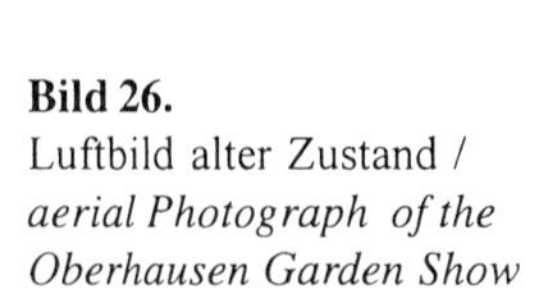

Bild 26.
Luftbild alter Zustand /
aerial Photograph of the Oberhausen Garden Show

Bild 27.
Luftbild LGO in Bauphase /
Aerial photograph during construction

Schwarzes Tor

Mit den verbliebenen Gebäuden und dem Markenzeichen „Schwarzes Tor" ist ein eher herbes Ensemble entstanden. Das Herzstück, etwa die Mitte des Osterfelder Gartens, war der Standort der Koksbatterien der ehemaligen Zeche. Eine gewaltige begehbare Rasenrampe zeichnet heute ihre Dimensionen nach. Das „Schwarze Tor" steht hier symbolisch für den Übergang vom technisch- industriell geprägten Standort zum künstlerisch-kulturell bestimmten Park, es schafft die Beziehung zur umgebenden Industriearchitektur und „zitiert" sie. Statt Kokskohle bewegen sich hier nun

Bild 28.
Tulpen vor der Blüte auf der Koksbatterie / *the old coke bench and the Black Gate*

Bild 29.
Blühende Tulpen als Assoziation an die Hitze und Glut der Vergangenheit / *red tulips as association to lively glowing coal in former times*

Menschen. Tausende roter Tulpen erinnern an die Hitze dieses Standortes und verwandeln ihn – blühend – in eine glühende Koksbatterie.

Gleisharfe

Baumharfe

Die Wegeverbindungen orientieren sich an der „Großen Achse" und dem historischen Wegeverlauf der stillgelegten Zeche und des Kokereigeländes mit seinen Nord-Süd und West-Ost ausgerichteten Wegen und den ehemals bogenförmig verlaufenden Gleisverbindungen. Diese ehemaligen Gleisharfen werden heute durch blühende Baumharfen skizziert, die achteckige Form der ehemaligen Kühltürme findet man wie einen Schatten als Grundriss im Platz der Zeitenwe(ä)nde wieder .

Bild 30.
Baumpflanzung auf der ehemaligen Gleisharfe / *trees were planted along the former rail tracks*

Bild 31.
Zeitenwand / *time wall*

Zeitenwende Zeitenwände

Transparente Tafeln projizieren auf dem Platz der Zeitenwe(ä)nde historische Aufnahmen der früheren Produktionsstätten und des Lebens rund um die Zeche in den neuen Park. Alt und neu verschmilzt mit einem Blick.

Visionen verändern

Der Garten Osterfeld ist ein Vorschlag, Wesen und Geschichte des Ortes neu zu sehen, neu und dauerhaft zu inszenieren. Der Wandel soll auf individuelle Weise transparent bleiben. Die Reintegration der Industrieareale verändert das Lebensumfeld der Einwohner des Ruhrgebietes, schafft neue Sichtweisen, ändert langsam das Bewusstsein in den Köpfen der Wahrnehmenden. Ein Platz für Visionen. Visionen verändern. In der Regel sind sie ein in die Zukunft gerücktes Szenario einer besseren Welt, welches schon immer einen Zustand voraussetzte, den es zu verändern galt.

Handlungsrahmen für ökologische und städtebauliche Erneuerung

Das Ruhrgebiet war vor 10 Jahren reif für eine solche Vision, für Bilder, die diese Industrielandschaft nachhaltig verändern sollten. Und wie jeder mitreißenden Vision folgte auch dieser Zukunftsperspektive ein Handlungsrahmen, der eine nachhaltige ökologische und städtebauliche Erneuerung zum Ziel hatte.

Bild 32.
Pyramide, Gesundheitspark Quellenbusch /
Pyramid, Health Park Quellenbusch

Bild 33.
Lichtkunst Landschaftspark Duisburg-Nord
Nachtaufnahme / *Illumination at night, Land-schaftspark Duisburg Nord*

So sind in den letzten Jahren Gärten und Parks mit unterschiedlichem Typus und unterschiedlichen Schwerpunkten entstanden: Bürgerpark oder Themenpark, für die moderne Erlebnisgesellschaft und den Bewohner einer sich wandelnden Industriestadt.

neue Gärten und Parks

In dieser Phase symbolisieren die neuen Parks und Gärten den Wandel zur modernen Dienstleistungsgesellschaft. Sie müssen mit der städtebaulichen wie ökologischen Hypothek, den Folgen der ebenso rasanten wie radikalen Industrialisierung, umgehen, aber auch mit der ökonomischen Bedrohung, die – bedingt durch das Verschwinden der Arbeitsplätze – in der Schwerindustrie entsteht.

Die reintegrierten Brachen, ganz gleich ob als Arbeits- und Wohnpark oder gestaltete neue Landschaft, müssen folglich mithelfen, die Qualität und das Image eines Standortes zu verbessern. Die ehemaligen Industriebrachen und ihre Folgenutzungen werden zu Standortfaktoren im Wandel zur Dienstleistungsgesellschaft.

Bild 34.
Landschaftspark Duisburg Nord, Garten und Park für das Ruhrgebiet / *Landschaftspark Duisburg Nord, public garden and park for the Ruhr-District*

Bild 35.
Tetraeder, Aussichtspunkt der besonderen Art / *Tetraeder, View point of special kind*

Unter den verschiedenartigsten Schichten der industriellen Nutzung findet sich Reizvolles, Interessantes, gar Schönheit. Man kann sie sehen lernen. Die starken Strukturen bleiben.

Visionen sind wahr geworden.

Wilde Kippe Lüntenbeck
Von der Sanierung des Mülls in den Köpfen

Antonia Dinnebier

Die Wilde Kippe Lüntenbeck ist ein Projekt des Deutschen Werkbundes Nordrhein-Westfalen (DWB NW), das die Resozialisierung einer Mülldeponie in Wuppertal betreibt. Aus einem Gebiet inmitten der Unwirtlichkeit einer städtischen Grauzone soll ein Park werden. Ein Park, der den Besucher mit widersprüchlichen Empfindungen konfrontiert. Zeigt sich das Gebiet dem Auge unmittelbar als schöne Naturwildnis, so lässt das Wissen um seine Vergangenheit als Mülldeponie den Besuch auf der Wilden Kippe in einem anderen Licht erscheinen. Im folgenden wollen wir uns dem Genius dieses Ortes von verschiedenen Seiten nähern. Dazu werden wir eine Zeitreise unternehmen, die uns in die Gegenwart, die Vergangenheit und die Zukunft führt.

The Deutscher Werkbund (DWB NW) plans to resocialise a derelict landfill, Wilde Kippe Lüntenbeck, into the city of Wuppertal. Parkland shall be established amidst the dim reality of grey urban monotony. A park is planned that challenges the visitor with contradicting sensations. Despite its immediate appearance as precious wilderness, the knowledge about the past of the site changes the perspective. In the following we will approach this *genius loci* of the area from different sides. We will perform a journey through time leading us to past, present and future.

Gegenwart – Vom Geist eines Unortes

Ausflug ins Grüne

Ausgangspunkt: Schloss Lüntenbeck

Gehen wir los. Beginnend auf dem Hof von Schloss Lüntenbeck, einem ehemaligen adeligen Haus und Gutshof mit barockem Haupthaus, durchschreiten wir den Torbogen und steigen jenseits der Straße einen Hang hinauf. Unter den hohen grauen Stämmen der Rotbuchen gehen wir steil bergan. Rechts und links fällt die Grünblütige Nieswurz mit ihren seltsam blassgrünen Blüten und scharfkantig eingeschnittenen dunkelgrünen Blättern ins Auge. Daneben schieben sich die glänzenden Blätter des Aronstabes gerade aus der Erde. Pflastersteine liegen halbversunken im Waldboden.

Wir schlüpfen durch einen Stacheldrahtzaun, bahnen uns mühsam den Weg durch dornige Brombeerwildnisse und scheuchen einige Rehe samt Bock auf, die rasch vor uns das Weite suchen. Nun geht es noch steiler den Berg hinauf. Es wird heller, über uns keine Baumkronen mehr. Der Wald lichtet sich. Dünne Stämmchen junger Eschen und Pappeln, Buddleia-Gebüsch und wilde Rosen, von Clematis-Lianen überwuchert, bilden eine dichte Pflanzendecke. Der Aufstieg ist beschwerlich.

Bild 1.
Dichte Pflanzendecke (rechts); Detail (links) / *Dense vegetation cover (right); detail (left)* (Fotos: A. Dinnebier)

Eine letzte Böschung und wir stehen auf einem Plateau. Keine Bäume mehr, wenige Sträucher. Zu dieser Jahreszeit noch die trockenen Stengel hoher Stauden aus dem letzten Jahr, die demnächst wieder durch ihre farbige Blütenpracht zur Bewunderung einladen. Wir sind im Grünen. – „Heitere Gefühle bei der Ankunft auf dem Lande". – Die Weite des Plateaus erhebt uns über den Wald, ja über die Tiefen des Wuppertales. Der offene Himmel hüllt uns ein, zieht den Blick nach oben. Wir stehen direkt unter ihm, stehen ihm gegenüber. Die Enge des Wuppertales, die Abgeschlossenheit der Lüntenbeck fallen von uns ab.

auf de Kippen-Plateau

Der Blick schweift über das wunderbare Panorama. Die umliegenden Höhenzüge grüßen herüber. Zu unseren Füßen liegt ein riesiger blauer Fußball, ein Kugelgasbehälter. Mit einem Durchmesser von knapp 50 m der größte der Welt übrigens, als er Ende der 1950er Jahre errichtet wurde. Zwischen den entlaubten Buchen erkennen wir die Siedlung Lüntenbeck und die Gebäude des Schlosses. Weiter hinten ein Loch im Waldsaum, das der Bau eines Schnellstraßentunnels hinterlassen hat. Dann im Vordergrund Anlagen eines Kugellagerwerks und, nur im Winter zu sehen, ganz entfernt ein rosafarbener Wasserturm, das sogenannte Atta-Döschen. Es folgt der malerische Taleinschnitt der Wupper, der den Blick auf Elberfeld freigibt.

Bild 2. Kugelgasbehälter (links) und Kugellagerfabrik (rechts) / *Gas storage and factory* (Fotos: A. Dinnebier)

Das Bild wird beherrscht vom Schornstein des städtischen Fernwärmekraftwerks, rechts oben die Bergische Gesamthochschule wie eine Festung auf dem Berg thronend. Unten, ganz nahe, saust der motorisierte Individualverkehr auf der B 224 vorbei. Dahinter ein Industriegebiet.

vom oberen Plateau zurück ins Tal

Nun haben wir uns einmal um die eigene Achse gedreht. Der Blick fällt wieder auf das Kippengelände, auf dem wir stehen. Laternenpfähle ragen hier und da aus dem Boden, doch sie tragen keine Lampen. Wir gehen weiter, finden tiefer gelegen weitere Plateaus, getrennt durch steile, dicht bewachsene Abhänge. Um die Böschungen des Berges schrauben sich Wege, die zum Teil auch schon ziemlich zugewachsen sind. Sie führen uns vom oberen Plateau hinunter zur Eisenbahn, die in Robinien gehüllt ist. Dann unter das Niveau der Bahn. Zur Linken steigt die Deponie steil auf.

Bild 3.
Himmelsstrich / *sky line*
(Foto: A. Dinnebier)

Abwärts geht es durch ein irgendwie überdimensioniertes Tor, das aber offensteht, zum Tunnel. Ein Blick in ihn lässt auf der anderen Seite eine Straße erkennen. Wir gehen an der Tunnelöffnung vorbei und stehen bald unter der Autobahnbrücke. Bahndamm und Betonbrücke, das Dröhnen der über unsere Köpfe hinwegpolternden Autos. Beklemmung. Wenden wir den Blick nach dort oben, so sehen wir zwischen den beiden Fahrbahnen der B 224 hindurch den Himmel als schmales Band: Ein wunderbarer Himmelsstrich, den man als Raffinesse barocker Alleengestaltung kennt.

Zurück am Tunnel wenden wir uns einer anderen alten Auffahrt zu, die wir nur noch auf einem solch virtuellen Spaziergang betreten können. Die Brombeeren verwehren den leibhaftigen Zutritt vehement. Am Ende dieses Hohlweges stehen wir wieder in einem schönen alten Buchenwaldstück. Die Realität schiene meilenweit entfernt, wäre da nicht das ununterbrochene Tosen der Autobahn. Wir kommen noch an den Bienenstöcken eines Imkers vorbei und kehren an unseren Ausgangspunkt zurück.

Der Augenschein bewies, das Gelände ist eine interessante Immobilie: „Grüne Oase in innenstadtnaher Lage. Ausgesprochen gute Verkehrsanbindung, verwunschenes Grundstück mit Wildbestand, hohe Reliefenergie, wunderbare Aussicht".

eine interessante Immobilie

Peripherie im Zentrum

Aber die Aussichten des Geländes sind ja keineswegs glänzend, und das hat auch mit der abseitigen und zwiespältigen Lage der Wilden Kippe Lüntenbeck zu tun. Einerseits liegt sie am inneren und äußeren Stadtrand, zwischen zwei Ortszentren, die einmal eigenständige Städte waren; in so etwas wie der inneren Zwischenstadt also. Andererseits liegt der Ort mitten in der Stadt. Das Sonnborner Kreuz, seinerzeit das größte Autobahnkreuz Europas, zerschneidet das Tal der Wupper auf eine heute kaum mehr nachvollziehbar brutale Weise. Die Autobahn, die zwischen zwei Ortsteilen der bandförmigen Stadt niveaugleich durchgeschlagen ist, trennt Lüntenbeck von der Kernstadt Elberfeld. Sie begrenzt das Gebiet im Osten direkt und verlärmt es durch ihre unabgeschirmte Trassenführung. Doch wenn man vom Müllberg über die Autobahn hinwegblickt, liegt die City in Reichweite. Die Rheinische Bahnstrecke bildet die Begrenzung der Wilden Kippe nach Süden. Auf ihr ruht seit Jahren der Verkehr, sie ist noch in diesem Jahr von der endgültigen Stillegung bedroht. Dahinter schließen sich zwei Gewerbegebiete an.

Zwischenstadt

City in Reichweite

Im Norden schiebt sich eine Kleingartensiedlung zwischen die Wilde Kippe und die angrenzenden Wohngebiete. Neben dem Getöse von Industrie und Verkehr findet sich hier die Behaglichkeit häuslichen Gärtnerns

Kleingärten

Kontrastprogramm zwischen Kippenrand und Naturdenkmal

und der familiären Erholung. Zu ihnen gesellt sich im Westen ein Landschaftsschutzgebiet mit größeren Waldflächen. Am Kippenrand befinden sich zwei flächenhafte Naturdenkmäler. Inmitten dieser grünen Oase liegt Schloss Lüntenbeck mit seinen historischen Gebäuden, ein heftiges Kontrastprogramm zur südlichen und östlichen Nachbarschaft der Wilden Kippe.

Spontannatur und Stadtkultur

Niemandsland

Wer die Wilde Kippe heute betritt, taucht, wie wir sahen, in eine abgeschiedene Oase ein. Mit Erklimmen des Plateaus erhebt man sich über die Umgebung. Das Grün dieses Gebietes signalisiert, dass man sich hier in einem Niemandsland befindet. Verwilderung, ja Verwahrlosung sind die Eindrücke, die die Wilde Kippe vermittelt. Der Besucher weiß sich gleich in einer anderen Zone, die jenseits des gewohnten Charakters der Stadt liegt. Im Gegensatz zum „richtigen" städtischen Grün der Gärten und Parks einerseits und zum Forst andererseits ist auf so einem Gelände ablesbar, dass es aus dem Blick geraten ist. Das scheint so, weil keine Zuständigkeit oder Verwendung des Geländes zu erkennen ist. Die menschlichen Spuren, die auf der Wilden Kippe zu finden sind, verstärken gerade diesen Eindruck: ein Autowrack, Lumpen und andere Abfälle, Reste von Feuerstellen zeigen an, dass hier niemand aufräumt, dass keiner eine „sinnvolle" Nutzung festgesetzt hat oder sich auf die Verwertung dieses Stückchens Erde verstünde. Man hat offenbar die Stadt mit ihrer urbanen Kultur und ihrem geschäftigen Treiben verlassen.

fremdartiges Fehlen üblicher Nutzung

So hat das Erlebnis von Distanz wesentlichen Anteil am *genius loci* der Wilden Kippe: Räumlich trennen die brausenden Verkehrswege und der Höhenunterschied das Gelände von der Stadt, inhaltlich das fremdartige Fehlen der üblichen Nutzung- und Nützlichkeitskennzeichen. Der Besucher tritt also aus seiner gewohnten Welt heraus – und steht doch mitten drin. Im Moment ihren Verbindlichkeiten entzogen, kann er einen anderen Blick auf sie werfen.

Die einen sehen hier aber dennoch nichts: Hier fehlt etwas, hier muss was hin, vor allem Ordnung und Definition; hübsche Bebauung und schöne Grünanlagen oder wenigstens ein Industriegebiet. Sie können dem Gelände wenig abgewinnen, denn es fehlt ihnen die Kultur. Andere nimmt die Wildnis jedoch gleich gefangen: Hier ist endlich mal was anderes als die öde Steinwüste der Stadt, hier ist Natur. Natur lesen sie als Freiheit, vor allem wenn sie so viel Unberührtheit ausstrahlt. Gleich folgen die Assoziationen der Natur, die sich die Kultur zurückerobert.

Natur erobert Kultur

Doch die Wilde Kippe Lüntenbeck ist weder kulturlos, noch eine unberührte Wildnis; der Kontrast zwischen Stadt und Natur ist ein vielfach gebrochener: Den Charakter eines Niemandslandes besitzt das Gelände schließlich gerade, weil es von der Planung zum Abfallplatz erklärt und von der Stadt, ihren Bürgern und Behörden mit Müll angefüllt wurde. Und weil hier bis über den Rand nichts als Unrat und Schutt vergraben liegt, gilt der Berg nun als Altlast. Kulturelle Prozesse und Wertzuweisungen machen diesen Platz zu einem anrüchigen Ort. Sie sind auch der Grund, weshalb sich auf der ehemaligen Deponie ein Wildgelände befindet.

kulturelle Prozesse und Wertzuweisungen

„Natürlich" wäre bei diesem Gelände ein eher vorsichtig zu gebrauchendes Attribut, denn natürlich ist allein der Bewuchs der Wilden Kippe. Den Untergrund bilden aufgeschüttete Substrate, insbesondere die meterdicke Müllschicht. Wer nach dem Ausgangsgestein suchen wollte, der müsste sich 50 m in die Tiefe arbeiten. Die Bodenbildung hat mit dem Kalkstein dort unten freilich nichts zu tun. – Die Bodenkarte weist hier ei-

natürlicher Bewuchs auf meterdicker Müllschicht

nen weißen Fleck aus. – Für die Vegetation entscheidend ist die Beschaffenheit und Mächtigkeit der Aufschüttungen, mit denen der Müll abgedeckt wurde. Urwald findet man auf der Wilden Kippe also nicht und ebensowenig eine ländliche Natur mit Wiesen und Weiden, Wäldern und Feldern. Die Hochstaudenfluren und der Pionierwald kennzeichnen den Müllberg vielmehr als Brachfläche, die mit Ruderalvegetation bewachsen ist, und eben das kann man als Inbegriff von Stadtnatur betrachten: Spontannatur nämlich, die eine Folge der Stadtkultur ist.

weder Urwald noch Wiesen und Weiden

Spontannatur aus Stadtkultur

Kulturdenkmal – Vom Geist der Vergangenheit

Von der Grundherrlichkeit zur städtischen Altlast

Der Grund und Boden der Wilden Kippe gehörte einmal zu den Besitzungen von Schloss Lüntenbeck. Die Lüntenbecker Herren hatten hier seit langer Zeit eine Sandgrube betrieben, wie es sie in der Gegend verschiedentlich gab. Nachdem die Gute-Hoffnungshütte Oberhausen das Gelände 1899 gekauft hatte, wurde hier siebzig Jahre Dolomit-Kalk gebrochen und seit 1912 in einer Sinteranlage weiterverarbeitet. Auch der Kalkabbau ist kein Einzelphänomen, vielmehr im Zusammenhang mit der Erschließung des benachbarten Dornaper Gebiets durch die Kalkindustrie zu verstehen. Als der Steinbruch Ende der 1960er Jahre stillgelegt worden war und einen Krater von 30 m Tiefe hinterlassen hatte, begann die Stadt Wuppertal, den Steinbruch mit Müll zu verfüllen. Nach sieben Jahren war er randvoll. Die Deponie wurde weiter zur Ablagerung von Bauschutt und Erdaushub benutzt, bis ein 20 m hoher Hügel an die Stelle des Loches trat. Dann wuchs Gras über die Sache.

vom Steinbruch zur Kippe

Sand, Kalk, Müll – so lässt sich die Geschichte der Wilden Kippe Lüntenbeck zusammenfassen. Sie hat sich aus dem Zusammenhang eines landwirtschaftlichen Gutes heraus zunächst zu einer Rohstoffquelle, dann zu einem Entsorgungsstandort entwickelt und endet bislang als Altlast.

Die Kippe als Dokument

Dokument des Ressourcenabbaus

Die Deponie Lüntenbeck ist ein wichtiges Kulturdenkmal, für dessen Unterschutzstellung eine ganze Reihe von Gründen spricht. Zunächst einmal besteht ein wichtiger Grund in der oben erwähnten Vorgeschichte, dem Kalksteinbruch, aber auch der Sandgrube des Lüntenbecker Gutes, die offenbar als Doline des hiesigen Karstgebietes einzuordnen ist. Der Steinbruch Lüntenbeck wurde ebenso zur Deponie wie der benachbarte Steinbruch Eskesberg. Die Verfüllung des durch die Ausbeutung entstandenen Kraters kann als historische Phase des Umgangs mit Steinbrüchen betrachtet werden. Ihr folgte die Phase der Rekultivierung als einer anderen Form, mit der man die nutzlos gewordenen Löcher wieder gesellschaftlichen Funktionen zuführte. Inzwischen freilich gilt es als ökologischer, wenn offengelassene Steinbrüche der Fauna und Flora anheimgegeben werden.

Dokument der Wegwerfgesellschaft

Die Deponie selbst steht für die Phase der entwickelten Wegwerfgesellschaft mit Mülldeponierung, die durch die Phase der undifferenzierten Müllverbrennung in eigens errichteten Müllverbrennungsanlagen abgelöst wurde. Natürlich ist diese auch schon wieder Vergangenheit. Heute sortieren wir ja, recyclen einen Teil und verbrennen nur den sogenannten Restmüll. Deponiert werden nunmehr nur die Rückstände des Verbrennungsvorgangs. Die historische Phase der Mülldeponie, früher schlicht „Kippe" genannt, ist für Lüntenbeck kennzeichnend.

Ein dritter Grund, den verfüllten Lüntenbecker Steinbruch als Denkmal zu schützen, ist die Müllarchäologie. Die beiden Schichten von Müll und Bauschutt liegen unangetastet im Berg und werden kommenden Müllforschern über die Konsum- und Wegwerfgewohnheiten um 1970 Aufschluss geben. Außerdem ist der Berg mit seinem technoiden Relief der steilen Hänge, der umlaufenden Auffahrten und dem weiten Plateau unverändert erhalten.

Dokument für Müll-archäologen

Was sich nicht schützen lässt, ist die beachtenswerte Flora, die sich auf der Kippe während des Betriebes eingestellt hatte. Der „Schuttplatz Lüntenbeck", der mit knapp 100 Nennungen in die Flora Wuppertal (1988) eingegangen ist, war einmal einer der artenreichsten Standorte Wuppertals. Hier fand sich etwa eine Reihe von seltenen Vogelfutterpflanzen, die über den Straßenkehricht und den Sandfang der Klärwerke den Weg auf das Gelände gefunden haben. Doch mit dem Eldorado für Neophytenfreunde ist es zuendegegangen, seit die Fläche mit Lehm abgedeckt wurde und der Nachschub an Samendepots ausblieb; die seltenen Pflanzen sind nicht heimisch geworden.

vegetations-kundliches Dokument

Wir finden hier aber die seinerzeit durchaus übliche Form des Deponieabschlusses mittels Überschüttung des Mülls mit Bauschutt. Die Deponieerlaubnis lief 1988 mit Erreichen der festgelegten Endhöhe ab, aber die Deponie ist auch 10 Jahre danach, und das darf man wohl als Besonderheit ansehen, juristisch noch nicht abgeschlossen, also im formalen Sinn noch in Betrieb.

deponietechnisches Dokument

juristisches Dokument

Künftige Geister – Erlebnisfeld für die Besucher

Ein Naturpark besonderer Art

Die Absicht des Deutschen Werkbundes ist es, aus der Deponie Lüntenbeck einen Naturpark besonderer Art zu machen. „Machen" ist eigentlich das falsche Wort, denn der Park ist schon fertig. Oder anders gesagt, fertig wird er sowieso nicht. Vorhanden ist der anfangs beschriebene Berg, und bewachsen ist er auch schon. Um zum Park zu werden, bedarf die Wilde Kippe nichts weiter als einer Umdefinierung. Als amtlicher Vorgang ist das beileibe nicht wenig, und so wird bis zur offiziellen Ausweisung noch geraume Zeit vergehen.

Umdefinierung

Mit der Deklarierung als Park soll die Öffentlichkeit Einlass in ein bislang versperrtes Gebiet erhalten und ein spezielles Bewirtschaftungskonzept installiert werden. Dann werden die Besucher hier verschiedene Erfahrungen machen können, die der gängige Stadtpark nicht zu vermitteln vermag:

neue Erfahrungen über gängige Stadtparks hinaus

- Die Einheit von Schönem und Gutem zerbricht. Was wissenschaftstheoretisch ein alter Hut ist, wird zum emotionalen Problem, wenn sich wildes Grün mit Müll und Altlast, statt mit Ländlichkeit und Gesundheit verbindet.
- Vulgärökologische Gewissheiten geraten ins Wanken. Statt Harmonie und Gleichgewicht lernen wir das kreative Potential von Störungen kennen.
- Entwicklungen erleben. Die Inszenierung der Sukzession macht den natürlichen Wandel erkennbarer und hält die Prozesse der Veränderung in Gang.
- Natur ist lesbar. Auch wenn Sie Zweifel am Buch der Natur und seinem göttlichen Schriftsteller haben, entziffern Sie jeden Tag allerlei Spuren in der Natur. Doch Spuren lesen will gelernt sein.

Spurenlesen im kreativen Potential von Störungen

Emotionen auf der Kippe

Konnten Sie während unseres Spaziergangs vielleicht verstehen, warum aus diesem Gelände ein Park werden soll, so mögen Sie diesen Plan in genauerer Kenntnis der Hintergründe nun vielleicht eher für ein Attentat auf den Bürger halten. Sicher, Experten weisen auf die vielartigen im Berg vermuteten Gifte hin und mögen ob der entstehenden Deponiegase nicht einmal eine Explosionsgefahr ausschließen. Es ist aber eher der geistige Sprengstoff der Kippe, der uns dazu bewegt, das Gelände nicht vor der Öffentlichkeit zu verschließen, wie es zur Zeit der Fall ist und für die Zukunft festgeschrieben werden soll.

der geistige Sprengstoff der Kippe

Was nun im einzelnen nötig sein wird, um Luft und Wasser vor Giften zu schützen, mag dahingestellt sein. Was wir wollen, ist etwas, was bei einer rein ingenieurmäßigen Sanierung der Kippe unterbleiben wird: Wir wollen das *corpus delicti* im Bewusstsein halten, sein Problem nicht unter Plastikplanen bannen, sondern zur öffentlichen und privaten Auseinandersetzung feil bieten. Das Attentat, das die Wilde Kippe dem Besucher androht, ist somit eines auf Vernunft und Gefühl.

ein Attentat auf Vernunft und Gefühl

Wer möchte sich schon ins Gras legen, wenn er 30 m Müll unter sich weiß? – Und doch kommt der Besucher gerade dazu in Versuchung, wenn er den Berg erklommen hat und die Weite des in Wuppertal sonst eher beengten Himmels erfährt, die Aussicht genießt. Der Widerwille, der den Spaziergang über die Kippe begleitet, wird vom Wissen über den Untergrund genährt, der Blick erfährt die Sache anders. Naturstaffage ringsum: Wiese, Gebüsche und alten Buchen, vielerlei Blüten und Gräser, Insekten und eine stattliche Anzahl von Rehen sind zu sehen. Zwei widerstrebende Gefühle halten den Emotionshaushalt des Besuchers in labi-

Naturstaffage auf 30 Metern Müll

ler Lage. Wissen und sinnliche Eindrücke lassen sich hier schwerlich in Einklang bringen.

ökologisch wertvoll und hoch belastet

Damit tun sich offenbar auch die Planer schwer, haben sie doch den Rand des mit Müll verfüllten Kraters zum Naturdenkmal erklärt, weil es sich um einen Kalkbuchenhochwald handelt und dort schützenswerte Pflanzenarten wie die gelbe Anemone und die grüne Nießwurz wachsen. Die Prädikate „ökologisch wertvoll" und „hoch belastet" stehen sich nicht einmal gegenüber, sie stehen Seite an Seite.

Störung als kreatives Potential

Störungen als Chance für kurze Lebenszyklen

In der Stadt laufen Spaziergänger über Grünflächen, verdichten Baufahrzeuge den Untergrund, schieben Bagger Wildwuchs beiseite, bringen Gärtner Gifte aus, verrichten Hunde ihre Notdurft – kurz, massive Störungen sind an der Tagesordnung. Sie bewirken das Entstehen von Vielfalt, denn durch die Störungen wird das städtische Standortmosaik bereichert. Vor allem die kurzlebigen Arten, die als erste zur Stelle sind, wenn es etwas zu besiedeln gibt, erhalten so eine Chance, die ihnen weder in Pflasterritzen noch in Parkanlagen geboten werden. Erst recht profitieren jene Pflanzen, die mit einem kurzen Lebenszyklus auskommen und sich bis zur nächsten Störung schon ausgesät haben. Nimmt die Sukzession dagegen ihren Lauf, so sind sie kurzfristige Durchgangserscheinungen, die auf Dauer ihren Lebensraum verlieren.

Störungen unterbrechen Sukzession

Stadtökologen untersuchen diese Prozesse und kommen zu dem Schluss, dass die Störung von Biotopen nicht nur von einigen Arten überlebt wird, sondern geradezu die Bedingung für das Gedeihen verschiedener Lebewesen bildet. Störung, d. h. nachhaltige Eingriffe in das Gefüge eines Standortes, unterbrechen nämlich den Gang der Sukzession. Landläufig nennt

Artenvielfalt durch Zurückdrängung des Waldes

man so etwas Katastrophe. Doch die Störung stört nur den üblichen Ablauf der Vegetationsentwicklung und der führt an beinahe jedem Standort in Mitteleuropa früher oder später zum Wald. Dem einen oder anderen mag das gefallen, aus ökologischer Sicht aber wäre es ziemlich langweilig, denn im Wald wird wenig Abwechslung an Arten und Biotopen geboten. Artenvielfalt beruht historisch auf der Zurückdrängung des Waldes und damit auf Störung der natürlichen Sukzession.

Harmonie als Trugbild

Erstaunlich ist dies angesichts dessen, was wir dachten, von den Ökologen gelernt zu haben. Die Verbreitung ökologischer Erkenntnisse hat in den letzten beiden Jahrzehnten das Naturbild der Öffentlichkeit maßgeblich beeinflusst. Sie hat dort das Bild einer sich in Fließgleichgewichten sanft bewegenden Natur geprägt, die das Wohlergehen aller zu sichern scheint. Menschliche Eingriffe schienen als Übeltäter erwiesen, es sei denn, sie halten sich im Rahmen alt hergebrachter Wirtschaftweisen, die gern mit Begriffen wie „naturnah" oder „im Einklang von Mensch und Natur" geadelt werden. Im Mittelpunkt dieses Naturbildes steht die Vorstellung von Harmonie, aus der auch der Mensch zu seinen eigenen Gunsten am besten nicht ausbrechen solle.

Zustandsstörung als Stimulanz

Die Entwicklungsgesetze der Stadtnatur gleichen nicht denen klassischer Ökosysteme: Die Böden in der Stadt passen kaum in das Raster herkömmlicher Lehrbücher, auch die Sukzession verläuft dort, wo Menschen immer wieder ins natürliche Geschehen funken, etwas anders. Und siehe da, das führt nicht nur zu den gefürchteten natürlichen Ungleichgewichten, sondern die menschliche Störung erweist sich auch als bereichernder Faktor in der Natur, der sogar ökologisch wertvolle Bestände hervorbringen kann.

Inszenierung des Wandels

Für die Wilde Kippe fällt der Zeitpunkt des größten Artenreichtums ausgerechnet in die Phase der Deponierung. In den letzten Jahren haben sich dort ruderale Rasen und Hochstaudenfluren eingestellt, in denen sich stellenweise bereits Bäume und Sträucher ausbreiten. Dieser Vorgang der Abfolge verschiedener Pflanzengesellschaften, die Sukzession, wird auch an diesem Ort in ein Waldstadium übergehen.

Ruderalflora im Übergang zum Wald

Der Park ist zwar schon „fertig", aber er wird sich selbst weiterentwickeln. Diesen Wandel verfolgen zu können, soll ein Angebot der Wilden Kippe werden. Das bedarf eines gartenkünstlerisch-stadtökologischen Konzeptes, damit die Veränderungen in Gang gehalten und interessant gestaltet werden. Die Parole lautet also nicht, wie in der Gartenarchitektur üblich: Planen, Anpflanzen, Pflegen, sondern Inszenierung des Wandels. Eingriffe in die natürlichen Entwicklungsprozesse dienen üblicherweise dazu, einen vorher festgesetzten Zustand der Bepflanzung zu erreichen und dann stabil zu halten. Hier jedoch wird mit den selbsttätigen Prozessen der Vegetation experimentiert werden, hier werden Gärtner Impulse für Entwicklungen geben, die sonst langsam oder gar nicht entstehen würden. Die Sukzession ist Bestandteil dieses Gestaltungskonzepts. Sie wird benutzt, gelenkt, aber gegebenenfalls auch radikal unterbrochen.

die Wilde Kippe als Dokument des Wandels

Sukzession als Gestaltungselement

Ein wichtiges Mittel dazu bildet die oben erläuterte „Störung". Man kann sich also vorstellen, dass ein Bagger gelegentlich in Teilen des Gebietes Verwüstungen anrichtet. Was wie Zerstörung aussieht, ist die Herstellung einer Chance für andere Lebewesen, die nun mit der Neubesiedlung des Fleckchens beginnen werden. Der Park soll eben gar nicht fertig werden, sondern in Bewegung bleiben. Dabei ist es das Ziel, die Stadtnatur zur Selbstdarstellung zu bringen.

Selbstdarstellung der Stadtnatur

Spurenlegen – Spurenlesen

Beteiligung der Besucher am Konzept

Der Besucher ist an den Veränderungsprozessen des Parks beteiligt. Mehr oder weniger unfreiwillig und zufällig hat er an der Gestaltung Anteil. Diesen Umstand bindet die gartenkünstlerische Konzeption ein und will den Besucher für ihre Zwecke nutzbar machen. Denken wir etwa an ein großes Volksfest mit allgemeinem Picknick auf dem Plateau, an die Durchquerung des Parks mit Fahrrädern oder Pferden oder einer Schafherde: Im konventionellen Sinne entstehen durch solche Ereignisse Schäden, Schäden aber sind die Ermöglichung von Neuem. Mitmischen kann der Besucher z. B. auch, indem er Samen im Gelände ausstreut.

Müllkippe als Lesebuch

Die selbst verursachten, die natürlichen und die künstlerisch inszenierten Prozesse zu beobachten, dazu ist der Besucher eingeladen. Er kann diesem Werden zuschauen, es verfolgen, kennen und – wenn er will – auch verstehen lernen. Der Besucher ist dabei auch als Leser zu betrachten. Lesefutter bilden die vielfältigen Spuren im Gelände. Manche sind im Schnee besonders gut zu erkennen. Aber auch an der Vegetation lässt sich mancherlei ablesen. Ein weiteres Beispiel für Lesbarkeit des Grüns sind die in einem Gutachten über das Gebiet registrierten „Vegetationsschäden". – Sie zeigen etwas an, das eine Aussage über den Berg, seine Geschichte und seinen momentanen Zustand beinhaltet. Der durchschnittliche Parkbesucher wird freilich mit anderen Deutungsversuchen auf die Vegetationsschäden blicken und nach dem Dünger rufen. Das Lesen hängt eben von der Vorbildung des Lesers, von Erwartungen und Kontexten ab.

Wer es zu lesen versteht, kann über der Wilde Kippe wie durch ein Sukzessionsmuseum wandern, d. h. verschiedene Stadien der natürlichen Sukzession dieses Standortes nebeneinander erkennen. Sachkundige Führer können beim Lesen auf die Sprünge helfen, das Gestaltungskonzept dem Spurenleselehrling mit Unterstützungen zur Hand gehen. Man kann sich etwa ein Stückchen Land vorstellen, das gedüngt wird. In der Gegenüberstellung mit ungedüngten Flächen ergibt sich dann eine Präzisierung des selbsttätigen Wachstums einerseits und des menschlichen Eingriff durch das Düngen andererseits.

Bürger als Spurenleselehrlinge

Wichtige Grundlage des Konzepts der Wilden Kippe Lüntenbeck bleibt aber vor allem, dem Besucher in Erinnerung zu halten, wo er hier ist: „Sie stehen auf einem Berg von Abfällen." Diese Erkenntnis besitzt der Besucher allein intellektuell, im Gelände kann er dies nicht sehen, an den Pflanzen kann er es nicht unmittelbar ablesen. Es besteht dabei eine Spannung zwischen Innen und Außen des Berges, zwischen Gift und Unrat einerseits und idyllischer Wildnis andererseits, die auch ein Zwiespalt von Sehen und Wissen ist. Vielleicht wird einmal ein Wasserfall mit roter Flüssigkeit das Innere des Berges symbolisch aufzeigen und damit eine Brücke zwischen beiden Sphären schlagen. Mag sein, dass sich das Verhältnis des Besuchers zu Idylle und Altlast relativiert, mag sein, dass sich Wertschätzung und Abscheu steigern. Ziel des Konzeptes ist es aber, den Zusammenhang beider Seiten an diesem Ort deutlich zu machen: Hier ist Wildnis nur mit Müll zu haben, hier ist der Müll die Ursache der Wildnis.

Gift und Unrat und idyllischerWildnis

der Müll und die neue Wildnis

IV Urbane Räume

Kon-Versionen

Zur Produktion neuer Sichtweisen des Urbanen

Nicole Huber

»[L'espace est-il un] medium? Milieu? Intermédiaire? Oui, mais de moins en moins neutre, de plus en plus actif, à la fois comme instrument et comme objectif, comme moyen et comme but.«
Henri Lefebvre

„Indessen muß bemerkt werden, daß der Raum, der heute am Horizont unserer Sorge, unserer Theorie, unserer Systeme auftaucht, keine Neuigkeit ist. Der Raum selber hat in der abendländischen Erfahrung eine Geschichte [...]“
Michel Foucault

Zusammenfassung

Das gleichzeitige Brachfallen und Entstehen städtischer Gebiete wird sowohl im deutschen wie im amerikanischen Diskurs kontrovers verhandelt: als Prozesse neuer Re- oder Dezentralisierung (»Europäische Stadt«, »New Urbanism« versus »Region«, »Postmodern Urbanism«). Sucht die eine Konzeption die Stadt unter formalen Aspekten zu erfassen, so fokussiert die andere die relationalen.

Diese Kontroverse ist nicht neu. Schon 1975 äußerte Michel Foucault, dass die Stadt nicht mehr unter Aspekten der Form, als »Theater«, sondern unter denen der Konstruktion, als »Panoptikon«, zu verstehen sei. Diese Kritik radikalisierte Baudrillard, indem er die Stadt nicht als Konstruktion politischer Bedeutung, sondern als Spiel referenzloser Zeichen der Wirtschaft, als »Simulacrum«, konzipierte.

Beide Kritiken wurden zugleich als treffende Charakterisierungen des Städtischen rezipiert und als Dystopien, als negative Utopien, kritisiert. Beide sahen jedoch nicht nur die urbane Realität, sondern auch ihre eigenen Konzeptionen des produzierten und konsumierten Raumes als »Fiktion«. Damit relativierten sie jedoch nicht die Glaubwürdigkeit ihrer Darstellung. Sie teilten mit der Dichtung das Ziel, das Ungesehene des gesellschaftlich „Gegebenen" sichtbar zu machen.

Eröffneten sie damit nicht neue Sichtweisen der Räume des Ausschlusses und des Abfalls: der Konversionsflächen? Somit soll dargestellt werden, inwiefern sie den städtischen Raum nicht nur auf die Gesetze der *Konvention*, der gesellschaftlichen Tradition, sondern auch auf die der *Konversion* untersuchten, auf die Prinzipien, die den Übergang von einer Sichtweise des Städtischen zu einer anderen markieren. Aus dieser Perspektive erscheinen die Räume des Abfalls als solche der Abwesenheit, die eine historisch und moralisch andere Sichtweise des Städtischen implizieren.

Abstract

Contemporary urbanization is marked by both the emergence of new urban areas and those discarded areas termed brownfields. In American and German discourses these processes are alternately – and with much controversy – described in terms of recentralization or decentralization (»European City«, »New Urbanism« versus »Region«, »Postmodern Urbanism«). The first term conceives of the urban according to formal principles, the second focusses on relational ones.

This controversy between these two poles is not new. In 1975 Michel Foucault conceived of the city in the constructive terms of the »panoptikon« rather than in the formal terms of »theater«. This critique was radicalized by Jean Baudrillard who saw the city as the play of the meaningless signs of economy, as »scene and obscene« rather than as a construction of political significance.

Both critiques were well-received as telling characterizations and both were criticized as dystopias. However, both authors conceived not only of the urban reality but also of their own writing as »fictional«. This did not imply a lack of »reality« in their concepts; rather it implied a sharing with fiction the goal of making visible the unseen of the socially »given«.

Within this framework, the question I wish to pose is as follows: didn't Foucault's and Baudrillard's respective concepts of »produced« or »consumed« space open up new ways of seeing urban spaces of exclusion and marginalization? A specific example of these might be the so-called »Konversionsflächen«, the brownfields. Therefore I intend to show to what extent both authors not only examined urban space as a regime of convention, of social tradition, but also as one of conversion, of those principles which mark the transition from one vision of the urban to another. From this perspective, such discarded spaces appear as spaces of absence implying historically and morally different visions of the urban.

Bild 1.
Neue Urbanisierung in Los Angeles County / *New Urbanization in Los Angeles County*

Wandlung des Städtischen

Die aktuelle Urbanisierung ist in den Industrienationen einerseits davon geprägt, dass Industrie-, Verkehrs- und Wohnbereiche brachfallen, anderseits neue Bereiche im Dienstleistungs- und Wohnsektor entstehen. Bei dieser Entwicklung wendet sich die Stadt, so der Geograph Edward Soja, »gleichzeitig von innen nach außen und von außen nach innen«. Diese Veränderung resultiere aus drei gegenläufigen Prozessen, die die Städte weltweit prägen: »Deindustrialisierung und Reindustrialisierung«, »Globalisierung des Lokalen und Lokalisierung des Globalen«, sowie »Peripherisierung des Zentrums und Zentralisierung der Peripherie« (Soja

1995, S. 154). Diese »weltweit zu verzeichnende« Wandlung des Städtischen wurde auch in Deutschland erforscht wurde (Sieverts 1997, Prigge 1998).

Zentralisierung und Dezentralisierung

Die Frage, ob diese Konfiguration des Städtischen als neue Form der Zentralisierung oder der Dezentralisierung zu interpretieren ist, wird sowohl im amerikanischen als auch im deutschen Kontext kontrovers diskutiert. Dies zeigt sich an den gegensätzlichen Positionen von »New Urbanism« versus »Postmodern Urbanism«, von »europäischer Stadt« versus »Region« oder »kompakter Stadt« versus »Netzstadt«. Beide Konzeptionen, die der Re- und die der Dezentralisierung, stellen Sichtweisen aktueller und künftiger Stadtentwicklung dar und sollen als Orientierungshilfen für die stadträumliche Planung dienen.

Orientierungshilfen für die stadträumliche Planung

Wie jedoch diese Entwicklungen darstellbar sind, ist je nach Position umstritten. So operieren die Modelle, die die aktuelle Entwicklung als Phase neuer Zentralisierung interpretieren, mit einer Aufwertung der baulichen Form. Auf einer solchen formorientierten Darstellung der Stadt basiert im deutschen Kontext auch ein Planungsinstrument, das Sichtbarkeit und Rationalisierbarkeit, bildhafte Repräsentation und rationale Konzeption, miteinander verbindet: das »Leitbild« der Stadtplanung und des Stadtmarketing. So soll das »ganzheitliche Leitbild« als Instrument der Planung dienen, indem es möglichst alle Sichtweisen städtischer Akteure auf sich vereint: es soll »die Einbindung aller Leitvorstellungen in ein Gesamtleitbild« gewährleisten, um »gegebenenfalls einander widersprechende Zielvorstellungen [...] im Vorfeld zu klären und eine Gesamtausrichtung sicherzustellen« (Schückhaus 1998, S. 149).

Zentralisierung:

Form-orientierung als „Leitbild"

Dezentralisierung:

Städtisches formal nicht repräsentierbar

Demgegenüber gilt die dezentralisierte Konfiguration des Städtischen als formal nicht repräsentierbar. Interpretieren die Vertreter einer formalen Repräsentation diese als »Auflösung« (Becker et al. 1998)[1] oder »Verschwinden« (Neumeyer 2001, S. 29-35) der Stadt, so konzipieren die Vertreter der dezentralisierten Konfiguration diese relational, als Zustand einer »radical otherness« (Soja 1996) oder »radical undecidability« (Dear 2000).

Bild 2.
Downtown Los Angeles

Diese Frage nach der Repräsentation des Städtischen ist nicht neu. Die Formen bildhafter Darstellung, die als Instrumente „voraussehender" Planung dienten, wurden bekanntermaßen seit den 1960er Jahren zunehmend kritisiert. Die Kritiker beklagten vor allem die Zerstörungen des städtischen Raumes, die im Namen des technologischen Fortschritts getätigt wurden und forderten, die Stadt als Ausdruck sozialer Praktiken zu konzipieren, als »Theater« (Mumford 1961) oder »Street-Ballet« (Jacobs 1961).

Sichtweisen der Stadt

Diese Form der Darstellung wurde wenig später durch die Sichtweisen der Stadt als Ort des »Spektakels« (Debord 1996) oder des »Panoptikon« (Foucault 1994)[2] problematisiert. Nach diesen Konzepten ist die Stadt weniger als Ort der Repräsentation, sondern vielmehr als einer der Konstruktion von Gesellschaft zu verstehen. Mit den Sichtweisen der Stadt als Ort des »Alltäglichen« (Lefebvre 2000, de Certeau 1988), des »Ereignisses« (Deleuze und Guattari 1997) und schließlich des radikalen »scène et obscène« (Baudrillard 1999, S. 130)[3] erschien die Stadt einerseits als Ort der sozialen Praktiken »jenseits der Sichtbarkeit«, andererseits als Ort des »allzu Sichtbaren« der Simulation. Erst diese Umwertung, die die Verbindung von Sichtbarkeit und Rationalität negierte, problematisierte eine bildhafte Darstellung der Stadt.

Seit den 1980er Jahren wurden neben den Konzepten Lefebvres diejenigen Foucaults und Baudrillards durch die amerikanische Stadtforschung besonders rezipiert (Soja 1997, S. 236-249). So diente Foucaults Konzept der »Produktion« des Städtischen dazu, die veränderte Institutionalisierung des Raumes unter anderem als »Festung« (Davis 1994), »the heterotopic« (Relph 1991), »margin« (hooks 1991) oder »thirdspace« (Soja 1996) zu konzipieren. Baudrillards »Simulation« wurde dazu verwendet, die veränderten Strategien städtischer Identitätskonstruktion in Form von »practical utopias« (Harvey 1997), »cartoon utopias« (Sorkin 1992, S. 205-232), des »Disney realism« (Zukin 1991, S. 222) oder der »city of collective memory« (Boyer 1994) zu analysieren. Beide Visionen, die Foucaults und die Baudrillards, arbeiteten jedoch mit bildhaften Repräsentationen der Stadt: das »Panoptikon« verkörperte die optischen Gesetze des »Auges der Macht« (Foucault 1977), das »scène et obscène« der Simulation verwandelt das Städtische in einen »screen«. Entsprechend wurde an beiden Konzepten kritisiert, dass ihr Blickwinkel homogenisierend oder ausschließend wirke (zu Foucault: de Certeau 1988, S. 105-129; Jay 1993, S. 381-416; zu Baudrillard: Best und Kellner 1997, S. 79-12; Jarvis 1998, S. 31-41).

bildhafte Repräsentationen der Stadt

Verweist die Rezeption dieser bildhaften Darstellungen des Städtischen durch eine „kritische" Stadtforschung wie die Harveys, Sojas, Zukins und anderer auf eine neue Form einer „totalisierenden Sicht" des Sozialen, die nun räumlich gewendet ist (Dear 2000, S. 76-90; Gregory 1994, S. 282-313)?

eine neue Sicht des Sozialen ?

Im Folgenden soll gezeigt werden, inwiefern sowohl Foucault als auch Baudrillard ihre Darstellungen gesellschaftlicher Realität nicht mimetisch, sondern fiktional konzipierten (Rajchman 1988, S. 95; Kellner 1994, S. 18). Damit bezweifelten sie jedoch nicht die *das Ungesehene des gesellschaftlich Gegebenen sichtbar machen*

Gültigkeit ihrer Konzeption. Sie intendierten vielmehr, wie die Dichtung, das Ungesehene des gesellschaftlich „Gegebenen" sichtbar zu machen. Doch Foucaults und Baudrillards Konzeptionen der »Fiktion« divergieren. Wie Derek Gregory zeigte, ist der Begriff der *fictio* als „etwas Gebildetes", »something made«, zu deuten. Diese Deutung entspricht derjenigen Foucaults. Demgegenüber kann er nach seiner etymologischen Herkunft jedoch auch „etwas Vorgetäuschtes" bezeichnen. Diese Auslegung verwendet Baudrillard (Gregory, S. 8).[4]

Wahrheit und Wahrscheinlichkeit

Somit sollen die Konzeptionen der »Produktion« und der »Simulation« städtischer Realität auf die jeweilige Interpretation gesellschaftlicher »Wahrheit« untersucht werden. Wie John Rajchman zeigte, erforscht Foucault die Prinzipien der »Wahrheit« in Bezug auf die der »Wahrscheinlichkeit« (Rajchman 1988, S. 93-96). Die Frage nach der »Wahrheit« wird somit zu einer nach der historisch bedingten Glaubwürdigkeit. Andrew Wernick machte anhand der religiösen Themen in Baudrillards Denken deutlich, dass für ihn gerade das Fehlen einer »Wahrheit« den Glauben an die Gesellschaft erfordere (Wernick 1992).

„produzierte" Räume

„konsumierte" Räume

eine neue Sicht der Räume

Eröffneten sie mit ihren Konzepten des »produzierten« und des »konsumierten« Raumes nicht auch eine neue Sicht der Räume des Ausschlusses und des Abfalls: der sogenannten Konversionsflächen? Verweist der Funktionswechsel der Raumes nicht auch auf den Wandel in der Sicht auf die Stadt? Im Folgenden soll dargestellt werden, inwiefern beide Kritiker den städtischen Raum nicht nur auf die Gesetze der *Konvention*, der gesellschaftlichen Tradition, untersuchten, sondern auch auf die der *Konversion*, auf die Prinzipien, die den Übergang von einer Sichtweise des Städtischen zu einer anderen markieren. Aus dieser Perspektive erscheinen die Räume des Abfalls als solche der Abwesenheit, die historisch und moralisch andere Sichtweisen des Städtischen implizieren.

Strategien der Repräsentation

Wie Julie Gibson und Kathy Graham aufzeigten, wurden im Anschluss an Foucault zunehmend räumliche Metaphern verwendet, um gesellschaftliche Veränderungen darzustellen: »Grenzen«, die »überschritten«, »Territorien«, die »deterritorialisiert« und »Landschaften«, die »kartographiert« werden (Gibson und Graham 1997, 306). Zugleich wurde jedoch auch deutlich, dass soziale und somit räumliche Zusammenhänge nicht erfasst werden können, indem sie in eine sprachliche Form übertragen werden. So warnt auch Henri Lefebvre in seiner bekannten Arbeit über die *Production de l'espace* hinsichtlich des Gebrauchs von Metaphern: »...il ne s'agit pas de mots mais de l'espace et de pratique spatiale. Un tel emprunt exige un examen approfondi des relations entre espace et langage.« (Lefebvre 2000, S. 118)[5]

Bild 3.
Los Angeles River

Da nicht die Produktion der Sprache, sondern die des Raumes und der raumbezogegnen Praktiken im Mittelpunkt steht, erfordert der Gebrauch von Metaphern, das Verhältnis zwischen Raum und Sprache zu untersuchen. Dieses Verhältnis versuchte er, mit seinem Konzept der »Rhythmoanalyse« in Beziehung zu Lacans Psychoanalyse zu entwickeln. Nach Derek Gregory konzipierte er seine »Spatioanalyse« oder auch »Rhythmoanalyse« in kritischer Auseinandersetzung mit Lacan (Gregory 1997). Verband ihn mit Lacan einerseits die Bedeutung, die dieser durch die Spiegelphase dem Raum beimaß, so kritisierte er andererseits den hohen Stellenwert der Sprache. Für Lacan ermöglichte erst die Kodierung des sprachlichen Symbolischen die Verbindung mit der gesellschaftlichen Realität.

das Verhältnis zwischen Raum und Sprache

Lefebvre versuchte, dieser Abstraktion entgegenzusteuern, indem er das Symbolische in seiner Rekonst-

der städtische Raum als offenes Gefüge

ruktion des gesellschaftlichen Raumes, seiner »spatiologie architectonique«, räumlich anwendet (Gregory 1997, S. 203-231). Er bezeichnet seinen Ansatz als »spatio-analyse« oder »spatio-logie«, die den städtischen Raum weniger als »lesbar« und somit als »abstrakt« und »transparent« konzipiert denn als offenes Gefüge, das durch die sozialen Praktiken und somit den Körper produziert und begriffen werden kann: »Plus on examine l'espace et mieux on le considère (pas seulement avec les yeux et l'intellect, mais avec tous les sens et le corps total), plus et mieux on saisit les conflits qui le travaillent, qui tendent à l'éclatement de l'espace abstrait et à la production d'un espace autre.« (Lefebvre 2000, S. 450): Je mehr man den Raum nicht nur mit den Augen und dem Intellekt, sondern mit allen Sinnen und dem ganzen Körper erforscht, desto mehr werde man der Konflikte gewahr, die diesen Raum bestimmen, eine abstrakte Konzeption des Raumes zerstören und einen andersartigen Raum eröffnen.

wahrgenommener Raum

konzipierter Raum

gelebter Raum

In seiner Triade des wahrgenommenen Raumes der sozialen Praktiken, des konzipierten Raumes der Wissenschaften und des gelebten Raumes, ist es dieser dritte, der als symbolische und zeichenhafte Praktik den Zugang zur gesellschaftlichen Realität generiert: »Es ist der beherrschte und somit der passiv erfahrene Raum, den die Einbildungskraft zu verwandeln und anzupassen sucht. Er überlagert den physischen Raum, indem er dessen Bestimmung symbolisch wendet. Somit neigen diese Räume der Darstellung zu mehr oder weniger kohärenten Systemen nicht-verbaler Symbole und Zeichen.« (Lefebvre 2000, S. 49).[6]

Wie auch für Lacan ist für Lefebvre unmöglich, die Realität durch das Imaginäre zu erfassen: »Könnte es sein, dass die Realität in der Imagination begründet ist? Daß die Welt von einem Gott geschaffen wurde, der Poet oder Tänzer ist? Die Antwort heißt – zumindest für den Bereich des Sozialen – nein.« (Lefebvre 2000, S. 163).[7]

„cognitive mapping"

Auch der Literaturwissenschaftler Fredric Jameson versuchte, mit seinem Konzept des »cognitive mapping« seine Repräsentation des Gesellschaftlichen in Beziehung zu Lacans Psychoanalyse zu entwickeln. Diese Form der Kartographie soll dazu verhelfen, »dem Subjekt eine situationsgerechte Repräsentation dieser endlosen und eigentlich nicht repräsentierbaren Totalität zu ermöglichen, die die Stadtstruktur als Ganzes ausmacht« und »die imaginären Beziehungen des Subjektes zu seinen realen Existenzbedingungen« zu repräsentieren (Jameson 1986, S. 97).[8]

Bild 4.
Absperrungen in Skid Row (Los Angeles) / *Fences in Skid Row (Los Angeles)*

„time – space compression"

Mit seiner Konzeption der »Karte« bezieht sich Jameson auf das »Symbolische« Lacans, das das Verhältnis des Individuums zu der gegebenen sozialen Konvention darstellt. Jamesons »cognitive mapping« wurde besonders von Seiten der Stadtgeographie rezipiert. So verwendete David Harvey es in seiner Analyse der *Condition of Post-modernity*, um sein Konzept zunehmender »time-space compression« zu entwickeln (Harvey 1989). Edward Soja dynamisierte das Konzept. Er wendete es weniger strukturalistisch als vielmehr psychoanalytisch an und beschrieb das Verhältnis zwischen Individuum und Gesellschaft als dialektisches, indem das Subjekt zwischen dem Bestreben nach Individualität und Zugehörigkeit pendele. Somit lasse sich auch die soziale Geographie als Prozess beständiger Dezentralisierung und Rezentralisierung begreifen (Keith und Pile 1993, S. 4). Derek Gregory verwendete es, um zwischen den verschiedenen Interpretationsweisen des Städtischen als »textualities« (Lacan) oder »spatialities« (Lefebvre) zu unterscheiden (Gregory 1997, S. 140). Michael Dear nannte in seiner Analyse der *Postmodern Urban Condition* Jameson als denjenigen, der die räumliche Analyse Lefebvres für eine postmodernistische Interpretation des Städtischen »lesbar« gemacht habe (Dear 2000, S. 48-59). Somit generiert für alle Ansätze das Symbolische, sei es sprachlich oder räumlich, statisch oder dynamisch, als Repräsentation der gesellschaftlichen Gesamtheit den Zugang zum Realen.

das Symbolische als Repräsentation der gesellschaftlichen Gesamtheit

Demgegenüber gilt die Metapher als Reduktion des Ganzen, als Vereinfachung. Die Funktion, die der Metapher zugeschrieben wird, besteht zunächst darin, dass Unbekannte fassbar zu machen. Die Metapher, so Neil Smith und Cindi Katz, »works by invoking one meaning system to explain or clarify another. The first meaning system is appearently concrete, well understood, unproblematic, and evokes the familiar; in linguistic theory it is known as the ‚source domain'. The second ‚target domain' is elusive, opaque, seemingly unfathomable, without meaning from the source domain.« (Smith und Katz 1993, S. 69)

die Metapher als Vereinfachung

Die Gefahr, so Smith und Katz, bestehe darin, dass das Unbekannte auf das Bekannte reduziert werde und somit aus dem Gesichtsfeld gerate. Anders herum kann jedoch die Metapher genau den gegenteiligen Effekt hervorrufen: das scheinbar Bekannte kann sich ins Fremde verwandeln. Hier soll somit nicht die Frage gestellt werden, ob die bildhafte Repräsentation des

Bild 5.
Obdachlos in Skid Row (Los Angeles) / *Home-less in Skid Row (Los Angeles)*

Städtischen sinnvoll oder „gefährlich" ist, sondern zu welcher „Sichtweise" und „Lesart" des Städtischen die Metapher bewegen soll.

Metapher des Städtischen

Geographien der Metapher

In dem Interview zu »Questions on Geography« begründete Michel Foucault seine »obsession« für räumliche Metaphern damit, dass durch sie die möglichen Beziehungen zwischen Macht und Wissen zum Ausdruck gebracht werden könnten. Sobald das Wissen unter den Aspekten der Region, des Gebietes sowie der räumlichen Plazierung und Deplazierung analysiert werden kann, ist es nach Foucault möglich, die Prozesse zu verstehen, die Wissen als Form der Macht fungieren lassen und diese verbreiten. Indem Diskurse durch den Gebrauch von räumlichen Metaphern entziffert werden, kann der Punkt erfasst werden, an dem Diskurse in Machtbeziehungen transformiert oder durch diese verändert werden (Foucault 1980, S. 70). Indem Foucault das räumliche Ordnungssystem in das sprachliche überträgt, beabsichtigt er somit nicht, dieses zu klären. Schon früher hatte er dargestellt, dass nur im Bereich der Sprache eine sichere, »utopische«, Ordnung möglich sei, die jedoch aufbreche, sobald sich die Systeme des Räumlichen und Sprachlichen treffen:

Wissen als Form der Macht

»Die Utopien trösten; wenn sie keinen realen Sitz haben, entfalten sie sich dennoch in einem wunderbaren und glatten Raum, sie öffnen Städte mit weiten Avenuen, wohlbepflanzte Gärten, leicht zugängliche Länder, selbst wenn ihr Zugang schimärisch ist. Die Heterotopien beunruhigen, wahrscheinlich, weil sie heimlich die Sprache unterminieren, weil sie verhindern, daß dies und das benannt wird, weil sie die gemeinsamen Namen zerbrechen oder sie verzahnen, weil sie im voraus die »Syntax« zerstören und nicht nur die, die die Sätze konstruiert, sondern die weniger manifeste, die die Wörter und Sachen [...] zusammenhalten läßt. Deshalb gestatten die Utopien Fabeln und Diskurse; sie sind in der richtigen Linie der Sprache befindlich, in der fundamentalen Dimension der fabula. Die Heterotopien [...] trocknen das Sprechen aus, lassen die Wörter in sich verharren, bestreiten bereits in der Wurzel jede Möglichkeit von Grammatik.« (Foucault 1995, S. 20)

Bild 6.
Zabrisky Point, Death Valley

Dieses Konzept der Heterotopie, in dem sich »die Sprache mit dem Raum kreuzt«, erweiterte Foucault in seinen Arbeiten über »Andere Räume« (Foucault 1991, S. 66-72) und *Überwachen und Strafen*. Doch gerade die Metaphorisierung des Raumes kritisierte Baudrillard als totalisierende Sichtweise. Die Stärke der Konzeption Foucaults liege nicht darin, dass er die wahren Mechanismen der Macht aufzeige, sondern dass er sie lediglich spiegele und somit den Effekt wahrer Machtkonstellationen erst selbst erzeuge. Das Problem seiner Rekonstruktion der Techniken der Macht sei, dass sie zu perfekt sei: »zu perfekt, um wahr zu sein« (Baudrillard zitiert in Gane 1991, S. 120).

Effekt wahrer Machtkonstellationen

Die Feststellung, Foucault erforsche die Produktion von Wahrheiten, trifft sicherlich zu. In seiner Konzeption von gesellschaftlich anerkannten Wahrheiten erarbeitete Foucault die historische Entwicklung eines Konzeptes, in dem sich »Wahrheit« und räumliche Sichtbarkeit kreuzen. Diese Kreuzung entwickelt er an der Geschichtlichkeit des »Panoptikon«, der Geburt des Gefängnisses. In diesem Konzept sieht er ein Beispiel für die »Evidenz« bestimmter Einrichtungen. Die Gefängnisform, so Foucault, stellte zugleich eine Form rechtlichen wie ökonomischen Selbverständnisses dar, zu der man, trotz aller Zweifel an der Funktionalität, keine Alternative sah: »Man konnte nicht ‚sehen', wie es zu ersetzen sei.«

„Evidenz" bestimmter Einrichtungen

So konzipierte Foucault seine Geschichte gesellschaftlicher Konvention, des »Evidenten«, nicht als Lösung, sondern als »Problem« einer historischen Situation. Die Konzepte des Gefängnisses, der Klinik und der »anderen Räume«, markieren historische und geographische Momente, in denen eine Praktik der Regierung nicht mehr funktioniert und in eine andere Praktik überführt wird. Wann, so lautet die Frage, tauchen bestimmte Konzepte und Begriffe der Regierungsführung auf, wann verschwinden sie? Nach John Rajchman ging es Foucault nicht um die Rechtfertigung ethischer Prinzipien und ihrer praktischen Umsetzungen. Er zeigte, so Rajchman, wie Regierungspraktiken aufgrund mangelnder gesellschaftlicher Akzeptanz angepasst werden mussten, wie in den ethischen Betrachtungen und Praktiken die Widerstände konzipiert wurden, die überwunden werden mussten, um das Handeln der Regierung als »gut« oder »richtig« erscheinen zu lassen, es zu legitimieren (Rajchman 1988, S. 111).[9] In diesem Sinn erklärte Foucault seine Geschichtsauffassung als »Genealogie von Problemstellungen«: »I would like to do the genealogy of problems, of problématiques« (Foucault zitiert in Rajchman 1988).

Anpassung von Regierungspraktiken aufgrund mangelnder Akzeptanz

Hatten Baudrillard und de Certeau an Foucaults Konzept des Panoptismus kritisiert, es sei zu »perfekt«, so erscheint Foucaults Konzeption der Überwachung als Beschreibung des Imperfekten. Das Prinzip der Evidenz, das der Überwachung zugrunde liegt, stellt Foucault, so Rajchman, als Moment der Geschichte dar. Es sei seine Absicht, die Momente der »rupture d'évidence« aufzuzeigen, die Momente in denen das Selbverständliche der Regierungsform, als »unakzeptierbar«, »untolerierbar« zerbricht, und die Frage zu stellen, wie diese Art der »Evidenz« Form annahm. Somit ginge es ihm darum, das ungesehene Ereignis zu entdecken, das die Formation der sichtbaren Räume informierte. Die Fähigkeit, die Ereignisse zu sehen, die dazu geführt haben, Regierungspraktiken als selbstverständlich erscheinen zu lassen, ermögliche es auch, zu sehen, in welcher Weise sie unakzeptierbar werden könnten. In diesem Sinn bezeichnete Gílles Deleuze Foucault als Seher, als »voyant«. Die Bezeichnung des »Sehenden« charakterisiert keine Form »visionären« oder »utopischen« Sehens, für das eine zukünftige Gesellschaftsform transparent zu sein scheint. »A seer«, so Deleuze, »is someone who sees something not seen« (Deleuze 1986, S. 1): Foucaults Sichtweise sei eine Kunst, die ungesehenen »Evidenzen« zu entdecken, die die gesellschaftlichen Praktiken akzeptierbar, tolerierbar werden lassen.

ungesehene „Evidenzen" sichtbar machen

In diesem Sinn entspricht für Deleuze die Sichtweise Foucaults nicht der optischen Ordnung des »totalisierenden Blicks« des »Auges der Macht«, er bezeichnet Foucault als »audiovisuellen« Denker, der »dem zeitgenössischen Film außerordentlich nahe stehe« (Deleuze 1995). Als Geschichte der »Problematisierung« richte sich Foucaults „Bild des Denkens" nicht auf die gesellschaftliche Form, sei es Disziplinar-, oder Kontrollgesellschaft, sondern auf ihre Transformation.

gesellschaftliche Transformation „sehen"

Formen der Metapher

Wie schon dargelegt, kritisierte Baudrillard das Konzept des »Panoptikon« dafür, dass es ein Versuch sei, die Bedeutung der Machtmechanismen darzustellen, die dem gebauten Raum zugrundeliegen. Die Gesellschaft, so Baudrillard, werde nicht mehr durch die Produktion von Gütern gebildet, sondern durch Zeichen und Codes, die nicht mehr auf Werte, sondern nur auf sich selbst zurückverweisen. Diese Bilder, so Baudrillard, gehen ihrer Bedeutung voraus, und können nicht mehr in Form der Konzepte des Panoptikon oder des Spektakels verstanden werden. Diese Konzepte beinhalten eine Intentionalität, die das Visuelle zu anderen Zwecken, wie der Erhaltung der Macht oder des Kapitalismus, einsetzten. Die „Realität" konzipiert Baudrillard in sofern als »fiktional«, als sie nicht konstruktiv, sondern „vorgegeben" ist, indem sie zugleich der Bedeutung vorhergeht und diese vortäuscht:

Zeichen und Codes

»Die Beziehung zwischen [den identischen Objekten] ist nicht mehr die zwischen Original und Nachbildung. Die Beziehung ist weder eine Analogie noch eine Widerspiegelung, sondern Äquivalenz und Unterschiedslosigkeit. In der Serie werden die Objekte zu unbestimmten Simulacra voneinander [...] Heute wissen wir, daß der weltweite Prozess des Kapitals auf der Ebene des Reproduktion, der Mode, der Medien, der Werbung, der Information und der Kommunikation [...] in der Sphäre der Simulacra und der Codes zusammengehalten wird.« (Baudrillard zitiert in Crary 1996, S. 23f)

Bild 7.
Das „Luxor", Las Vegas /
The "Luxor", Las Vegas

Diese Entwicklung von der Repräsentation zur Simulation zeige sich darin, dass »... the scene and the mirror no longer exist; instead there is a screen and network.« (Baudrillard zitiert in Crary 1996, S. 126): Die Bühne und der Spiegel existieren nicht mehr; statt dessen gibt

Selbstreferentialität

es eine Leinwand und ein Netzwerk. Das Prinzip der Simulation ermöglicht für Baudrillard die Verwirklichung jener Ordnung, die Foucault als die «utopische« bezeichnet hatte, die Selbstreferentialität. Die Reinform eines eingelösten Utopismus, Foucaults »wunderbaren und glatten Raum«, sieht Baudrillard in Form der »ewigen Wüste« Amerikas realisiert, indem das Profanste in das Heiligste verkehrt werde. Körper, Landschaften wie auch der öffentliche Raum würden zunehmend in Szenen verwandelt, die von der permanenten Sichtbarkeit von Unternehmen, Marken, Vertretern des Sozialen, etc. besetzt werden. Eine neue Dimension der Werbung erobere alle Bereiche und lasse die „Bühne", »the scene«, des öffentlichen Raumes, die Straßen, Monumente und Märkte, verschwinden: sie »verwirklicht oder [...] materialisiert [die einstige ‚Szene'] in all ihrer Obszönität; sie monopolisiert das öffentliche Leben in ihrer Ausstellung. Nicht länger an die traditionelle Sprache gebunden, verbindet sich die Werbung mit der Architektur und der Verwirklichung von Großobjekten. [...] Dies ist unsere einzige heutige Architektur: große Leinwände, die Atome, Partikel und Moleküle in Bewegung abbilden. Kein öffentlicher Handlungsort oder Raum, sondern gigantische Räume der Zirkulation, der Ventilation und der flüchtigen Verbindungen.« (Baudrillard zitiert in Crary 1996, S. 129/130)[10]

Bild 8.
Das „Flamingo", Las Vegas / *The "Flamingo", Las Vegas*

Codes als Träger von Informationen

Wie Kim Sawchuck zeigte, ging Baudrillard nach seiner Kritik an Foucault von seiner Analyse semiotischer zu der kybernetischer Strukturen über (Sawchuk 1994, S. 89-116). Seinen Begriff des »Codes« bezog er nicht mehr auf die Codes der Zeichensysteme, sondern auf solche digitaler Systeme, die nicht mehr die Übertragung von Bedeutung, sondern von Information intendieren. Das Modell der Kybernetik ist für seine Lesart der Kommunikationsgesellschaft so leistungsfähig, dass es nicht nur eine Theorie der Information und der Kommunikation liefert, sondern alle Aspekte des Lebens, ob sie Tiere, Menschen oder Maschinen betreffen, als Mechanismen der Informationsverarbeitung betrachtet. In Baudrillards Konzeption konsumieren die Verbraucher nicht mehr länger die Codes, vielmehr verkörpern sie bis zu ihrem genetischen Material den Code. In diesem Sinn schreibt er in »The Ecstacy of Communication«, dass Individuen eher »terminals within multiple networks« seien als Akteure oder Dramaturgen eines Theaters. Diese Veränderung bezeichne den Übergang von der zweiten Ordnung der Simulation, der Produktion von Zeichen und Codes, zur dritten Ordnung der Simulation, der elektronischen Datenverarbeitung: »An die Stelle der reflexiven Transzendenz des Spiegels und der Bühne tritt eine nicht reflektierende Oberfläche, eine immanente Oberfläche, auf der sich Handlungen entfalten, der glatte, verfahrensbedingte Raum der Kommunikation.« (Baudrillard zitiert in Sawchuk 1994, S. 93).[11] Diese Kondition lässt die Unterschiede zwischen sozialen Klassen, Geschlechtern, politischen und kulturellen Unterschieden verschwinden, prägt den Zustand einer »radikalen Unentscheidbarkeit«, einen Zustand der »Implosion«.

Verbraucher verkörpern Codes

Bild 9.
Das „Venetian", Las Vegas /
The "Venetian", Las Vegas

In seinen Konzepten der »Simulation«, der »Hyperrealität« und der »Implosion« wird deutlich, dass sie alle mit einem Prinzip der Aufhebung arbeiten. So zeigt nicht nur das Prinzip des »symbolischen Tausches« der Zeichen, sondern auch das der »kybernetischen Illusion« des Codes, wie er das Prinzip der »Reziprozität« in ein Prinzip der »Reversibilität« überführt. Wie Andrew Wernick aufzeigte, bezog sich Baudrillard damit auf das Prinzip des »Geschenks« von Marcel Mauss und das Prinzip der »Verausgabung« und der »allgemeinen Ökonomie« von Georges Bataille. Mauss' Konzept des Geschenkes basierte auf der Konzeption der Gesellschaft des Soziologen Emil Durkheim, der das Soziale als »heilige« Basis ansah, die jeder Form der Gesellschaft vorausgeht. In Batailles Version bleibt

Prinzip der Aufhebung

das Prinzip des Tausches zwar enthalten, doch wird diese Grundlage entzogen (Wernick 2000, S. 6 Fußnote 13). Nach Wernick verschärft Baudrillard diese Position, indem er das Soziale als Simulation, als Tausch ohne Bedeutung konzipiert.

Tausch als Akt reiner Täuschung

Gerade indem er den Tausch zu einem Akt reiner Täuschung verkehrt, eines Aktes, der sich selbst aufhebt, entdeckt er die Stärke desselben, da dieser nicht erfasst, nicht kontrolliert werden kann. Diese Form des Sozialen findet er im Symbolischen als Inbegriff der Reversibilität: in den Metaphern von »Tausch« und »Tod«, »Scène« und »Obscène«.

mögliche Zukunfts-beschreibungen

oder

das Bezeichnende produziert das Bezeichnete

Baudrillard wurde zugleich als Gesellschaftstheoretiker, provokanter Science-Fiction Autor und als Prophet charakterisiert. Während Kellner die Arbeiten Baudrillards als mögliche Zukunftsbeschreibungen einer anti-utopischen Infomationsgesellschaft las, als «futuristic mappings«, »[which] anticipate the future by exaggerating present tendencies« (Kellner 1994, S. 13), die also die Zukunft antizipieren, indem sie gegenwärtige Tendenzen übertreiben, besteht Baudrillards Prophetie nach Wernick darin, dass sie nichts vorhersagt. Seine Prophetie sei eher die desjenigen, der mit der Idee spielt, dass das Bezeichnende das Bezeichnete produzieren könne, dass durch das Wort, oder bes-

Bild 10.
Privatflugzeuge, Las Vegas /
Private airplanes, Las Vegas

ser durch die Theorie das »mehr als reale« der Simulation überwunden werden könne. Das »Ende des Sozialen« der klassischen Soziologie bedeute für Baudrillard demnach die Abwesenheit des Konzeptes des Sozialen als solches, die die Möglichkeit einer alternativen Lösung evozieren und im Sinne Baudrillards provozieren soll (Werneck 1992, S. 69).[12]

Geographie versus Form

„fiktionaler" Charakter gesellschaftlicher Realität

Wie dargelegt wurde, konzipierten Foucault und Baudrillard den »fiktionalen« Charakter gesellschaftlicher Realität unterschiedlich. Während Foucault diesen in seinen Arbeiten zur Genealogie der »anderen Räume«, der Klinik, des Panoptikon, etc. als konstruiert, „gebildet" analysierte, konzipierte Baudrillard ihn in seinen Genealogien der Dinge, Zeichen und Codes als vorgetäuscht, „vorgegeben". Wie Mike Gane darlegte, unterschied Baudrillard zwischen zwei Kulturen, die jeweils eine eigene Form des Schreibens entwickelt hätten: die eine sei akkumulativ und auf die Produktion von Bedeutung und Macht ausgelegt, die andere symbolisch und auf die Annulierung derselben ausgerichtet. Foucault, so Baudrillard, verfolge die erstere Tradition (Gane 1991, S. 120).

Dinge sind gemacht worden

Zu seiner Konzeption des „Gebildeten", der Genealogie, formulierte Foucault, dass die Dinge, die uns umgeben, gemacht worden sind, »have been made«. Dieser Prozess ist somit revidierbar, solange wir wissen, wie sie gemacht worden sind, «they can be unmade, as long as we know, how they have been made.« (zitiert in Ransom 1997, S. 85). In diesem Sinn verwendet er auch die Metapher nicht, um Bedeutung zu konstruieren, sondern um diese zu destruieren: vergeblich, so Foucault, »spricht man das aus, was man sieht: das was man sieht, liegt nie in dem, was man sagt; und vergeblich zeigt man durch Bilder, Vergleiche, Meta-

Bedeutung von Geschehenem und Gesagtem

phern das, was man zu sagen im Begriff ist. Der Ort, an dem sie erglänzen, ist nicht der, den die Augen freilegen, sondern der, den die syntaktische Abfolge definiert«. Somit muss man »zwischen der Figur und dem Text eine ganze Serie von Überkreuzungen oder eher von wechselseitigen Attacken« unternehmen, »von Pfeilen, die gegen das gegnerische Ziel geschleudert werden, Unternehmungen des Untergrabens und der Zerstörung«, »einen Sturz von Bildern inmitten der Wörter, verbale Blitze, die die Bilder durchzucken«. Diese Form der Geschichtsschreibung Foucaults bezeichnet Deleuze als »Wahrheitsspiel« oder »Prozedur des Wahren«, sie gleicht einem Verfahren, das »im großen und ganzen aus einem Prozess und aus einem Prozedere, einer Pragmatik [besteht]. Der Prozess ist der des Sehens.« Wie schon gezeigt, impliziert für Foucault das Sehen das Tun, die Praktiken. Diese Praktiken, Prozesse und Verfahrensweisen bilden somit eine »Geschichte der Wahrheit« (Deleuze 1995, S. 90/91).

der Prozess des Sehens

Bild 11. Obdachlos in Downton San Diego / *Homeless in Downtown San Diego*

Mit seinem Konzept der Simulation als „Vorgegebenes" gesellschaftlicher Realität geht Baudrillard davon aus, dass es keine originäre Wahrheit gibt. Doch, so schlägt Wernick vor, bleibt für Baudrillard wenigstens die Wahrheit dieser Nicht-Wahrheit, »the truth of this non-truth«. In diesem Sinn interpretiert er Baudrillards Ansatz als »deconstructive simulation«, als nicht-

keine originäre Wahrheit

repräsentationale Mimesis, wie dies auch in der Untersuchung des symbolischen Tausches angelegt ist (Werneck 1992, S. 68):

»Jetzt haben wir die Simulacren der dritten Ordnung vor uns. Es gibt keine Imitation des Originals mehr wie in der ersten Ordnung, aber auch keine reine Serie mehr wie in der zweiten Ordnung: es gibt Modelle, aus denen alle Formen durch eine leichte Modulation von Differenzen hervorgehen. Nur die Zugehörigkeit zum Modell ergibt einen Sinn, nichts geht mehr einem Ziel entsprechend vor, alles geht aus dem Modell hervor, dem Referenz-Signifikanten, auf den sich alles bezieht, der eine Art von vorweggenommener Finalität und die einzige Wahrscheinlichkeit hat.« (Baudrillard 1991, S. 98)

„alles geht aus dem Modell hervor"

Bezieht sich die Frage nach dem „totalisierenden Blick", der das Unrepräsentierbare der Säkularisierung oder der Resakralisierung, der Individualisierung oder der Gesellschaft bildlich darzustellen versucht, nicht auf eine andere Frage? Hinter den Sichtweisen des Realen als „Gebildetes" und „Vorgegebenes" verbergen sich – so mein Vorschlag – unterschiedliche Konzeptionen des Abwesenden, die den städtischen Raum als Modellierung oder Modell, Formulierung oder Form, Weg oder Ziel des Sozialen konzipieren.

Konzeptionen des Abwesenden

Somit machten Foucault und Baudrillard mit ihren Konzepten des »produzierten« und des »konsumierten« Raumes die Räume des Ausschlusses und des Abfalls, die sogenannten Konversionsflächen, sichtbar. Doch diese Sichtbarkeit verweist zunächst nur auf eine weitere Unsichtbarkeit: Das Konzept der Konversion deutet zwar auf einen Funktionswandel hin, doch das Ende der Nutzung impliziert, dass man noch nicht „sehen" kann, wodurch ihre Funktion zu ersetzen sei. Die Räume der Konversion provozieren also auch eine geisti-

Räume des Ausschlusses

das Konzept der Konversion

ge Konversion: den Überzeugungswandel hinsichtlich der Konzeption des Städtischen. Aus dieser Perspektive erscheinen die Räume des Abfalls als solche der Abwesenheit, die immer schon auf historisch und moralisch andere Sichtweisen des Städtischen hinwiesen.

Bild 12.
Industriebrachen am Los Angeles River / *Industrial fringes at the Los Angeles River*

Anmerkungen

1 »Kann [das Modell der] europäische[n] Stadt heute noch Orientierung für Stadtpolitik und Stadtplanung bieten? Vielen gilt die Stadt nach wie vor als Ort kultureller Vielfalt, sozialer Integration, technologischer Innovation und ökonomischer Dynamik; für andere hat sie diese Funktionen längst verloren und löst sich in die Region auf.« Becker et al. 1998, S. 10. Der Text in Klammern entspricht dem Klappentext.

2 »Unsere Gesellschaft ist nicht eine des Schauspiels, sondern eine Gesellschaft der Überwachung. [...] Wir sind nicht auf der Bühne und nicht auf den Rängen. Sondern eingeschlossen in das Räderwerk, das wir selbst in Gang halten«. Foucault 1994, S. 278-79

3 »[...] as long as there is alienation, there is spectacle, action, scene. It is not obscenity – the spectacle is never obscene. Obscenity begins precisely when there is no more spectacle, no more scene, when all becomes transparence and immediate visibility, when everything is exposed to the harsh and inexorable light of information and communication.« Baudrillard 1999, S. 130

4 »If the critique of realism has taught us anything, it is surely that the process of representation is constructive not mimetic, that it results in ‚something made,' a ‚fiction' in the original sense of the word.« Dazu Fußnote: »Ethnograhies are fictions, in the sense that they are ‚something made', ‚something fashioned' – the original sense of fictio – not that they are false, unfactual, or merely ‚as if' thought experiments.« Derek Gregory 1994, S. 8

»Fiktion aus lat. fictio ‚Bildung, Gestaltung, Erdichtung' (zu lat. fingere, fictum, ‚bilden, erdichten, vorgeben', s. fingieren) entlehnt.« Etymologisches Wörterbuch des Deutschen, Berlin 1995, S. 342

»Fingieren ‚erdichten, vortäuschen, unterstellen', Entlehnung aus lat. fingere ‚bilden, ersinnen, erdichten, vorgeben, etw. annehmen'. Der Gebrauch folgt der lat. Vorlage; ‚erdichten' (16. Jhd.), ‚vorgeben, simulieren' (Anfang 17. Jhd.)« Etymologisches Wörterbuch des Deutschen, Berlin 1995, S. 345

5 »...es handelt sich nicht um Worte, sondern um den Raum und raumbezogene Praktiken. Eine solche Anleihe erfordert eine vertiefte Untersuchung der Beziehungen zwischen Raum und Sprache.« Lefebvre 2000, S. 118

6 »C'est l'espace dominé, donc subi, que tente de modifier et approprier l'imagination. Il recouvre l'espace physique en utilisant symboliquement ses objets. De sorte que ces espaces de représentation tendraient [...] vers des systèmes plus ou moins cohérents de symboles et signes non verbaux.« Lefebvre 2000, S. 49.

7 »La réalité aurait-elle pour fondement l'imaginaire? Un dieu poète, un danseur, aurait-il crée ce monde? Non. Du moins dans le social.« Lefebvre 2000, S. 163

8 Hiermit greift Jameson ein Konzept Kevin Lynchs auf, das dieser als Instrumentarium der Stadtwahrnehmung entwickelt hatte (Lynch 1960). Lynch hatte seine Kartographie im Hinblick auf eine phänomenologische Wahrnehmung der Stadt konzipiert.

9 »the ways [ethical thought and practice] had conceived of the obstacles one must overcome to be good or do right, the ways it had rationalized a way of dealing with what it saw as wrong, sinful, or evil.« Rajchman 1998, S. 111

10 »It realizes, or [...] it materializes in all its obscenity; it monopolizes public life in its exhibition. No longer limited to its traditional language, advertising organizes the architecture and realization of superobjects [...]. It is our only architecture today: great screens on which are reflected atoms, particles, molecules in motion. Not a public scene or true public space but gigantic spaces of circulation, ventilation and ephemeral connections.« Baudrillard zitiert in Crary 1996, S. 129/130

11 »In place of the reflexive transcendence of mirror and scene, there is a nonreflecting surface, an immanent surface where operations unfold — the smooth operational space of communications.« Baudrillard zitiert in Sawchuk 1994, S. 93

12 »[...] somebody who toys with the idea, that the signifier can produce the signified; that through the Word (or rather: through the seductive wiles of a game in which theory challengens the more-than-real to the duel to the death) these impossibles are made flesh.« Wernick 1992, S. 69

Literatur

Baudrillard J (1991) Der symbolische Tausch und der Tod, München

Baudrillard J (1999) The Ecstasy of Communication. In: Foster H (Hrsg) The Anti-Aesthetic: Essays on Postmodern Culture. Port Townsend, Washington

Becker H, Jessen J, Sander R (Hrsg) (1998) Ohne Leitbild? Städtebau in Deutschland und Europa, Stuttgart, Zürich

Best S, Kellner D (1997) The Postmodern Turn. New York

Boyer C (1994) City of Collective Memory, Cambridge, Mass.

de Certeau M (1988) Kunst des Handelns, Berlin. 1. Ausgabe Paris 1980

Crary J (1996) Techniken des Betrachters. Sehen und Moderne im 19. Jahrhundert. Dresden, Basel

Davis M (1994) City of Quartz. Berlin, Göttingen. 1. Auflage London, New York 1990

Dear MJ (2000) The Postmodern Urban Condition. Oxford, Malden

Debord G (1996) Die Gesellschaft des Spektakels, Berlin. 1. Auflage Paris 1967

Deleuze G (1986) An Interview with Gilles Deleuse. History of the Present

Deleuze G (1995) Foucault. Frankfurt/M

Deleuze G, Guattari F (1997) Tausend Plateaus. Kapitalismus und Schizophrenie. Berlin

Foster H (Hrsg) (1999) The Anti-Aesthetic: Essays on Postmodern Culture. Port Townsend, Washington

Foucault M (1977) L'Oeil du Pouvoir, veröffentlicht als Vorwort zu Jeremy Bentham, Le Panoptique, Paris

Foucault M (1980) Questions on Geography. In: Gordon C (Hrsg) Power / Knowledge, New York

Foucault M (1991) Andere Räume. In: Prigge W, Wentz M (Hrsg) Stadt-Räume. Frankfurt, Vortrag 1967. 1. Auflage: »Des espaces autres« in: Architecture-Mouvement-Continuité, 1984

Foucault M (1994) Überwachen und Strafen. Die Geburt des Gefängnisses. Frankfurt/M, 1. Auflage Paris 1975

Foucault M (1995) Die Ordnung der Dinge, Frankfurt/M

Gane M (1991) Baudrillard: Critical and Fatal Theory, London

Gibson J,Graham K (1997) Postmodern Becomings: From the Space of Form to the space of Potentiality. In: Benko G, Strohmayer U (Hrsg) Space and social theory. Interpreting modernity and postmodernity. Oxford, Malden

Gregory D (1994) Geographical Imaginations, Cambridge, Mass., Oxford

Gregory D (1997) Lacan and Geography: the Production of Space Revisited. In: Benko G, Strohmayer U (Hrsg) Space & Social Theory. Interpreting Modernity and Postmodernity. Oxford, Malden

Harvey D (1989) The Condition of Postmodernity. An Enquiry into the Origins of Cultural Change, Cambridge, Mass.

Harvey D (1997) The Spaces of Utopia: The City of the 21st Century. Vortrag Staatsbibliothek zu Berlin, 8. Juli 1997

hooks b (1991) Yearning: Race, Gender and Cultural Politics. London

Jacobs J (1961) The Death and Life of Great American Cities. New York

Jameson F (1986) Postmoderne—Zur Logik der Kultur im Spätkapitalismus. In: Huyssen A, Scherpe K (Hrsg) Postmoderne. Zeichen eines kulturellen Wandels. Reinbek bei Hamburg, S. 45-102

Jarvis B (1998) Postmodern Cartographies: The Geographical Imagination in Contemporary American Culture. New York

Jay M (1993) Downcast Eyes. The Denigration of Vision in Twentieth-Century French Thought. Berkeley

Keith M, Pile S (Hrsg) (1993) Place and the Politics of Identity. London, New York

Kellner D (Hrsg) (1994) Baudrillard: A Critical Reader, Cambridge, Mass.

Lefebvre H (1991) The Production of Space. Oxford, Cambridge, Mass.

Lefebvre H (2000) La production de l'espace. Paris, 1. Auflage Paris 1974

Lynch K (1960) The Image of the City. Cambridge, Mass.

Mumford L (1961) The City in History. New York

Neumeyer F (2001) Dem Verschwinden der Stadt entgegengedacht. In: Stimmann H (Hrsg) Von der Architektur- zur Stadtdebatte: die Diskussion um das Planwerk Innenstadt. Berlin, S. 29-35

Prigge W (Hrsg.) (1998) Peripherie ist überall. Frankfurt/Main, New York. Peripherie oder Neue Stadt, Konferenz Bauhaus Dessau 1997

Rajchman J (1988) Foucault's Art of Seeing. October 44: 89-117

Ransom JS (1997) Foucault's Discipline. The Politics of Subjectivity. Durham, London

Relph E (1991) Post-modern geographies. Canadian Geographer 35: 98-105

Sawchuk K (1994) Semiotics, Cybernetics, and the Ecstacy of Marketing Communications. In: Kellner D (Hrsg) Baudrillard: A Critical Reader, Cambridge, Mass.

Schückhaus U (1998) In: Becker H, Jessen J, Sander R, Ohne Leitbild? Städtebau in Deutschland und Europa, Stuttgart, Zürich, S. 149

Sieverts T (1997) Zwischenstadt. Zwischen Ort und Welt, Raum und Zeit, Stadt und Land, Braunschweig, Wiesbaden

Smith N, Katz C (1993) Grounding Metaphor. Toward a Spatialized Politics. In: Keith M, Pile S (Hrsg) Place and the Politics of Identity. London, New York

Soja EW (1995) Postmoderne Urbanisierung. Die sechs Restrukturierungen von Los Angeles. In: Fuchs G, Molttmann B, Prigge W (Hrsg) Mythos Metropole, Frankfurt/M, S. 143-164

Soja EW (1996) Thirdspace – Journeys to Los Angeles and Other Real-and-Imagined Places. Cambridge, Mass.

Soja EW (1997) Planning in/for Postmodernity. In: Benko G, Strohmayer U (Hrsg) Space & Social Theory. Interpreting Modernity and Postmodernity. Oxford/Malden, S. 236-249

Sorkin M (1992) See you in Disneyland. In: Sorkin M, Variations on a Theme Park. New York, S. 205-232

Wernick A (1992) Post-Marx: Theological Themes in Baudrillard's America. In: Berry P, Wernick A (Hrsg) Shadow of Spirit. Postmodernism and Religion. London

Wernick A (2000) From Comte to Baudrillard: Socio-Theology After the End of the Social. Theory, Culture & Society 17:6, Fn 13

Zukin S (1991) Landscapes of Power: From Detroit to Disney World. Berkeley, Los Angeles

Stadt als Wildnis

Boris Sieverts

Boris Sieverts erkundet seit mehr als Jahren systematisch Stadtränder von Metropolen und Zwischenräume in Ballungsgebieten zur fotografischen Dokumentation und zur Ausarbeitung mehrtägiger Gruppenreisen. Dabei stößt er immer wieder auf erstaunlich „wilde" landschaftliche und soziale Ereignisse. Zwischen diesen landschaftlichen und sozialen Ereignissen besteht ein struktureller ebenso wie ein bedürfnisorientierter Zusammenhang, der in Zeiten zunehmender sozialer Deregulierung von wachsender Bedeutung ist.

Since six years, Boris Sieverts explores in a systematic way suburban and interurban spaces within metropolitan areas to record them photographically and to prepare group excursions. Regularly he encounters bewildering and bizarre landscapes and specific social events that take place in these landscapes. It appears that there is a structural link between landscape and social events in both a structural way and in a way that addresses the specific needs of the people. In times of increasing social deregulation, this link seems to gain both momentum and importance.

Lärmschutzwäldchen, ehemalige Deponien und Bauerwartungsland sind die Freelancer und Schwarzarbeiter des Flächennutzungsplans: deregulierte Verhältnisse brauchen deregulierte Geographie

undefinierte Räume im Flächennutzungsplan

Lärmschutzwäldchen, ehemalige Deponien und Bauerwartungsland sind typische Vertreter des in Ballungsgebieten üblichen Flächenpatchworks. Innerhalb dieses Patchworks stellen sie drei von vielen Sorten undefinierter Räume dar. Undefinierte Räume nenne ich all jene Räume, die im Flächennutzungsplan entweder keine Widmung erhalten haben oder deren offizielle Widmung nicht an ihrer Gestalt ablesbar ist.

Die Abwesenheit oder Nichtablesbarkeit von geplanter Widmung geht einher mit Abwesenheit von vorgedachter Gestalt, mit nicht erkennbarer Besitzzuordnung und häufig auch mit ebenfalls nicht vorhandener oder zumindest nicht auf den ersten Blick erkennbarer Aneignung.

Ballungsgebiete als Brachflächen

Verwendet man diese Kriterien für eine erweiterte Definition von Brache, so bestehen große Teile städtischer Peripherien aus Brache. Unsere Ballungsgebiete – im großen Maßstab betrachtet – sind dann ebenfalls als Brache deutbar, da sie weder gestalterisch entworfen sind, noch sie sich jemand als großes Ganzes – wie z. B. in Form einer Corporate-Identity beim City-Management der Innenstädte oder als geographische Einheit bei Ausflugsgebieten – geistig aneignet. So gesehen sind die Flächen, die auch in kleinerem Maßstab diese Kriterien erfüllen – also das, was gewöhnlich Brache genannt wird –, Stellvertreter für die Landschaften, in denen sie sich häufig befinden. Deshalb muss der Versuch einer neuen Sichtweise auf Phänomene, die bisher mit den Begriffen „Zersiedelung", „Naturzerstörung", „Landschaftsraubbau", „Formlosigkeit" denunziert wurden, am Umgang mit Brachen ansetzen. (Natürlich sind Brachen – auf der mittleren Ebene ihrer „Nachbarschaften" betrachtet – Leerstellen oder Löcher. Dieser Doppelcharakter von Leerstelle und Stellvertreter macht sie so vielschichtig.)

Die diffusen Räume unserer Ballungsgebiete sind für die meisten Menschen zeichenlos. Dem ungestalteten Raum wurden keine expliziten Zeichen für seine Lesbarkeit gegeben und die Nutzung dieser Räume ist auf den ersten Blick so bezugslos zu dem Ort, an dem sie stattfindet (Pendlertum, Schlafstädte, Baumärkte), dass auch von dieser Seite keine den Ort unverwechselbar kennzeichnenden Zeichen entstehen. Wenn überhaupt Zeichen gesehen werden, dann sind sie also austauschbar – das heißt, der Ort bleibt anonym (MC DRIVE). Daneben gibt es noch negativ besetzte Zeichen, wie arbeitslose Jugendliche, nach Einbruch der Dunkelheit leere Straßen und Autobahnlärm.

Pendeln
Schlafen
Kaufen

Ich werde versuchen, den tatsächlichen Zeichenreichtum solcher Gegenden aufzuzeigen, wobei auch die Zeichen (und Ereignis)armut der Peripherie als charakteristisches Merkmal – das dem Ort besondere Aufenthaltsqualitäten verleiht – verstanden werden kann. In diesem Falle flottieren die Ereignisse – wie Planeten in den Vorspannen von *science fiction*-Filmen – frei im Raum. Einer davon ist man selber. (Das ist die Empfindung, die sich einstellt, wenn man zwar lange genug vor Ort ist, um überhaupt ein Aufenthaltsbewusstsein zu entwickeln – also das Transitstadium überwunden hat –, aber noch nicht so lange, dass eine Verdichtung der Informationen – durch Absinken der Reizschwelle einerseits und Erschließung neuer Informationsfelder andererseits – stattgefunden hat.)

flottierende Ereignisse

Ich werde den tatsächlichen Zeichenreichtum solcher Landschaften am Beispiel des mir besonders gut bekannten Gebietes zwischen Bonn, Leverkusen,

Bergisch-Gladbach und Bergheim aufzeigen, dann aber von der Semiotik weitgehend absehen und über die Bedeutung dieser scheinbar diffusen Räume für die Industriegesellschaft des neuen Jahrtausends sprechen. Auch diese Argumentation ließe sich wahrscheinlich semiotisch führen, aber ich habe es vorgezogen, dieser Bedeutung auf einer strukturellen – und eher abstrakten – Ebene einerseits und auf einer an individuellen Biografien und den daraus hervorgehenden Bedürfnissen orientierten Ebene andererseits nachzugehen.

zeichenreiche Peripherien, Zwischenstädte, Brachen

„Lärmschutzwäldchen, ehemalige Deponien und Bauerwartungsland sind die Freelancer und Schwarzarbeiter des Flächennutzungsplans" – „deregulierte Verhältnisse brauchen deregulierte Geographie"

Viele Lärmschutzwäldchen offenbaren, wenn man sie betritt, eine erstaunliche räumliche, atmosphärische und erzählerische Dichte. Als Ergänzung zu benachbarten Siedlungen, zu deren Schutz sie gepflanzt – oder, besser noch – stehengelassen wurden, dienen Lärmschutzwäldchen als Abenteuerspielplatz, Müllabladestelle, Rückzugsort für sexuelle Erfahrungen. Jeder Ast in erreichbarer Höhe ist abgebrochen und jeder auf dem Boden liegende Ast mindestens fünf mal durchgetreten; alte Bombenkrater sind, mit Europaletten und Ästen bedeckt, zu Höhlen ausgebaut. Der Rohstoff für diese Baumaßnahmen kommt, außer von den Bäumen, aus den an der Straße gelegenen Randbereichen des Wäldchens, in denen Sperrmüll abgelegt wird; wer auf die Anwesenheit der Zeitschriften „Coupé" und „Happy Weekend" eine Wette abschließt, wird sie wahrscheinlich gewinnen. Benutzte Kondome findet man seltener.

Lärmschutz und seine erzählerische Dichte

Das Gelände ist durchzogen von Trampelpfaden verschiedener Größenordnung. Soziologen nennen diese Zonen die Schweifzonen. Gelegentlich sind durch das Fällen kleiner Bäume Lichtungen entstanden, die als

Grillplatz dienen. Der Grillplatz besteht aus der Feuerstelle, mit Verkündungen gezierten Bäumen und einer Grube, in der leere Bierdosen gesammelt werden.

Neben den Schweifzonen gibt es die Rückzugsgebiete. Außer den genannten Höhlen in Bombenkratern, deren Standorte, weil nicht frei wählbar, meist ungünstig liegen, gibt es hier – ebenfalls aus Sperrmüll gezimmerte – Hochbauten, die jeweils einen Sommer bestehen. Sie werden anschließend von verfeindeten Gruppen oder von Schnee, Regen und Wind zerstört. Diese Rückzugsbauten stehen niemals im relativ lichten Wald der Schweifzone, sondern immer in weniger einsichtigen, buschigeren Randzonen des Wäldchens, also zum Beispiel in freigeschlagenen Innenräumen innerhalb des Streifens aus dichtem Brombeergestrüpp, der sich zwischen Wäldchen und Garagenhof samt Parkplatz befindet. So wie der Rand der Siedlung, also das Wäldchen, einen Rückzugsort darstellt, so stellt innerhalb des Wäldchens auch dessen Rand, das Brombeergestrüpp, einen noch intimeren Rückzugsort dar.

Schweifzonen, Bombenkrater Rückzugsbauten

Ehemalige Deponien haben meist eine bewegte Topographie. Die verschiedenen Verfüllmaterialien haben sich im Laufe der Jahre verschieden stark gesetzt und eine Buckellandschaft hinterlassen. Auf den von LKW-Ladung zu LKW-Ladung variierenden Materialien haben, auf kleinstem Raum, verschiedenste Pflanzengesellschaften zusammengefunden. Durch die hohe Anzahl an unterschiedlichen Eindrücken, die man bei ihrer Durchquerung erfährt, hält man diese Flächen anschließend meist für viel größer, als sie es tatsächlich sind. Ähnlich wie bei den Wäldchen führt ihre hohe Informationsdichte, in diesem Fall durch die Flora vermittelt, zu subjektiver Vergrößerung. Versucht man später, diese Flecken auf der topographischen Karte wiederzufinden, so ist man oft überrascht über ihre tatsächliche Winzigkeit.

Müll, Senken, Ruhe

Stille in Senken

Deponien sind, fast ausnahmslos, in vorangegangenen Gruben – häufig Lehmgruben für Ziegeleien und Kiesgruben für Beton- und Straßenbau – angelegt worden. Dadurch bilden sie in der Mehrzahl, auch heute noch, Senken. Die abgesenkte Lage verstärkt den Effekt räumlicher und atmosphärischer Geschlossenheit. Tatsächlich sind ihre tiefsten Stellen oft die Einzigen, an denen das allgegenwärtige Rauschen der umgebenden Autobahnen verstummt.

Weite, Nähe, Bauerwartung

Bauerwartungsland verdankt seine räumliche und atmosphärische Besonderheit seiner Lage. Häufig ist es Ackerland oder ehemaliges – jetzt brachliegendes – Ackerland, also Wiese, an der sich der alte Acker noch ablesen lässt. Durch seine Lage in direkter Nachbarschaft von – häufig auch ringsum umgeben von – Wohn- und Gewerbegebieten, vermittelt Bauerwartungsland einen überraschenden Eindruck von Weite.

„Millionenacker"

Der sogenannte „Millionenacker" in Köln-Ostheim – zu einer Seite flankiert von einer Einfamilienhaussiedlung aus dem dritten Reich, zur anderen von 13-geschossigen Wohnhochhäusern aus der Zeit um 1970 – ist, aus dem Wäldchen kommend, das den Ostheimer Schützenverein beherbergt, eine räumliche Offenbarung. Wie in F.K.-Wächter-Zeichnungen aus den 70er-Jahren erheben sich im Abendlicht jenseits des Ackers die Silhouetten des sozialen Brennpunkts Gernsheimerstraße und die, in ihrer ideologischen und gestalterischen Einfältigkeit fast schon anrührenden Haus-vom-Nikolaus-Architekturen der Nazis.

Vorstadtszenerien

Die Beschreibungen von Vorstadtszenerien ließen sich unendlich fortsetzen. Als typische, weil besonders häufig vorkommende Vertreter seien hier noch genannt: Kiesgruben, aufgegebene Gärten, für große Verkehrsplanungen freigehaltene Flächen – besonders interessant, weil linear –, die fließenden Grünräume in mehrgeschossigen 50er-Jahre-Siedlungen, aufgegebene Industriestandorte und natürlich – besonders am Niederrhein – die großen Überschwemmungswiesen.

All diese Orte zeichnet aus, dass ihr augenblicklicher Charakter ihre Widmung im Flächennutzungsplan, sofern eine existiert, nicht erkennen läßt.

- Das Wäldchen verdankt zwar seine Existenz, nicht aber seine besondere Qualität, der Funktion Lärmschutz.
- Die ehemalige Deponie harrt der ausreichenden Setzung ihrer Verfüllmaterialien – ca. 30 Jahre. Dabei hat sie den Charakter einer Oase und Mikrolandschaft angenommen, der sie vollendet und endgültig erscheinen lässt.
- Der Millionenacker ist – in seiner Lage und Eigenart – ebenfalls so vollkommen, dass man sich der Weite, die er auf kleiner Fläche subjektiv vermittelt, anvertraut wie der Weite berühmter heroischer Landschaften. Auch diese Qualität ist noch in keinen Flächennutzungsplan eingeflossen.

„Lärmschutzwäldchen, ehemalige Deponien und Bauerwartungsland sind die Freelancer und Schwarzarbeiter des Flächennutzungsplans"

Ballungsgebiete und Patchworkbiografien

Zwischen dem Patchworkcharakter von Ballungsgebieten und den zunehmenden Patchworkbiografien in den westlichen Industrienationen besteht nicht nur eine strukturelle Ähnlichkeit, sondern auch ein ursächlicher und bedürfnisorientierter Zusammenhang. Ich werde versuchen, diese Zusammenhänge zu skizzieren. Da es sich um eine Gedankenskizze handelt, sind die Sprünge stellenweise etwas grob. Ich bitte, das zu entschuldigen.

Industrialisierung und Fragmentarisierung

Spätestens mit der Industrialisierung begann die – alle modernen Gesellschaften kennzeichnende – physische und organisatorische Fragmentarisierung großer Zusammenhänge, die religiöse Mythen und eine starre Gesellschaftsordnung, die dem Einzelnen seinen Platz wies, bis dahin gestiftet hatten. Unter anderem Lohnarbeit und Geldwirtschaft auf der organisatorischen und Eisenbahnanlagen und riesige geschlossene Fabrikkomplexe auf der physisch-geographischen Seite waren Ausdruck dieser Fragmentarisierung.

die Welt als Einheit

Sozialismus, fordistische Gesellschaft und unser Wohlfahrtsstaat waren auch Versuche, dem Einzelnen oder der Gruppe die Welt, wenn schon nicht räumlich, so doch in der Zeit – in Gestalt eines Lebensentwurfsangebots – wieder zu einer Einheit zu fügen.

räumlich-topographische Fragmentarisierung

Während die lebensentwurfliche Fragmentierung der großen Zusammenhänge durch diese Konstruktionen einen gewissen Aufschub erhielt, schritt die räumlich-topographische Fragmentarisierung unaufhörlich voran. Was meistens als Umweltzerstörung angeprangert wird, ist, wertfrei betrachtet, der räumlich-materielle Ausdruck des Zerfalls der Einen Welt. Das Ende des Sozialismus im Ostblock, das Ende der fordistischen Gesellschaft in den USA und das Ende des Wohlfahrtsstaates in den europäischen Industrienationen fallen nicht zufällig in den selben Zeitraum. Die große Täuschung konnte sich nicht länger halten. Jetzt ziehen die Biografien und die lebensweltlichen Einheiten in ihrer Fragmentarisierung mit den räumlichen und topographischen Einheiten gleich.

Ende der großen Täuschung

Ironischerweise setzt dieser Prozess zu einem Zeitpunkt ein, da sich, zumindest in den westlichen Industrienationen, der räumlich-topographische Fragmentierungsprozess aufgrund veränderter Produktionsbedingungen verlangsamt und stellenweise sogar umkehrt (Internationale Bauausstellung Emscherpark als Beispiel einer physischen Wiederherstellung räumlich-topographischer Zusammenhänge).

Diese Phasenverschiebung in der Entwicklung der lebensentwurflichen Zusammenhänge einerseits und der räumlich-topographischen Zusammenhänge andererseits ist der Preis, den wir für die Täuschung bezahlen. Ohne die Phasenverschiebung wäre uns die sogenannte Umweltzerstörung nämlich niemals als die Kehrseite der Entwicklung erschienen, sondern als ihr Spiegelbild. Wir hätten dieses Spiegelbild befragen können. Diese Befragung hätte uns zum einen die Möglichkeit der Korrektur gegeben, zum anderen wären wir heute mit dem Spiegelbild allemal vertrauter als wir es jetzt mit der Kehrseite sind. So aber bemühen wir uns um eine physische Wiederherstellung von räumlich-topographischen Zusammenhängen zu einem Zeitpunkt, da unser eigenes Leben immer patchworkartiger wird, anstatt das vor uns ausgebreitete – an seinen markantesten Punkten vollständig entfaltete – Patchwork erst einmal nach seinen Qualitäten zu befragen und danach, wie es sich darin leben lässt.

Umweltzerstörung

Kehrseite der Entwicklung

oder

Spiegelbild ?

Die physische Wiederherstellung der räumlichen und topographischen Einheit beraubte den Einzelnen auch der Möglichkeit, anhand dieses konkreten und höchst greifbaren Patchworks die Fähigkeit des Fügens durch genaues Hinsehen, Interpretation und Erkennen von Zusammenhängen auf bis dahin nicht bedachten Ebenen zu trainieren – eine Fähigkeit, die er mehr und mehr brauchen wird, soll ihm sein eigenes Leben nicht in tausend Stücke zerfallen.

Patchwork aus tausend Stücken

Wichtiger als die physische Herstellung von räumlich-topographischer Einheit – Landschaft – wäre also die Anleitung zum Erfassen des Patchworks als Gesamtheit. Dass wir, von der Phase der Produktionsweise, in der wir uns befinden, her gesehen, die Möglichkeit haben, dieses Patchwork physisch zu einer Einheit zurückzuführen, heißt nicht, daß wir das auch tun sollten. Durch die genannte Phasenverschiebung zwischen der lebensentwurflichen und der räumlich-topographischen Entwicklung brauchen wir dieses Patchwork

Patchwork als Gesamtheit

Schönheit im Chaos

gerade jetzt. An ihm können wir sowohl die Fähigkeit des Fügens – und bestimmte Wahrnehmungsweisen, die nötig sind, um dem Chaos Schönheit zu entlocken – trainieren, als uns auch mit besonderen Befindlichkeiten wie Desorientierung und Fremdheit vertraut machen.

Ausgleich ohne Wohlfahrtsstaat

Patchworktopographien sind in Zeiten sozialer Deregulierung, abnehmender Vollbeschäftigung, Schrumpfung des sozialen Wohnungsbaus, Wachstum des sozialen Gefälles etc. nicht nur quasi therapeutisch wichtig, sondern sie bieten auch tatsächlich die Räume, in denen Ausgleich ohne Wohlfahrtsstaat möglich ist. Durch die Komplexität patchworkartiger Gebiete werden Teile dieser Gebiete dem sonst allgegenwärtigen Gesetz der Maximierung der Grundrente – zumindest vorübergehend – entzogen. Dadurch wird es hier möglich, auf vergleichsweise einfache Art lebensweltliche Einheiten herzustellen. Häufig sind diese mit landwirtschaftlicher Subsistenzwirtschaft, Selbstbau an Haus und Hof und der Einrichtung von Nebenerwerbsmöglichkeiten – wie z.B. Autowerkstätten, Hundezucht etc. – verbunden.

jenseits der Ringstraßen

Bewegt man sich in einem bestimmten Umkreis um Köln herum, so hat man nach kurzer Zeit das Gefühl, den Kulturkreis gewechselt zu haben. Wenn man sich abseits der Ringstraßen und der Ausfallstraßen – die das Kölner Erschließungsraster bilden – bewegt, begegnet man in diesem Umkreis vielfach Lebensweisen, die an solche halbindustrialisierter Schwellenländer erinnern. Was zunächst nach Ghettobildung und asozialen Verhältnissen aussieht, entpuppt sich bei näherem Hinsehen oft als frei gewählte Existenz. Hier bieten sich Möglichkeiten selbstbestimmten Lebens, für die stadteinwärts wie stadtauswärts sonst kein Platz ist. Hiermit meine ich nicht die abgeschmackte Laubenromantik des fordistischen Zeitalters, sondern kom-

Möglichkeiten selbstbestimmten Lebens

plexere und eindrucksvollere Phänomene. Als Beispiele habe ich hierfür die illegale Siedlung am Heckpfad in Köln-Weidenpesch und die ehemalige Obdachlosensiedlung Alter Deutzer Postweg zwischen Köln-Ostheim und Köln-Vingst gewählt:

Siedlung ohne Baugenehmigung

Die illegale Siedlung am Heckpfad besteht aus knapp 90 Häusern. Diese Häuser wurden sämtlich ohne Baugenehmigung errichtet. Das Land, auf dem sie stehen, ist offiziell als Gartenland deklariert. Die Bewohner zahlen Pacht für das Land. Die Häuser sind ihr Eigentum. Gelegentlich zahlt der eine oder andere ein Bußgeld für illegales Bauen, aber das kommt selten vor und ist außerdem meist schon im Baupreis einkalkuliert gewesen. Die Parzellen sind 200 bis 700 m^2 groß, davon 80% zwischen 250 und 350 m^2. Im Laufe von 50 Jahren wurden einige Häuser von 30 auf über 300m^2 Wohnfläche vergrößert.

unbekannt in einer Kaltluftschneise

Die Siedlung am Heckpfad ist den meisten Kölnern – auch Weidenpeschern – unbekannt, obwohl sie eine der größeren Siedlungseinheiten im Kölner Norden darstellt. Sie liegt mitten in einem Landschaftsschutzgebiet, das zugleich Teil einer Kaltluftschneise in die Kölner City ist. Die Siedlung ist umgeben von Friedhof, Güterbahnhof, Schrottplätzen, aufgegebener Kiesgrube und ehemaliger Ford-Deponie. In ihrer näheren Umgebung befinden sich außerdem noch ein Pferdeschutzhof, eine Zigeunersiedlung, diverse „geschützte Landschaftsbestandteile" auf ehemaligen Deponien, die Gleise der Gürtelbahn, die vom Niehler Hafen ins Braunkohlengebiet führt, und mehrere Äcker.

Ursprung: Wohnungsnot

Die Siedlung hat ihren Ursprung in der Wohnungsnot des zerstörten Nachkriegs-Köln, als einige Familien – besonders Kinderreiche und Ostvertriebene – von einem Bauern Land pachteten und sich auf ihren Parzellen provisorische Baracken errichteten. Nach und nach befestigten sie diese Baracken und bauten an. Die Stadtverwaltung duldete dies zunächst, weil es sie von der Aufgabe entlastete, diesen Familien Wohnraum zur Verfügung zu stellen. Als in den sechziger Jahren der Wiederaufbau des Wohnungsbestandes abgeschlossen war, war die Siedlung so breit gewachsen, dass allein ihre Größe einen Abriss – wie er damals viele vergleichbare Siedlungen ereilte – unrealistisch machte, weil man, selbst jetzt, nicht ohne Weiteres für 400 Bewohner neuen Wohnraum zur Verfügung stellen konnte. Andere Faktoren – wie die komplizierten Eigentumsverhältnisse und häufige Wechsel der Widmungen des Geländes im Flächennutzungsplan – trugen zum Fortbestand der Siedlung bei.

erst geduldet, dann zu groß für eine Räumung

Seit 50 Jahren ist diese Siedlung so etwas wie eine Insel im Wohlfahrtsstaat. Zwar gibt es auch hier Sozialhilfeempfänger und Langzeitarbeitslose, aber hier zu wohnen hat von jedem Bewohner Eigeninitiative und Risikobereitschaft gefordert, da hier jeder – erstens – für sein Haus hundertprozentig verantwortlich ist und – zweitens – nie weiß, ob der Pachtvertrag verlängert wird. Das heißt, hier waren – zumindest, was die Wohnverhältnisse anging – sowohl der Wohlfahrtsstaat als auch das normalerweise mit Hausbau verbundene Prinzip der Wertsteigerung parallel zur Grundrente außer Kraft gesetzt. Diese Bedingungen zogen einen Menschenschlag an, für den das, was für den bürgerlichen Mittelstand heute die Bedrohung der Möglichkeit des freien Falls ist, stets eine Selbstverständlichkeit war. Insofern ist diese Siedlung – nachdem sie 50 Jahre lang die Ausnahme von der Regel bildete – heute eines der wenigen lebendigen und – aufgrund ihres Alters auch reifen – Studienobjekte in unseren Breiten für etwas, was irgendwann einmal ein Normalfall sein könnte (Stichwort: Amerikanisierung der Verhältnisse).

eine Insel im Wohlfahrtsstaat

reifes Studienobjekt

Das allgegenwärtige und in allen Maßstäben vorhandene Strukturelement der Siedlung Heckpfad und ihrer Umgebung ist das Patchwork. Diese Patchworkstruktur beginnt bei den Biografien der Bewohner, drückt sich aus in der Architektur

Patchwork als Strukturelement

und setzt sich fort in der näheren und weiteren Umgebung der Siedlung.

neue Identität im Patchwork

Die ersten Siedler waren Flüchtlinge aus Schlesien, Böhmen und Ostpreußen, die hier ihre gewohnte ländliche Lebensweise mit Arbeit in der Stadt verbinden konnten. Da sie in ihren in der alten Heimat erlernten Berufen hier zumeist keine Arbeit fanden, fingen sie als Ungelernte an und bastelten sich – im Laufe von Jahrzehnten – eine neue Identität. Dabei gab die Arbeit am eigenen Haus und Garten der neuen Lebenskonstruktion materielle Substanz.

Komfortangebot überzeugte nicht

Die Ostflüchtlinge kamen von 1950 bis 1963. Sie stellten Mitte der 60er Jahre ca. 70% der Bewohner am Heckpfad. Dann folgten 10 Jahre, in denen die Siedlung nur sehr langsam wuchs. Um 1975 kam dann eine neue Welle Siedler. Es waren zum großen Teil ehemalige Bewohner ähnlicher Siedlungen, die Ende der 1960er Jahre – nach dem erwähnten Wiederaufbau des Wohnungsbestands – abgerissen worden waren. Diese Leute hatten anschließend in den – an Stelle ihrer alten Siedlungen entstandenen – Sozialbauten gewohnt und waren nach einigen Jahren dort wieder ausgezogen. Das Komfortangebot mit Zentralheizung und Einbauküche hatte sie nicht überzeugt. Wie das berühmte gallische Dorf bot die Siedlung Heckpfad die letzte Möglichkeit im ganzen Stadtgebiet zur Rückkehr in die alten Verhältnisse bzw. zur Wiederaufnahme eines Aneignungsprozesses, der ja gewaltsam abgebrochen worden war.

familiengerechter Wohnraum

Die dritte Siedlerwelle setzte nach dem Fall der Mauer ein. Dabei waren es weniger Ostdeutsche, die hierher drängten, sondern die nun leeren öffentlichen Kassen verstärkten die Eigeninitiative sozial schwacher Familien auf der Suche nach familiengerechtem Wohnraum. Hierbei erinnerten sich viele, die hier Freunde oder Verwandte hatten, an den Heckpfad und entschieden sich für diese Möglichkeit.

Insgesamt lässt sich sagen, dass die ersten Siedler hier ländliche Qualitäten und die Möglichkeit zur Selbstversorgung suchten, während für die zuletzt hinzugezogenen eher die Möglichkeit des Nebenerwerbs in Werkräumen, das gesellige Biertrinken beim Grillen im Garten und den Parkplatz vor der Tür schätzen. Allen gemeinsam ist, dass sie selber bauen und die materielle Substanz, die dieses selber Bauen ihren nicht abgesicherten – häufig widersprüchlichen und ungereimten – Lebenskonstruktionen gibt, höher bewerten als Komfort und Prestige möglicher Alternativen.

selbstgebaute Lebenskonstrukte

Die Siedler haben alle mit kleinen Baracken angefangen und im Laufe der Jahre – wie es die Geldmittel ermöglichten und die wachsenden Familien es erforderten – immer weiter angebaut. Kreditaufnahme zum Bauen im großen Stil war und ist für diese Häuser wegen der besonderen Eigentumsverhältnisse nicht möglich. Damit die neuen Baumaßnahmen möglichst unbemerkt bleiben – und um den Heizaufwand in den kaum isolierten Gebäuden gering zu halten – werden die Häuser möglichst niedrig gebaut. Weil ein entwässertes Flachdach zu aufwendig wäre, bekommt das Dach eine – möglichst flache – Neigung. Diese Dachneigung wird bei den Anbauten weitergeführt – bis zu dem Punkt, an dem sich das größte Familienmitglied an der Regenrinne den Kopf stößt. Dann wird das Dach entweder wieder hochgezogen, sodass eine Wellenlandschaft entsteht – oder es wird an anderer Stelle auf dem Grundstück separat gebaut. Im Laufe der Jahre können auch diese separaten Teile wieder mit dem Mutterhaus zusammenwachsen. Auf einigen Grundstücken, die einmal aus einer 30m^2-Hütte und viel Garten zur Selbstversorgung bestanden, hat sich das Verhältnis auf diese Weise umgekehrt. Dort stehen jetzt 300m^2 Wohnfläche zur Verfügung und geblieben sind 50m^2 Garten, teilweise als steinerner Hof, häufig mit rundem Minipool.

niedrige Bauweise

Wellenlandschaft mit Swimming Pool

Bild 1.
Detailliertester existierender Plan der Siedlung Heckpfad, gemalt und aufgestellt von den Bewohnern der Siedlung, „damit Pizzataxi und Krankenwagen sich überhaupt zurechtfinden hier" / *Most detailed existing map of the Heckpfad settlement, drawn and set-up by the inhabitants "to make sure that pizza-service and ambulance will find its way"*

feste Raumfunktionen

Der Wohnungsgrundriss ist aufgrund seiner Entstehungsgeschichte komplex und enthält viele Durchgangsräume. Die Räume sind in ihrer Funktion klar benannt – Küche, Hausarbeit, Kind, Kind, Kind, Essen, Fernsehen, Solarium, Abstellraum, Werkzeug, Computer, Büro, Bar – und obwohl ihre tatsächliche Nutzung sich häufig ganz anders entwickelt hat, wird an der Benennung und auch an der Einrichtung der Räume für den erdachten Zweck eisern festgehalten, auch wenn diese die tatsächliche Nutzung stört.

mit Phantasie gegen Baumängel

Ein häufig vorkommendes Detail, an dem man unterschiedliche Entstehungszeiten von Gebäudeteilen am Heckpfad ablesen kann, sind Stolperstufen am Boden, weil der Schwund und die Setzungen des neu gegossenen Betonbodens nicht bedacht wurden. Typisch für den Umgang mit solchen Pannen ist hier, dass niemand versucht, sie ursächlich zu beheben – das hieße in diesem Falle, die fehlenden ein bis drei Zentimeter aufzugießen –, sondern dass das ganze Arsenal der Baumärkte aufgeboten wird, um die Bruchstelle unsichtbar zu machen. Insgesamt gibt es am Heckpfad nur wenige Häuser mit guten Raumproportionen. Auch die Fenster sitzen meistens ohne Bezug zur Wandfläche, aus der sie ausgeschnitten sind, und sie sind belichtungstechnisch ungünstig angeordnet.

Bild 2.
Patchwork auf allen Ebenen und in allen Maßstäben: Wohnhaus der Siedlung am Heckpfad / *Patchwork at all levels and scales: a home in the Heckpfad settlement*

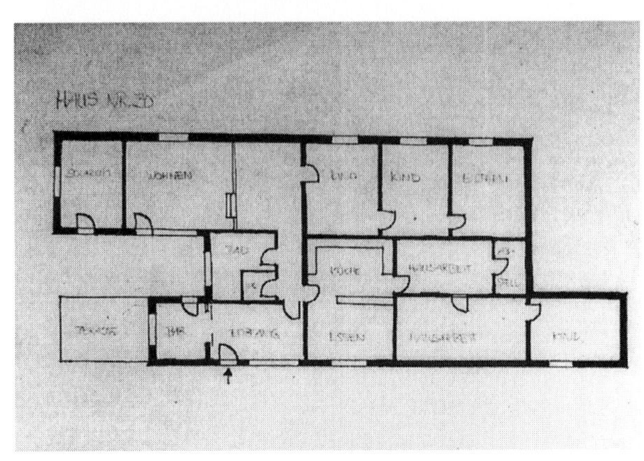

Bild 3.
Grundriss Wohnhaus Siedlung Heckpfad: „Wir haben halt immer noch was drangebaut." / *Ground plan of a home in the Heckpfad settlement: "We just have always added something"*

komplexes Gesamtbild mit hohem Indentifikations-grad

Der Wert der Siedlung am Heckpfad liegt nicht in den einzelnen Architekturen, sondern in dem komplexen Gesamtbild, das die Siedlung abgibt, in dem hohen Identifikationsgrad der Bewohner mit ihren Häusern und in der Möglichkeit, auch ohne Kapital seine konkrete, physische Umgebung selber zu gestalten.

Die nähere und weitere Umgebung der Siedlung ist ähnlich chaotisch strukturiert. Mittendrin liegt ein freier Acker, der der Kirche gehört. Weil sich die Kirche nicht auf unseriöse Pachtverträge einlässt, teilt er die Siedlung in einen vorderen und einen hinteren Teil, der „Das Loch" genannt wird. Im Süden der Siedlung ist auf Verkehrsrahmenplänen aus den 1950er Jahren, die –

fortgeführt – immer noch Bestand haben, die Verlängerung der Äußeren Kanalstraße – einer der fünf linksrheinischen Kölner Ringstraßen – zum Rheinufer eingezeichnet. Bis vor einigen Jahren hat ein Bergheimer Bauer diese beiden Wiesen bestellt, seitdem liegen sie brach. Die Verkehrsreservefläche dient jetzt im Sommer den „1. kölsche Barbare" aus dem benachbarten Mauenheim als Lagerplatz.

„Das Loch" hinter der Kirche

Nördlich an die Siedlung grenzt eine große Kiesgrube. Sie bildet die Fortsetzung einer ehemaligen Lehmgrube, auf deren Grund auch eine Ziegelei gestanden hatte. 1952 kaufte Jean Harzheim aus Weidenpesch die Ziegelei und ihre Ländereien auf. Das Gelände, auf dem die Ziegelei gestanden hatte, teilte er in Parzellen auf. Auf diese Parzellen dehnte sich die Siedlung Heckpfad aus, weshalb ein Großteil der Häuser heute in einer Senke steht. In Verbindung mit der niedrigen Bauweise führte das zu einer regelrechten Camouflage-Architektur, bei der die Teerpappenlandschaft der Dächer gleich dem umgebenden Bodenniveau ist.

Teerpappenlandschaft mit Camouflage-Architektur

Nördlich an die alte Lehmgrube anschließend grub Jean Harzheim weiter – Kies für den neuen Werkstoff Beton. Mit dieser Kiesgrube verdiente er seine erste Million und begründete sein lokales Imperium – man nennt ihn auch den „König von Weidenpesch".

Harzheim war nicht der erste, der hier grub. Außer der bereits erwähnten Ziegelei gab es noch zwei weitere. Die Gruben dieser Ziegeleien wurden um die Zeit, als Jean Harzheim anfing, Kies zu schürfen, mit Hausmüll und Kriegsschutt verfüllt. Eine weitere Grube diente nun als Ford-Deponie. Auf ihr ist heute die Grünabfalldeponie des Friedhofs. Der unter dem Kompost lagernde Industrieabfall von Ford produziert soviel Methangas, dass es gelegentlich abgefackelt wird, um Explosionen vorzubeugen.

Ziegeleien und Kiesgruben zu Mülldeponien

Im Vergleich der Luftbilder von 1956 und 1970 erkennt man das Vexierspiel zwischen ursprünglichem, abgegrabenem und verfülltem Boden, das hier stattgefunden hat:

Eine Wildwiese, die heute an afrikanische Savanne erinnert, war bis 1963 eine von Ackerland umgebene – zuletzt als Deponie genutzte – alte Lehmgrube. Als die Deponie bereits geschlossen und oberflächlich bewachsen war, war das umgebende Ackerland mittlerweile zum größten Teil Kiesgrube. Als Jean Harzheim der Wiese mit seinen Baggern zu nahe kam, stieß er auf Müll statt auf Kies. So hat eine regelrechte Umkehrung stattgefunden und man kann im wahrsten Sinne des Wortes behaupten, dass rings um die Siedlung Heckpfad – angefangen bei dem Grund, auf dem sie selber steht – kein Stein auf dem anderen geblieben ist.

Nutzungsumkehrung des Untergrundes

Weitere Gruben befanden sich weiter nördlich an der Etzelstraße. Auf ihren Verfüllungen stehen heute eine Sintisiedlung und ein Pferdeschutzhof. Bis vor einigen Jahren gab es hier auch einen Sportplatz, der mittlerweile von den Sinti als Müllabladeplatz benutzt wird.

Überquert man den Ginsterpfad in Richtung Neusserstraße, so führt der kürzeste Weg zur Neusserstraße abermals über eine dichtbewachsene, kleinräumige Mikrolandschaft, auch dies eine alte Lehmgrube, die dann von Ford als Deponie genutzt wurde. Jenseits der Neusserstraße setzt sich das so fort, und auch entlang der Neusserstraße nach Süden bietet sich ein alles andere als geschlossener Straßenraum.

Insgesamt ist Köln-Weidenpesch eine besonders offene Struktur in dieser an offenen Strukturen reichen Stadt. Das liegt – außer an seinem vielfach von Gruben und alten Rheinarmen zerklüfteten Grund – daran, dass es für Köln-Weidenpesch bis heute keinen Bebauungsplan gibt, wovon besonders der größte Grundeigentümer, Heinz Harzheim, profitiert, der für die Aufrechterhaltung dieses Zustandes seine Beziehungen spielen lässt.

„Innerhalb des jetzigen Kölner Stadtgebietes hat das Vorkommen von ziegelbarem Ton und von baufähigem Kies Erscheinungen hervorgerufen, die für den Bebauungsplan vielfach richtunggebend werden; leider meist in sehr unliebsamer Weise. Die Karte gibt eine gewisse Vorstellung davon, wie der Boden des künftigen Köln durch solche Ton- und Kiesgruben zerklüftet ist. Man wähnt gefühlsmäßig, es mit einem ebenen Boden zu tun zu haben und trifft statt dessen an zahllosen Stellen auf eine Art Hügelland, dessen Ausdehnung vielfach zu groß ist, um die Klüfte auszugleichen und zu klein, um sie wie natürliche Faltungen und Launen des Bodens in den Fluß städtebaulicher Bewältigung zu bringen. Die Gelegenheit, diesen Gruben eigene Reize abzugewinnen, wie es im Klettenbergpark oder im Fühlingersee geschehen ist, ist selten, auch sind sie viel zu zahlreich für solche Behandlung. Wo sie nicht durch Schuttablagerung aufgefüllt werden und so wieder ein heimtückisches Bauland abgeben, bleibt einem meist nichts anderes übrig, als diese Wunden zu umgehen. Denn um verwundetes Erdreich handelt es sich. Im blinden Streben, den einen Wachstumsring der Großstadt möglichst bequem aufzuführen, macht man den Boden ihres nächsten Wachstumsringes achtlos zum Krüppel." (Kurt Schumacher 1923)

Mit einem solchen Krüppel haben wir es hier zu tun.

Die andere Siedlung, die ich hier vorstellen will, ist die ehemalige Obdachlosensiedlung Alter Deutzer Postweg.

Obdachlosensiedlung heißt, dass hier Leute einquartiert wurden, die ihre Miete nicht bezahlen konnten und gekündigt wurden. Häufig waren sie – als Bewohner städtischer Sozialwohnungen – schon vorher Kunden der Stadt Köln. Hier zahlten sie keine Miete, sondern ein Nutzungsentgelt.

Die Siedlung Deutzer Postweg liegt in dem anderen großen „Krüppel" des Kölner Stadtgebiets, einem ca. 2 km breiten und 4 1/2 km langen „Keil" entlang der ehemaligen Grenze zwischen den Städten Köln und Porz, der bis 2 km Luftlinie an den Dom heranreicht. Dieser Keil ist noch dünner besiedelt als die Gegend um den Heckpfad. Die offene Struktur besteht hier weniger aus dem kleinteiligen und komplexen Wechsel von bebauter und unbebauter Fläche, sondern aus einem extrem heterogenen Nebeneinander unterschiedlichster Freiflächen, eingeschlossen einen der letzten Reste ursprünglichen Hochwaldes der Region, den größten Baggersee der Stadt, die größte Wildwiese – natürlich auch auf einer ehemaligen Deponie – einige von Angelvereinen unglaublich liebevoll rekultivierte kleinere Kiesgruben, an deren Ufern man Werbefotos für Kanada-Reisen schießen könnte, einen großen, mit Straßenbeleuchtung und Schilfteich fertig angelegten Gewerbepark, der seit 4 Jahren der Ansiedlung von Investoren harrt, ein phantastisch marodes Betonfertigteilwerk, der „Millionenacker", und so weiter.

heterogenes Nebeneinander unterschiedlichster Freiflächen

Werbefotos für Kanada-Reisen

Inmitten dieser Wildnis liegt die Siedlung Alter Deutzer Postweg. Sie ist ringförmig umschlossen von Kleingartenanlagen, zu denen keine Verbindung besteht, und Wald. Erschlossen wird sie durch eine einzige Straße, die als Sackgasse vom Alten Deutzer Postweg abgeht.

Lage und Erschließung

Die Siedlung war ursprünglich im Dritten Reich zur Ansiedlung von Militär gebaut worden. Die Stadt Köln übernahm die Gebäude, um dort Obdachlose einzuquartieren. Nun war Obdachlosigkeit – kurz nach dem Krieg – kein soziales Stigma und es gab zahlreiche Obdachlosensiedlungen, häufig in provisorisch umgebauten Bunkern, Bahndammgewölben etc.. Mit der Zeit verkamen diese Siedlungen jedoch. Am Deutzer Postweg wurden bald die „harten Fälle" einquartiert, das hieß kinderreiche Familien mit arbeitslosen, trinkenden

Eltern und alleinstehende, ebenfalls arbeitslose, trinkende Männer.

Die Siedlung liegt so isoliert wie ein sibirisches Dorf, das für irgendein Sägewerk mitten im Wald errichtet wurde. Zu den umliegenden Schrebergärten besteht, wie gesagt, kein Kontakt und zum alten Deutzer Postweg hin leistet ein Waldstück vollkommenen Sichtschutz. Zweimal täglich, in den Morgenstunden, kommt der Bus, der den immer noch zahlreichen Kindern der Siedlung als Schulbus dient. Ansonsten führt ihr Schulweg durch den Wald nach Köln-Ostheim.

isolierte Lage und vollkommener Sichtschutz.

Vor 10 Jahren wurde die Siedlung saniert. Aus den ungedämmten, unverputzten Backsteinbaracken, in denen es nur Gemeinschaftsküchen, von durchgängigen Fluren abgehende Schlafräume und keine Bäder gegeben hatte, wurden wärmegedämmte Einfamilienreihenhäuschen mit eigenem Bad und Garten. Die Belegungspolitik änderte sich dahingehend, dass die Hälfte der Wohnungen mit – zwar sozial schwachen, aber halbwegs intakten – Familien belegt wurde. Außerdem wurde ein gut ausgestatteter Kindergarten gebaut. Die würfelförmigen Kästen am Ende jeder Zeile, in denen sich vorher die – ungeheizten – Bäder befanden, wurden zu Kellerersatzräumen für die kellerlosen Wohnhäuser. In ihnen lagern die meisten Bewohner heute ihr Heizholz.

Sanierung zu wärmegedämmten Einfamilienreihenhäusern

Die Siedlung Alter Deutzer Postweg ist immer noch extrem mit sozialem Stigma behaftet. Ein Vingster erzählte mir mal, dass er, wenn er seinen Onkel in einem der umgebenden Gärten besuchte, striktes Verbot hatte, die Siedlung – die mit ihren vielen Kindern zum Spielen natürlich verlockend war – zu betreten. Dieses Verbot wurde mit der Warnung ausgesprochen, dass er sich da „die Seuche holen" würde. Bis heute hat er die Siedlung nicht betreten. Dabei herrscht hier mitt-

soziales Stigma blieb

Bild 4.
Militärkaserne nach Sanierung und Umbau: Ehemalige Obdachlosensiedlung Alter Deutzer Postweg / *Barracks after renovation: former homeless settlement Alter Deutzer Postweg*

Bild 5.
Siedlung Alter Deutzer Postweg / *Settlement Alter Deutzer Postweg*

lerweile eine Lebensqualität, die – so stadtnah und zu diesem Preis – nicht ihresgleichen hat.

echte Solidargemeinschaft

Die isolierte Lage und die lange Geschichte der Siedlung – sowie der Kontrast zwischen ihrem Image und ihren tatsächlichen Qualitäten – haben die Bewohner zu einer echten Solidargemeinschaft geformt. Im Sommer stehen die Türen aller Wohnhäuser offen und die gemeinsamen Freiflächen zwischen den Eingangsseiten werden ebenso intensiv genutzt wie die rückwärtigen Privatgärten. Erstaunlicherweise ist es auch nicht zu einer Abgrenzung der nach der Sanierung eingezogenen Familien zu den alteingesessenen Alkis gekommen.

Bild 6.
Die umgebenden Wälder und Wäldchen sind eine perfekte Ergänzung der Siedlung Alter Deutzer Postweg / *The surrounding forests and groves are a perfect complement to the settlement Alter Deutzer Postweg*

Durch die vielen Kinder, die die Siedlung in ihrer ganzen räumlichen Durchlässigkeit benutzen – jedes Haus ist sowohl von der Vorderseite als auch durch den Garten betretbar, intime Zonen werden eher durch das Aufstellen von Pavillons als durch das Errichten von Mauern und Zäunen markiert – wurde ein solcher Prozess wahrscheinlich von Anfang an verhindert.

Die ghettoartige Lage – ein typisches Merkmal von Wohnsiedlungen in extrem heterogenen Stadtrandgebieten – hat hier, ähnlich wie am Heckpfad, zur Bildung eines sozialen und architektonisch-räumlichen Gefüges geführt, das sich – relativ frei von den sonst bestimmenden Zwängen der Maximierung der Grundrente und der damit verbundenen Nivellierung sozialer Unterschiede durch Verdrängung – entwickeln konnte. Für die Bewohner dieser – in einem erweiterten Sinne „rechtsfreien" – Zonen ist dies mit ständigen Lern- und Kommunikationsprozessen verbunden.

Lärmschutzwäldchen, ehemalige Deponien, Bauerwartungsland, Kiesgruben, aufgegebene Gärten, Verkehrsreserveflächen, aufgegebene Industriestandorte, die fließenden Grünräume in 50er-Jahre-Siedlungen, nicht vollaufende Gewerbeparks, illegale und andere – im Sichtschatten stadtplanerischer Beachtung stehende – Siedlungsgebilde, das alles sind die – in unseren Breiten letzten verbliebenen – physischen und sozialen Experimentierfelder.

Zwischenräume als Bedeutungsräume

Statt die – in unseren Ballungsgebieten riesigen – Areale zwischen den allseits beliebten Kernstädten und den etablierten Ausflugsgebieten nur als Funktionsraum – in dem sich Baumarkt, Aqualand und Schlafstadt befinden – wahrzunehmen, sollten wir sie als Bedeutungsraum gewinnen.

Bedeutungsräume für Lebenszeiten

Frühpensionierung, Mehrfachkarrieren, Gelegenheitsarbeit, Freelancing, Teilzeitarbeit, Time-Out-Arbeitsverträge, Non-Profit-Jobs, Flexibilität am Arbeitsplatz – das alles sind Schlagwörter für einen derzeit stattfindenden Prozess der Anpassung des Umgangs mit eigener Lebenszeit an veränderte Bedingungen – ein Prozess, der Bewusstmachung, Umdeutung und Kreativität erfordert. Innerhalb dieses Prozesses erlangen besonders die bisher gesellschaftlich geächteten – oder zumindest ignorierten – Abschnitte von Lebenszeit neue Bedeutungen (diejenigen, die man bisher im Lebenslauf besser nicht erwähnte).

In unserem Umgang mit eigenem Raum – die beschriebenen Räume sind unsere nächsten Umgebungen – hinken wir dieser Entwicklung weit hinterher. Das hat mehrere Gründe, von denen ich auf zwei näher eingehen will:

- Erstens hat die Entwicklung des schnellen Verkehrs Raumsprünge ermöglicht (wohingegen Zeitsprünge noch nicht möglich sind). Statt ihn sich anzueignen, wird der eigene Raum meist übersprungen!
- Der zweite mir wichtig erscheinende Grund ist der, dass es in allen Zeiten der modernen Gesellschaft Leute gab, die die Bedeutung gesellschaftlich ignorierter Zeitnutzungen hochhielten – ja, seine Zeit in möglichst geringem Umfang wirtschaftlicher Verwertbarkeit, verstanden als die einzige auch gesellschaftlich anerkannte Verwertbarkeit – zur Verfügung zu stellen, galt in diesen Kreisen als Adelsprädikat. Die Bedeutungen, die diese „Hüter" über die Zeit gerettet haben, stehen nun als Quellen für einen neuen Gesellschaftsentwurf von der Lebenszeit zur Verfügung.

Raumsprünge – auch ganz nah

Die selben Hüter waren die Wiederentdecker der innerstädtischen Gründerzeitviertel einerseits und strukturschwacher, ruraler Landschaften wie der Toskana und des Tessin andererseits. Die Möglichkeit des Raumsprunges ließ ihr kritisches Bewusstsein dabei ganze Nahumgebungen ignorieren. In den drei Jahren, in denen ich in Architekturbüros in Berlin und Köln gearbeitet habe, war ich stets verblüfft, in welch oberstufenpennälerhafter Weise auch solche Kollegen, die alles andere als einfältig waren, über die Randgebiete ihrer eigenen Stadt sprachen, die sie offenbar kaum oder gar nicht kannten.

Bild 7.
„Insgesamt eine besonders offene Struktur in dieser an offenen Strukturen reichen Stadt": der Stadtteil Köln-Weidenpesch / *„All in all an open structure in this city that is rich of open structures": the quarter Weidenpesch in Cologne*

Bild 8.
„Landschaft- und Lebensformen vermitteln das Gefühl, den Kulturkreis gewechselt zu haben": ausgeschöpfte Kiesgrabung in Köln-Ossendorf, genannt „Serengeti" / *"The forms of landscape and lifestyle transmit a sentiment of having changed the cultural setting": exploited gravel pit in Cologne-Ossendorf, the so-called "Serengeti"*

Bild 9.
Auf dem Gelände einer ehemaligen Bauschuttdeponie in Köln-Bilderstöckchen. Im Hintergrund Obstbäume aufgegebener Gärten / *At the former landfill for demolition waste in Cologne-Bilderstöckchen. In the background abandoned fruit-trees*

„Deregulierte Verhältnisse brauchen deregulierte Geographie". „Deregulierte Geographie" ist hier in einem doppelten Sinne zu verstehen:

- deregulierte Geographie im Sinne deregulierter Topographie – das heißt ungestalteter, meistens extrem heterogener und komplexer, häufig von Ausbeutung gekennzeichneter Landschaften – die Zonen enthalten, die
  a) als Realisierungs- und/oder Projektionsräume für gesellschaftliche und architektonisch-räumliche Experimente und Utopien dienen können;
  b) widersprüchlichen und fragmentarischen Biografien materielle Substanz verleihen sowie
  c) ein landschaftliches Pendant zum Patchworkcharakter moderner Biografien bilden;

- „deregulierte Geographie" im Sinne eines informellen Umgangs mit topographischen Erscheinungen aller Art zum Zweck ihrer geistigen Aneignung und Urbarmachung.

Die Wissenschaften der Geographie als Lehre von der Erfassung topographischer Erscheinungen und die Urbanistik und Landschaftsplanung als Lehren von der physischen Gestaltung topographischer Erscheinungen müssten ergänzt werden durch beweglichere und stärker in Wechselwirkung tretende Praktiken der Aneignung (KUNST?).

organisierter Vorstadttourismus

Ich für meinen Teil bin dabei auf die Variante des organisierten Vorstadttourismus gestoßen, den ich zusammensetze aus den Elementen Raumfolge – durch eine Wegführung, die die einzelnen Räume in ihrer Abfolge bedeutungsvoll werden lässt, Begegnung – mit alltäglichen Nutzern und Bewohnern der durchquerten Gebiete und eigene Aktion – Schwimmen, Feuermachen, Nachtlager aufbauen etc.. Ich versuche dabei, in den Teilnehmern einen Prozess in Gang zu setzen, den ich für die notwendige Ergänzung – im Umgang mit eigenem Lebensraum – zu den bereits stattfindenden Veränderungen – im Umgang mit eigener Lebenszeit – halte.

Bild 10.
Patchwork: BMX-Parcours, Sportplätze, Hundedressur und bewaldeter Trümmerhügel in Köln-Vogelsang /
Patchwork: Parcours, sports ground, dog-drill and wooded rubble terrain in Cologne-Vogelsang

Unscharfe Zeichen

Zur Kartierung vergangener Nutzung und aktueller Gefährdung

Dieter D. Genske und Klemens Heinrich

Karten bieten eine Fülle von Informationen in Form von Zeichen unterschiedlichster Art. Die meisten dieser Zeichen sind nicht eindeutig, sondern hinsichtlich ihrer Aussagekraft unscharf. Sie zu deuten und in konkrete Aussagen zu transformieren, ist Gegenstand des folgenden Beitrags. Dabei kommt der Theorie der Unscharfen Logik zentrale Bedeutung zu. Am Beispiel einer Industriefläche in den Niederlanden wird veranschaulicht, wie unscharfe Zeichen von Luftbildkarten genutzt werden können, um die ehemalige Nutzung eines Industrieareals zu rekonstruieren und aktuelle Gefährdungspotentiale zu kartieren.

Maps offer a large variety of information coded as signs of many different kinds. Most of these signs are ambiguous and fuzzy with regard to their information content. The following article addresses ways of how these signs can be interpreted and transformed in concrete information. In this context the application of fuzzy logic is of central importance. By means of an industrial site in the Netherlands it is demonstrated how fuzzy signs from aerial photos can be utilised to reconstruct the former use and todays hazard potentials.

Karten, Zeichen, Unschärfe

Karten als semiotische Zeichenträger

Sowohl das Kartieren als auch die Deutung von Karten sind klassische semiotische Prozesse. Obwohl sie erst in neueren Untersuchungen mit den Arbeitsmitteln der modernen Semiotik analysiert werden, hat die Kartier- und Kartensemiotik doch eine weit zurückreichende Geschichte, wie u.a. Bruno Aust, Winfried Nöth, Hansgeorg Schlichtmann und Dagmar Schmaucks nachweisen und an Beispielen erläutern. Bereits Hippocrates deutete in seiner grundlegenden Arbeit „On Air, Waters, and Places" geomorphologische Zeichen der Erdoberfläche, also Täler, Berge, Gewässer – die Land- und Gewässerformen – als entscheidend für die Gesundheit des Menschen (Littré 1839).

Giordano Brunos geologisches Verständnis

Giordano Bruno interpretierte geomorphologische Zeichen als zeitliche Phänomene (Genske und Hess-Lüttich 1999). Nach Blei (1981) schreibt er, dass „da bald ein Meer ist, wo vorher ein Fluß war, bald sich Berge erheben, wo vorher Täler sich vertieft hatten. – Aber in allem möchte ich nichts Gewaltsames zugeben, sondern einen ganz und gar natürlichen Verlauf erkennen. Denn ich nenne nur dasjenige gewaltsam, was außerhalb der Schranken der Natur oder gar gegen sie geschieht".

gegen die Heilige Inquisition

Natürlich konnte er seine Erkenntnisse nicht allzu deutlich dokumentieren, etwa mit geomorphologischen oder speziellen stratigraphischen Karten, wie dies Geologen unserer Zeit zu tun pflegen, musste er doch ständig fürchten, von der Heiligen Inquisition verfolgt und als Ketzer verbrannt zu werden. Dabei wäre es höchst aufschlussreich gewesen, wie er die zeitliche Entfaltung von Landformen mit einem noch zu entwickelnden Repertoire linearer Elemente, charakteristischer Symbole und formaler Annotationen auf eine Karte gebracht hätte. Heute bedient sich die Kartographie eines speziell hierfür entwickelten Zeichen-Registers und einer wohldurchdachten Farbgebung, die bis auf Goethes Farbenlehre zurückverfolgt werden kann (Hofbauer 1998).

Goethes Farbenlehre

Die kartographische Darstellung, bei der komplexe Prozesse ikonisch reduziert werden, ermöglicht es dem Experten, geomorphologische Phänomene so darzustellen, dass sie auch vom Laien verstanden werden. Ihre sprachliche Umsetzung wäre dagegen viel zu aufwendig, unübersichtlich und schwer verständlich. Kartographie optimiert somit einen schwierigen und verflochtenen Transfer räumlich-zeitlicher Informationen.

Kartographie raum-zeitlicher Informationen

Noch komplizierter wird dieser Prozess, wenn die zu transferierenden Informationen nicht vollkommen eindeutig sind, wenn sie nur einen begrenzten Wahrheitsgehalt haben, in diesem Sinne also „unscharf" sind. Unscharfe Informationen sind die Regel bei der räumlich-zeitlichen Analyse industriellen Brachlandes, dem dieser Band gewidmet ist. Es ist nur selten völlig klar, welche Aktivitäten in welchen Bereichen der Brachen den Boden und das Grundwasser kontaminiert haben. Oft sind Hinweise zu Abfallgruben, die nie offiziell genehmigt wurden, nur vage und nirgends belegbar. Kriegseinwirkungen sind meistens unzureichend dokumentiert. Selbst Baugrundhindernisse wie alte Fundamente, Leitungsgräben, Kanäle, Tunnel, etc. sind oft nur unzureichend dokumentiert.

Kartographie unscharfer Informationen

Um Brachland zu sanieren, steht man zuerst einmal vor einer Fülle von Informationen, die in den verschiedensten Textsorten und Bildformaten vorliegen: als Produktionsdokumentation, Statistik oder Betriebsbericht, als Baugenehmigung, Firmenkarte oder Messtischblatt, als geologische Karte, Bohrprofil oder Luftbild, um nur einige zu nennen. Andererseits sind die auf der Grundlage dieser Datenlage zu fällenden Ent-

Kartographie des Brachlandes

scheidungen von großer Tragweite: sie entscheiden etwa über die Machbarkeit eines Sanierungsprojektes und somit über die Zukunft eines Stadtviertels, über potentielle Arbeitsplätze und natürlich über größere Investitionen.

unscharfe Zeichen,

unscharfe Logik

Im vorliegenden Beitrag wird versucht, *unscharfe Zeichen* industriellen Brachlandes zu analysieren und hinsichtlich der Rehabilitierung des Geländes und seiner Re-Integration in den urbanen Raum zu nutzen. Grundlage ist dabei die von Lotfi Zadeh in den 1960er Jahren entwickelte *Unscharfe Logik.*

Urbanes Flächenrecyling

Deutung alter Nutzungszeichen

Die Spurensuche auf industriellem Brachland, das Erkennen auch unscharfer Hinweise auf die Art und Weise vergangener Nutzung, die Deutung alter Nutzungszeichen hinsichtlich des Zustandes der Brachfläche und ihres Wiedernutzungspotentials, ist zentrale Aufgabe des modernen Flächenrecyclings, das den immensen Grünflächenverbrauch zu bremsen versucht, der in der Schweiz etwa einen Quadratmeter pro Sekunde, in Deutschland über zehn und in den Vereinigten Staaten weit über einhundert Quadratmeter pro Sekunde beträgt. Brachflächenrecycling ist die praktische Umsetzung der Agenda 21 der Rio-Konvention von 1992, in der gefordert wurde,

Agenda 21

„to ensure that [humanity] meets the needs of the present without compromising the ability of future generations to meet their own needs" (World Commission on Environment and Development 1987).

Das 10. Kapitel der Agenda 21 wird noch deutlicher:

„Land is a finite resource, while the natural resources it supports can vary over time and according to management conditions and uses. Expanding human requirements and economic activities are placing ever increasing pressures on land resources, creating competition and conflicts and resulting in suboptimal use of both land and land resources. If, in the future, human requirements are to be met in a sustainable manner, it is now essential to resolve these conflicts and move towards more effective and efficient use of land and its natural resources."

Im Jahre 2015 wird es ca. dreißig Megastädte mit jeweils mehr als zehn Millionen Einwohnern geben. Schon heute kann Neu Dehlis Stadtverwaltung das Wachstum der Metropole allenfalls noch mit Hilfe von Satellitenbildern nachvollziehen – ein Wachstum, „ungeplant, unkontrolliert und ungenehmigt" (Der Spiegel 23/1996). Auch in Ländern der sogenannten „Ersten Welt" findet, ausgehend von den Ballungszentren, eine konzentrische Luxuszersiedlung in Form von Suburbia-Metastasen statt. Der bereits von Thomas Sieverts als „Drang ins Grüne" (Die Zeit 27/28. Juni 1996) bezeichnete Trend geht längst nicht mehr nur von den alten Stadtzentren aus, sondern auch von den Beschäftigungszentren. Das Anschwellen des Ziel- und Quellverkehrs mit weitgehender Verweigerung des „Kiss & Ride" geht mit schleichender, aber unaufhaltsamer Umweltzerstörung und dramatisch ansteigender Energieverschwendung einher.

Megastädte

Zersiedelung

Umweltzerstörung

Hier bieten Brachflächen ungeahnte Möglichkeiten: die europäischen Stadtlandschaften wie das Ruhrgebiet, die Randstad-Region um Rotterdam-Amsterdam, das Umland von Basel sind nach den postindustriellen Strukturkrisen von Brachflächen geprägt. Eine Expansion ins Umland wird unter dem Druck des Naturschutzes immer schwieriger. Schon hat das deutsche Umweltbundesamt berechnet, daß die Wiedernutzung einer Brachfläche in den meisten Fällen sowohl ökologisch als auch ökonomisch sinnvoller ist, sofern der *wahre Wert* der Fläche, also auch der Verlust an Naturraum beim Bauen im Grünen, in die Berechnung des Grundstückspreises mit einbezogen wird (Doetsch und Rupke 1998).

Brachflächen-Recycling als Mittel nachhaltiger Stadtentwicklung

Inzwischen hat die Britische Regierung beschlossen, dass bis zum Jahre 2015 sechzig Prozent aller Neubauten auf urbanen Brachflächen errichtet werden sollen. Auch Deutschland plant, den Grünflächenverbrauch bis zum Jahre 2020 um fünfundsiebzig Prozent zu reduzieren (anon. 1998). Der Rat von Sachverständigen für Umweltfragen hält dies noch für unzureichend und plädiert für einen Nullverbrauch, um die eingegangenen Verpflichtungen zum Klima- und Naturschutz zumindest einigermaßen einzuhalten zu können (SRU 2000).

europäische Initiativen zur nachhaltigen Stadtentwicklung

Um Flächenrecycling effizient durchzuführen, bedarf es einer optimierten Erkundungsstrategie, in der Entwicklungshemmnisse wie Kontaminationen und Baugrundstörungen erkannt, quantifiziert und in Karten dargestellt werden (Genske 2002). Da die meisten der zu analysierenden Informationen unscharf sind, ist eine wohldurchdachte logische Erkundungsstrategie zu entwickeln, die im Folgenden erläutert wird.

Optimierung der Erkundung von Brachen

Unscharfe Logik

Das Alltagsleben ist geprägt vom Gebrauch unscharfer rhetorischer Figuren, Abtönungspartikeln, sprachlichen „Weichmachern", die den Wahrheitsgehalt einer Aussage modifizieren, an die Situation anpassen, diplomatisch umschreiben. Gerade in sensiblen, gesellschaftspolitisch problematischen Fragestellungen wie der Sanierung einer Altlast ist bereits die Sprache durch Unklarheiten geprägt. Zeitzeugen relativieren ihre Aussagen: *Man vermutet, da oder dort* wurden *große Mengen* von Laugen abgekippt, *man* sei ja nicht ständig vor Ort, es habe auch – *irgendwo nah bei der Fabrik* – einen unterirdischen Tank gegeben. In den offiziellen Firmenberichten ist der Gebrauch von umweltgefährdenden Stoffen oft verharmlosend dargestellt, Unfälle werden bagatellisiert, mögliche Gefahren bei der Lage-

Sprache der Unklarheiten

rung von Abfallstoffen heruntergespielt. Auch Berichte zu offiziellen Inspektionen eines Betriebsgeländes sind oft durch diplomatische Verkürzungen gekennzeichnet, da Maßnahmen zur Beseitigung akuter Probleme bereits inoffiziell und ohne Protokoll vereinbart wurden.

diplomatische Verkürzungen

Zu den sprachlichen Unschärfen kommen sanierungsrelevante Beobachtungen, die oft vage und diffus sind: Der in der Baugenehmigung von 1956 bewilligte Lagerschuppen – wurde er tatsächlich gebaut? Und wenn, wurde er auch entsprechend der offiziellen Baugenehmigung ausgeführt? Das Kiesbett hinter der Produktionsanlage – diente es einst als Sickerfeld für flüssige Abfälle? Sind die Grasnelken, die sich im südlichen Bereich der Brachfläche angesiedelt haben, Hinweis auf eine Schwermetallbelastung der obersten Bodenschicht? Die abdichtende Tonschicht, im geologischen Profil aufgrund einiger weniger Aufschlussbohrungen interpoliert: gibt es sie wirklich, sodass die Schadstoffe nicht ins Grundwasser vorgedrungen sind? Die ungewöhnliche lokale Bodenverfärbung neben dem Farblager, die nur auf einem Luftbild von 1971 sichtbar ist – zeugt sie von einer Kontamination?

unsichere sanierungsrelevante Beobachtungen

Bei genauer Betrachtung gibt es kaum gesicherte, eindeutige Informationen. *Crisp information*, also scharfe, eindeutige Informationen sind die Ausnahme, da doch, wie Zimmermann (1996) schreibt,

„certainty [...] indicates that we assume the structures and parameters of a model to be definitely known and that there are no doubts about their values of their occurence".

Und trotzdem haben die im Rahmen der Erkundung der Brachfläche beobachteten Nutzungs-Zeichen einen bestimmten Wahrheitsgehalt, genau wie die genannten unscharfen Aussagen. Diesen Wahrheitsgehalt gilt es zu nutzen. Instrument hierfür ist die von Zadeh entwickelte unscharfe Logik (1965). *Fuzzy Logic* ist eine Generalisierung der klassischen Cantorschen Zahlenphilosophie. Im Gegensatz zu exakt-mathematischen Ansätzen, die auch die Wahrscheinlichkeitstheorie und somit das Arbeiten mit Zufallsvariablen mit einbeziehen, eröffnet die unscharfe Logik (Zadeh 1965)

unscharfe Logik zur Messung von Wahrheitsgehalten

„a natural way of dealing with problems in which the source of imprecision is the absence of sharply defined criteria rather than the presence of random variables".

Unscharfe Logik arbeitete mit Wahrheitsgehalten (*membership grades*), die beobachteten Phänomenen zugeordnet werden. Ganz ähnlich hat bereits Aristoteles argumentiert („On Interpretation", § 7, englische Übersetzung nach M. Edghill)

„When [...] the reference is to universals, but the propositions are not universal, it is not always the case that one is true and the other false, for it is possible to state truly that man is white and that man is not white and that man is beautiful and that man is not beautiful; for if a man is deformed he is the reverse of beautiful, also if he is progressing towards beauty he is not yet beautiful."

So, wie die klassische Mengenlehre der Herleitung der formalen Logik dient, dient die Theorie der unscharfen Mengen der Herleitung der unscharfen Logik. Im Gegensatz zur klassischen Mengenlehre können jedoch Elemente einer unscharfen Menge einen partiellen Zugehörigkeitsgrad zu dieser Menge haben *(partial degree of membership in a set)*. Die klassische Mengenlehre lässt nur binäre Aussagen wie ja/nein, wahr/unwahr, 0/1 zu; der Zugehörigkeitsgrad *(membership degree)* einer exakten Menge ist entweder 1, wenn das Element zu dieser Menge gehört, oder 0, wenn es dieser Menge nicht angehört. D.h.

unscharfe Mengen

$$X_A(x) \Big| X \to \{0,1\}, \quad x \to \begin{cases} 1 \text{wenn } x \in A \\ 0 \text{wenn } x \notin A \end{cases}$$

Eine graduelle Zugehörigkeit eines Elementes zu einer oder mehreren Mengen ist in der klassischen Mengentheorie nicht möglich. Ein einfaches Beispiel: Man stelle sich vor, eine Baunorm definiert alle Vorratsbehälter mit einem Volumen größer als 12000 Kubikmeter als *Großbehälter*, d.h.

$$V_{groß}(v) \Big| V \to \{0,1\}, \quad v \to \begin{cases} 1 \text{ wenn } v \geq 12000 m^3 \; v \in V \\ 0 \text{ wenn } v < 12000 m^3 \; v \notin V \end{cases}$$

Demnach sind alle Behälter mit Volumen größer als 12000 Kubikmeter Großbehälter und alle Behälter mit Volumen kleiner als 12000 Kubikmeter *keine* Großbehälter. Eine Behälter mit einem Fassungsvermögen von 11910 Kubikmeter wäre *per definitionem* kein Großbehälter.

Mit einer unscharfen Menge kann man diesen abrupten Benennungsbruch ausgleichen:

$$\mu_{v=groß}(v) \Big| V \to [0,1], \quad v \to \begin{cases} 1 \text{wenn } v \geq 12000 m^3 \; v \in V \\ 0 < \mu_{v=groß} < 1 \text{ wenn } 3000 m^3 < v < 12000 m^3 \; v \in V \\ 0 \text{wenn } v < 3000 m^3 \; v \in V \end{cases}$$

Die Theorie der unscharfen Mengen generalisiert danach die traditionelle Mengenlehre, indem eine *membership function* $m_A(x)$ den Grad der Zugehörigkeit zu einer unscharfen Teilmenge definiert:

$$\mu_A(x) \big| X \to [0,1], \quad x \in X$$

Eine Vielzahl möglicher *membership functions* unscharfer Mengen sind denkbar. Hierzu zählen die standardisierten L-, G-, P- und L-(Gauss)Funktionen.

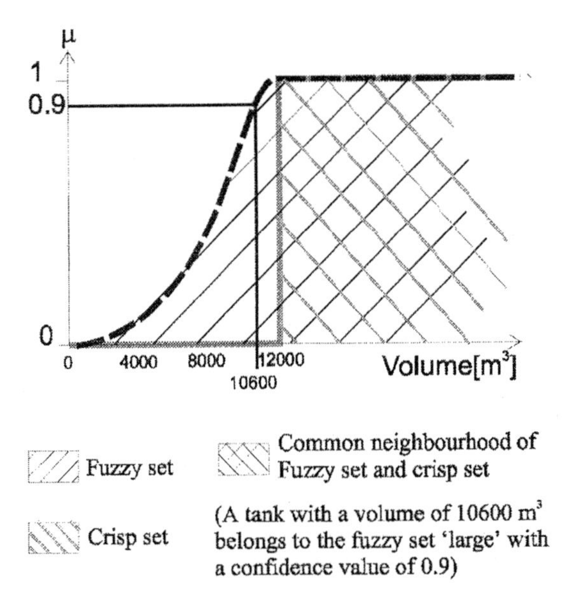

Abbildung 1.
Das Behälter-Beispiel / *The tank example*

psycho-linguistische Ansätze

Dabei handelt es sich um Versuche, linguistische Interpretationen zu formalisieren. Psycholinguistische Untersuchungen (von Altrock 1995) haben gezeigt, dass die aus exponentiellen Fragmenten gebildeten *membership functions* bei der Modellierung komplexer Systeme den einfachen, aus linearen Elementen zusammengesetzten Modellen überlegen sind. Sie werden daher auch bei der Analyse von Umweltproblemen bevorzugt.

hybride Formate exakter und unscharfer Deutung

Die Bedeutung der unscharfen Logik und des Arbeitens mit unscharfen Mengen liegt darin, daß exakte Daten mit Expertenwissen und subjektiven Eindrücken kombiniert und deren gemeinsamer Wahrheitsgehalt quantifiziert werden kann. Diese Eigenschaft prädestiniert die unscharfe Logik für die Analyse komplexer Probleme, die eine Funktion einer Vielzahl von Parametern unterschiedlichster Formate und Wahrheitsgehalte sind. Die Analyse von Brachland gehört dazu.

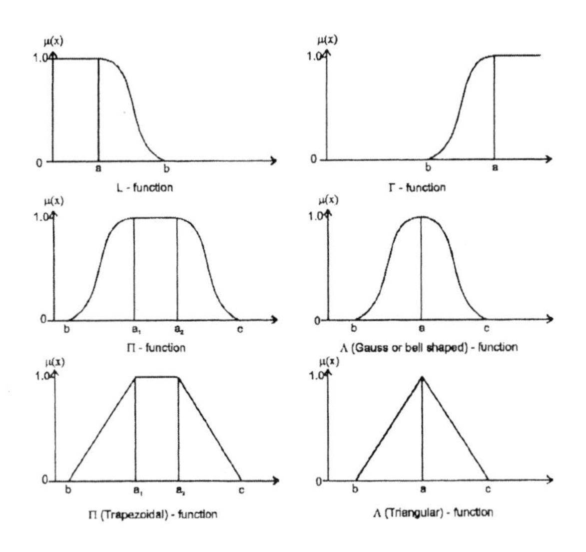

Abbildung 2. Mögliche Membership-Funktionen / *Possible membership functions*

Ein Anwendungsbeispiel

erschwerte Inaugenscheinnahme

Mitte der 1990er Jahre wurden die Autoren beauftragt, eine Brachfläche in einem niederländischen Hafen zu untersuchen. Auf der Fläche befinden sich Installationen zu Klärung von Schiffsabwässern und zusätzlichen, landwärts angelieferten industriellen Abwässern. Aus einer Reihe von Gründen konnte die Fläche jedoch kaum inspiziert werden. Es wurde nicht gestattet, die Anlagen und ihre Installationen zu photographieren.

Luftbilder als Träger unscharfer Informationen

Was zur Analyse der Fläche blieb, waren offiziell zugängliche Betriebspläne, alte Bohrprotokolle, Zeitungsberichte und Zeugenaussagen. Vor diesem Hintergrund bekamen die von der Fläche gemachten offiziellen Luftbildaufnahmen eine zentrale Bedeutung. Eine ganze Serie von Luftbildern lag vor, anhand derer man die Entwicklung der Fläche seit den 1960er Jahren rekonstruieren konnte.

unscharf-logistische Strategie gegenüber konventioneller Auswertung

Eine *multitemporale Luftbildauswertung* wurde durchgeführt. Aufgabe war es, allein mithilfe der Luftbilder und der offiziellen Betriebsakten das Kontaminationspotential der Fläche zu evaluieren. Hierzu wurden die Luftbilder als *unscharfe Informationen* interpretiert und hinsichtlich ihrer Aussagekraft zu eventuellen Bodenkontaminationen gedeutet. Unabhängig davon wurden die vorliegenden Bohrberichte ausgewertet, um so die Relevanz der auf unscharfer Logik basierenden Luftbildauswertung *a posteriori* zu überprüfen.

Erfassung von Attributen

In einem ersten Arbeitsschritt wurden die offiziellen Dokumente mit dem Ziel analysiert, die Ursachen für die beobachteten Kontaminationen in der Umgebung der Fläche zu ergründen. Dabei wurden der Betriebsablauf rekonstruiert, Klärverfahren analysiert, und Abwasser-Routen ermittelt. Nachdem die Prozessabläufe nachvollzogen werden konnten, wurde eine Auswahl von Luftbildern mit dem Ziel untersucht, zu beobachtende Attribute (Tanks, Leitungen, Installationen, Bodenverfärbungen, etc.), die für das Kontaminationspotential relevant sind, zu inventarisieren und in eine Datenbank einzugeben.

Erstellung logischer Regeln

Danach wurden logische Regeln entwickelt, um das Kontaminationspotential näher zu präzisieren. Da die Schlussfolgerungen aus der Luftbildanalyse nur in den wenigsten Fällen eindeutig waren, wurden die logischen Regeln durch sprachliche Modifikationen unscharf gemacht. Ein Beispiel: Wird ein *großer* Tank beobachtet UND befindet sich neben diesem Tank eine *ungewöhnliche* Bodenverfärbung, DANN liegt ein *großes* Kontaminationspotential vor.

unscharfe Expertensysteme

Den beobachteten Phänomene wurden *fuzzy membership functions* zugeordnet, die zusammen mit den *fuzzy rules* in das eigens hierfür entwickelte Expertensystem SAFES (*Soil Assessment Fuzzy Expert System,* Heinrich 2000) gespeichert wurden. Mithilfe dieses Expertensystems wurden nun alle vorliegenden Luftbilder analysiert. Somit konnten für alle beobachteten Attribute unscharfe Kontaminations-

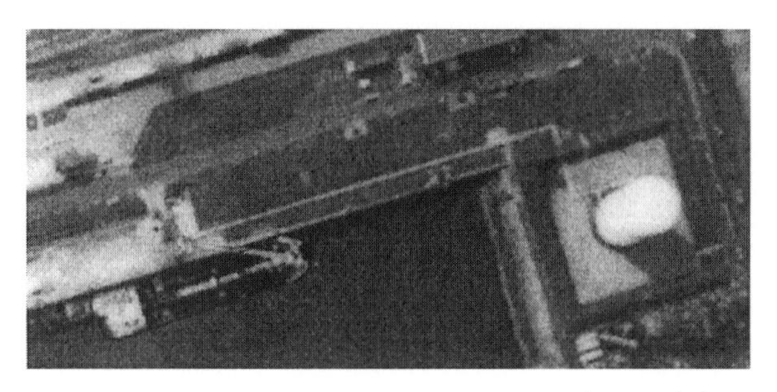

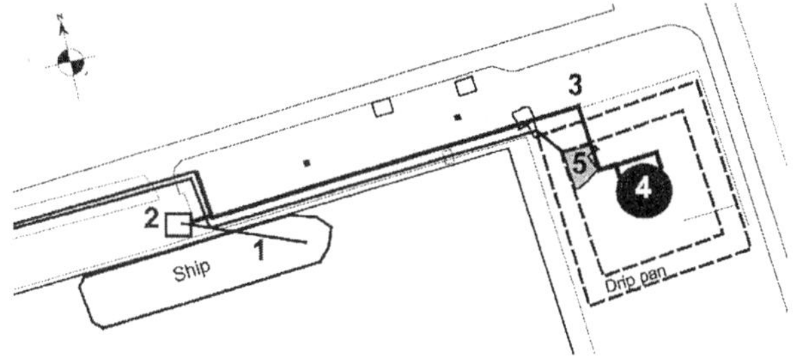

Abbildung 3. Räumlich-funktionale Assoziation von beobachteten Objekten im Luftbild / *Spatial-functional association of observed objects in air images*

Visualisierung der Ergebnisse des unscharfen Ansatzes

potentiale hergeleitet werden. Die Ergebnisse wurden mithilfe eines Geo-Informationssystem (GIS) in Form einer Gefährdungskarte visualisiert, auf der den einzelnen Attributen ein Kontaminationspotential zugeordnet wurde. Die diskreten Potentiale wurden anschließend anhand einer Kriging-Prozedur (Krige 1951, Matheron 1962, 1963.) in eine graduelle Potentialverteilung transformiert.

Visualisierung der Ergebnisse des konventionellen Ansatzes

Die unabhängig von dieser Analyse durchgeführte Auswertung der Felduntersuchungen (Boden- und Grundwasserproben) wurden ebenfalls in eine Karte übertragen und mittels *kriging* in graduelle Kontaminationspotentiale übersetzt. Der Vergleich beider Karten, also der nur mit Luftbildern nach vorheriger Analyse der Prozessabläufe erstellten mit der im konventionellen Verfahren der Felderkundung hergeleiteten Karte, ergab eine überraschend eindeutige Übereinstimmung der Kontaminationspotentiale, was die Wirksamkeit der Luftbildauswertung mittels unscharfer Logik unterstreicht.

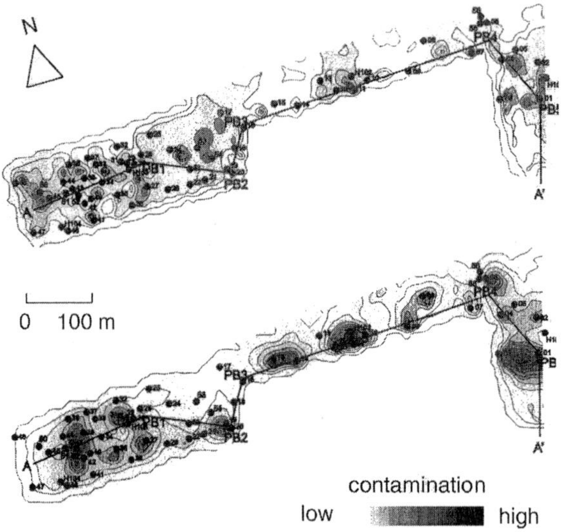

Abbildung 4. Unscharfes Kontaminationspotential aufgrund einer Luftbildauswertung (oben) im Vergleich mit einer konventionellen Felderkundung mit Probennahme (unten) / *Fuzzy contamination potential based on aerial photo interpretation (top) compared with a conventional field investigation (below)*

kostengünstige unscharfe Logik

Zu resümieren ist, dass allein auf der Grundlage einer auf unscharfer Logik basierenden multitemporalen Zeichenverarbeitung von Luftbildern Kontaminationspotentiale kodiert und dargestellt werden können – ein gerade auch im Hinblick auf die erheblichen Kosten, die bei konventionellen Felduntersuchungen in der Regel anfallen, nicht zu unterschätzendes Ergebnis.

Unscharfe Zeichenverarbeitung

Formatierung unscharfer Zeichen

Im Rahmen der Auswertung des niederländischen Hafengeländes wurde versucht, den Prozess der Verarbeitung unscharfer Zeichen zu formatieren. *SAFES* wurde eingesetzt, um die auf Luftbildern zu findenden Zeichen vorhandener und vergangener industrieller Nutzung in systematischer Weise zu registrieren und logisch zu verarbeiten. Diese Zeichen haben eine stark variierende Aussagekraft und sind in diesem Sinne *unscharf*.

SAFES produziert kodierte Potentiale einer ökologischen Zustandsstörung – im vorliegenden Fall der Kontamination der Bodens – indem es beobachtete Objekte, wie zum Beispiel industrielle Installationen, Bodenverfärbungen, Wachstumsstörungen bei Pflanzen, etc., als Zeichen eben dieser Zustandsstörung mit dem darzustellenden Potential assoziiert. Die Analyse der Zeichen basiert auf einem logischen, semantisch kodierten Abfrageprozess, der wiederum direkt mit *fuzzy membership functions* verknüpft ist. Zeichenlesen als Spurensuche wird somit für einen bestimmten Diskursbereich innerhalb des *universe of discourse X* (der Grundmenge aller denkbarer Zeichen) mit $m_A(x)|X$ unscharf quantifiziert.

Spurensuche im unscharfen Diskurs

Konzeptionell handelt es sich um einen einfachen Ansatz. Daten werden in das Expertensystem eingegeben, dort auf der Basis unscharfer Logik verarbeitet und in transformierter Form – zum Beispiel als Kontaminationspotential – wieder ausgegeben. Das Ergebnis wird dann – zum Beispiel mit Karten – visualisiert. Hilfsmittel bei der Visualisierung sind – zum Beispiel – geostatistische Ansätze. Ergebnis der Analyse ist wieder ein kodiertes Zeichenrepertoire, das zweidimensional, dreidimensional, oder auch – unter Berücksichtigung der zeitlichen Dimension – vierdimensional dargestellt werden kann.

Eingeben

Transformieren

Visualisieren

Dabei lässt sich die unscharfe Zeichenverarbeitung von Luftbildern auch auf andere Problemstellungen anwenden. Ein Beispiel: Eine ausreichende Wasserversorgung für alle gewinnt zunehmend an Bedeutung. Krisen, Konflikte und Katastrophen (Genske und Hess-Lüttich 1999) werden bald die globale Wasserpolitik bestimmen. 80 % aller Krankheiten in Entwicklungsländern gehen auf unzureichendes Wassermanagement zurück Die Konsequenz ist, dass bereits heute alle acht Sekunden ein Kind an den Folgen dieser Krankheiten stirbt. Es sind unter anderem gerade die Defizite im Wasser- und Abwassermanagement, die zur Entwick-

ein weiteres Anwendungsbeispiel

lung von *High Risk Communities* (WHO 1997) führen. Eine drängende Aufgabe der Entwicklungszusammenarbeit setzt daher bei der Diskussion ihrer Entstehung und Identifizierung an (Genske et al. 2000).

Interpretation von Luftbild-Zeichen

In diesem Zusammenhang kommt auch der Auswertung von Luftbildern eine besondere Bedeutung zu. Die Analyse einer Luftbildaufnahme eines Vorortes von Ouagadougou, Burkina Faso, zeigt, wie wirksam die Interpretation von Luftbild-Zeichen auch bei dieser Aufgabenstellung sein kann.

Trinkasser- „management" im Sub-Sahel

Die Aufnahme zeigt eine ungeordnete Ansiedlung (südlicher Bereich), die nicht an das öffentliche Wasserversorgungssystem angeschlossen ist. Das Viertel ist im Rahmen der auch in Burkina Faso zu beobachtenden Landflucht entstanden, der die städtische Infrastruktur schon lange nicht mehr gewachsen ist. Wasserver- und Abwasserentsorgung sind daher in ungeordneten Spontansiedlungen in allenfalls improvisierter Weise möglich. Wasser wird an öffentlichen Brunnen verkauft, zu den Hütten getragen (oft in offenen Schalen) und dort zum Waschen, Kochen, und als Trinkwasser genutzt. Bereits auf dem Weg zu den Hütten wird das Trinkwasser durch Luftstaub kontaminiert. In den Hütten wird es oft mit bloßer Hand oder mit mehrfach benutzen Bechern geschöpft. Entsprechend sind die gesundheitlichen Auswirkungen, die sich in einer Kindersterblichkeit von 30% niederschlagen.

für die Wasserqualität relevante Zeichen

Das Luftbild erlaubt die Assoziation von Zeichen, die für die Wasserqualität relevant sind. Hierzu zählen die Entfernung der Hütten zu den Brunnen (Kontamination während des Transports), die unmittelbare Nähe einer wilden Müllkippe neben einem Brunnen (Kontamination des Grundwassers), stehendes Wasser (Malaria), offene Abwasserentsorgung (Sanitärprobleme), etc..

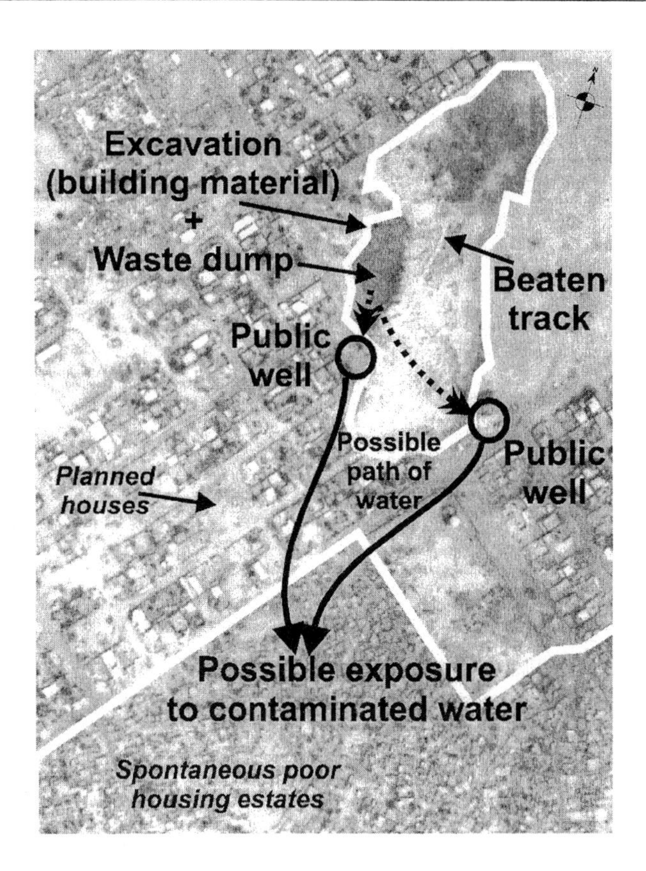

Abbildung 5.
Luftbild einer *High Risk Community* in einer Vorstadt von Ouagadougou, Burkina Faso. Die Annotationen assoziieren Luftbildobjekte mit Aussagen, die für die Entstehung von Krankheiten relevant sind / *Aereal photo of a high risk community in the suburbs of Ouagadougou, Burkina Faso. The annotations associate the objects on the photo with the development of deseases*

In der Tat ließen sich alle fünf Krankheitsbilder, die von der WHO auf unzureichendes Wassermanagement zurückgeführt werden, mit Zeichen auf Luftbildern assoziieren. Wie im Beispiel der niederländischen Hafenanlage können hier die im Luftbild gelesenen, für die Wasserqualität relevanten Zeichen semantisch kodiert abgefragt und in ein Expertensystem eingegeben werden, dort mit der Regeln der unscharfen Logik verarbeitet und in Potentiale – diesmal Krankheitspotentiale – transformiert werden.

Expertensystem zeigt Krankheitspotentiale

Die Möglichkeiten der Zeichenverarbeitung mit Luftbildern und unscharfer Logik sind vielfältig. In diesem Beitrag wurden zwei vorgestellt. Sie haben einen unmittelbaren praktischen Wert und sind darüber hinaus ökonomisch interessant.

Literatur

Altrock von C (1995) Fuzzy logic and neurofuzzy applications explained. Prentice-Hall, New Jersey

anonym (1998) Entwurf Regierungsprogramm „Nachhaltige Entwicklung in Deutschland“. Berlin

Aust B (1998) Generalisierung in der Kartographie. Zeitschrift für Semiotik, Bd. 20, Heft 1-2, 73-90

Blei W (1981) Erkenntniswege zur Erd- und Lebensgeschichte. Ein Abriß. Berlin

Doetsch P, Rüpke A (1998) Revitalisierung von Altstandorten versus Inanspruchnahme von Naturfläche. UBA Texte 15/98. Umweltbundesamt Deutschland, Berlin

Genske DD (2002) Urban Land: Degradation – Investigation – Remediation. 333 S. Spinger, Berlin, New York

Genske DD, Heinrich K, Hueb J (eds) (2000) Strategy on sanitation for high risk communities: Identification and planning. Proceedings of an International Workshop, Lausanne. WHO, Geneva, 114 p, Leylakitap-Verlag, Bern, Switzerland

Genske DD, Hess-Lüttich EWB (1999) Conflict, Crisis, and Catastrophe. Cultural Codes and Media Management in Environmental Conflicts: the Case of Water. In: Bernd Neumann (ed.), Dialogue Analysis and Mass Media. Tübingen, Niemeyer, 231-248

Genske DD, Hess-Lüttich EWB (1999) Zeit-Zeichen in der Geologie – Über die Vorgeschichte der Geosemiotik. In: Hess-Lüttich EWB, Schlieben-Lange B (eds.), Signs & Time / Zeit und Zeichen. An International Conference on the Semiotics of Time, Tübingen: Günter Narr, 133-151

Heinrich K (2000) Fuzzy assessment of contamination potentials. PhD-thesis at TU-Deft, NL. Leylakitap-Verlag, Bern, 208p + app

Hofbauer G (1998) Zeit und Raum in der Kartographie: Zur Semiotik geologischer Karten. Zeitschrift für Semiotik, Bd. 20, Heft 1-2, 55-72

Krige DG (1951) A statistical approach to some basic mine valuations and allied problems on the Witwatersrand. J. Chem. Metall. Min. Soc. S. Africa 52, 6, p119-139

Matheron G (1962, 1963) Traité de Géostatistique Appliquée. Technip, Tome 1 (1962) 334 S., Tome 2 (1963) 172p. Paris

Littré E (1839, 1861) Œuvres complètes d’Hippocrate. 10 vol. Reprint 1961

Nöth W (1998) Kartensemiotik und das kartographische Zeichen. Zeitschrift für Semiotik, Bd. 20, Heft 1-2, 25-39

SRU Rat von Sachverständigen für Umweltfragen (2000) Umweltgutachten. Wiesbaden

Schlichtmann HG (1998) Kartieren als Zeichenprozess. Zeitschrift für Semiotik, Bd. 20, Heft 1-2, 41-54

Schmaucks D (1998) Landkarten als synoptisches Medium. Zeitschrift für Semiotik, Bd. 20, Heft 1-2, 7-24

WHO (1997) Environmental matters: Strategy on sanitation for high-risk communities. Agenda Item 12.3, WHO-Geneva

World Commission on Environment and Development (1987) Our common future (Brundtland-Report). Oxford University Press, Oxford

Zadeh LA (1965) Fuzzy sets. In: Information and control. 8. 338-353

Zimmermann H-J (1996) Fuzzy set theory and its application. 3rd ed. Kluwer Academic Publ., Dordrecht

V Epilog

Areal Linz-Ost: Wegsuche

Erfahrungsbericht[1]

Peter Arlt, Gerald Harringer und Wolfgang Preisinger

kommentieren das Projekt DIE FABRIKANTEN. Projektkonzeption 1992, Projektdurchführung Januar 1993 bis Dezember 1994, Projektabschluß 1995; Projektausgangspunkt: allgemeine Ratlosigkeit, nicht zuletzt der zeitgenössischen Kunst; Projektstrategie: Findung des Intentionsnullpunktes mittels Gehen im existentiellen (nicht-virtuellen) Raum.

comment the project Die FABRIKANTEN. Conception 1992, realisation January 1993 to December 1994, conclusion 1995; starting point: general perplexity, also embracing contemporary art; project strategy: search for the point zero of intention by walking through the existential (non-virtual) space.

---

1 Interview: Sabine Humer, Dezember 1994.
Anmerkung: DIE FABRIKANTEN und Peter Arlt haben sich nicht auf diesem Gelände niedergelassen.

DIE FABRIKANTEN & Peter Arlt laden ein.

Liebe/r

Seit zweieinhalb Jahren gehen wir im ***Areal Linz-Ost*** (VÖEST Gelände) herum.
Unsere ursprünglichen Projektideen sind im beiliegenden Konzept zu ersehen.
Außerdem gibt es einen Erfahrungsbericht über die vergangenen 2 Jahre (Beilage).
Falls Du Interesse an diesem Projekt hast, laden wir Dich hiermit zu einer Begehung ein.
Anschließend gehen wir in eines der umliegenden Wirtshäuser.
Zeitaufwand für das Treffen insgesamt: ca. ein halber Tag.

Mit besten Grüßen

Gerald Harringer   Peter Arlt

DIE FABRIKANTEN · PROMENADE 15 [illegible]
TEL. (0043) 0732 - 78 56 34 [illegible]

Der Weg ins Areal

Worum geht es bei eurem Projekt AREAL LINZ-OST und was macht ihr dort in diesem Gebiet?

Wir gehen in dieses Areal, um der Versuchung zu widerstehen, dort sofort etwas zu machen.

Ihr geht also dorthin, um nichts zu machen?

nicht wissen, was dabei herauskommt

Nicht ganz, aber das Spannende ist eben, da hinzugehen und nicht zu wissen, was dabei herauskommt.

Wie lange macht Ihr das schon?

Die Begehungen? Seit zwei Jahren gehen wir regelmäßig da hinunter und setzen uns mit dem Areal auseinander.

Was macht Ihr dort konkret? Nehmt Ihr irgendetwas mit, wie lange geht Ihr?

gehen, solange es freut

Wir gehen, solange es einen freut. Und mitnehmen tut jeder das, was er glaubt, was wichtig ist.

Wie kommt Ihr überhaupt dorthin, geht Ihr zu Fuß, gibt es ein bestimmtes Programm?

Wie machen es uns irgendwann aus, fahren dort runter, sehen wie lange wir dort bleiben, wohin wir gehen.

Wo geht Ihr dann hin?

Ursprünglich hätte ich gesagt, ich weiß es noch nicht, aber inzwischen haben wir schon einen bestimmten Ort gefunden, von dem wir immer weggehen, in der Lunzerstraße.

Ausgangspunkt

Wo ist die Lunzerstraße?

Ganz am Rande des Voest-Industriegebietes, an der Traun, dort wo die Traun in die Donau mündet. Dort, wo wir weggehen, ist eigentlich ein Flüchtlingsheim. Von dort gehen wir unseren Weg. Beim Zurückgehen gehen wir dann meistens in die Flüchtlingsheimkantine. Für mich hat der Weg verschiedene Schwellen. Die erste ist einmal, wenn man über den Zaun klettert. Eine weitere Schwelle ist, wenn man aus dem eher geschützten Uferbereich heraus kommt, in das eigentliche Areal, wo man dann auch ganz nahe an den Gebäuden ist. Erst dort hab ich wirklich das Gefühl, im Areal zu sein.

verschiedene Schwellen

Eine wirkliche Schwelle ist eigentlich erst dort, wo der Zaun vom Fernheizkraftwerk an unseren Weg heranreicht, und wo die fix montierte Kamera uns einfängt. Die Schwelle, die mich am meisten in Anspruch nimmt, ist dort, wo man beim Hafenbecken in das Gebiet eindringen muß, um nach der Überwindung des Hafenbeckens wieder entlang der Traun im eher geschützten Uferbereich im Grünraum weiterwandern zu können, bis hinunter zur Donaumündung. Bei diesen Schwellen merke ich, da verändert sich bei mir die Befindlichkeit.

Änderung der Befindlichkeit

Die erste Schwelle ist ja eigentlich schon, bevor man zum Heim kommt, da ist auch schon so ein Schild, wo draufsteht „Einfahrt nur für Heimbewohner", aber das beschäftigt uns eigentlich nicht sehr.

vom Gehen nicht genug bekommen

Was uns noch aufgefallen ist, dass wir vom Gehen gar nicht genug bekommen können. Und eigentlich wollten wir immer weiter gehen und nur die Müdigkeit oder Termine haben uns zurückgebracht.

Kunst der Bewegung – Kunst des Schlenderns – Kunst der Erholung

Ist das Ganze nun ein Kunstprojekt, oder wie würdet Ihr es bezeichnen?

Wir sehen uns nicht als Konzeptionisten, die über einer Landkarte sitzen und nachdenken, was man an einem bestimmten Ort machen könnte, wie man diesen Ort mit Kunst bepflastern könnte.

eine Art medidativer Übung

eine Gelassenheit dem Areal gegenüber

Bei einem anderen Projekt, wie z.B. „Unternehmen Eisendorf" ist es uns natürlich schon um die konkrete Auseinandersetzung mit einem bestimmten Ort gegangen, aber auch hier war schon der Prozess des dort Lebens und Arbeitens das Wesentliche und nicht die Dekoration eines Ortes mit Kunstwerken. Bei Areal Linz-Ost gehen wir eben einen Schritt weiter, und das Ganze wird mehr zu einer Art meditativer Übung. Bei jeder, sagen wir einmal, traditionell avantgardistischen Kunstausübung geht es immer noch um das Produkt, das letztendlich dabei herauskommen soll. Was unser Projekt auszeichnet, ist eher die Gelassenheit diesem Areal gegenüber, oder das Sein-Lassen. Und das hat auch einen gewissen Erholungswert, weil man nie etwas abliefern muss, weil nichts herauskommen muss.

Ist das also das Ergebnis Eures Projektes: Dass nichts herauskommt?

Natürlich gibt es auch andere Resultate, wie unsere eigenen Reflexionen und die Auseinandersetzung mit tradierten Annäherungsformen von Kunst an einen Ort, und wie man diese brechen kann. Das berührt dann auch zwangsläufig Bereiche wie Stadtplanung, oder lebensphilosophische Fragen: Wie man mit dem umgehen lernt, dass man nichts macht, wie man überhaupt diese Intentionslosigkeit ertragen kann. Mit dem kämpfen wir eigentlich ständig: Der Zwang, immer etwas tun zu müssen und nichts sein lassen zu können.

Intentionslosigkeit ertragen

Einer der wesentlichen Punkte bei diesem Projekt ist, dass hier wirklich Schritt vor Schritt gesetzt wird. Und das ist eben nicht der große Schritt nach vorn und unserer Zeit zehn Jahre voraus, sondern es ist eigentlich beinharte Arbeit.

Schritt vor Schritt in beinharter Arbeit

Wenn man einen Weg definieren will, kann man das, indem man ihn mehrmals geht. Und wenn man bedenkt, wieviel wir stundenmäßig in das investiert haben in den letzten zwei Jahren, ist das eh' schon irrsinnig viel und – wenn man so will – auch ein Produkt.

Die Intention des Gehens

Habt Ihr Euren sogenannten Intentionsnullpunkt erreicht oder nicht?

Am Anfang war es so, dass der Ort sehr reizvoll war und wir bei den ersten zwei, drei Begehungen gleich mindestens zehn Projekte gewusst hätten, die wir hier realisieren hätten können, aber dann haben wir unsere Intentionen ganz bewusst zurückgenommen. Und nach der jetzt intensiven Begehung habe ich mir gedacht,

Intentionsnullpunkt

dass wir den Intentionsnullpunkt tatsächlich irgendwie gefunden haben, in Bezug auf dieses Areal.

„beim Gehen ist man eigentlich nirgends"

Je besser ich das Areal kenne, je weniger ich dort von irgendetwas abgelenkt werde, um so mehr konzentriere ich mich auf mich. Die Intention hat sich vom Areal auf mich selbst verlagert. Solange ich beim Gehen bin, also auch wirklich beim Gehen bin, bin ich eigentlich nicht im Areal. Das hat sich auch darin gezeigt, dass mittlerweile jeder sein Tempo gefunden hat. Wenn man wirklich geht, ist man eigentlich nirgends. Wenn man natürlich rundherum schaut und fragt: „Was tut sich da, und was ist da los?", dann ist das wieder etwas anderes.

Ihr seid also von der Annäherung an den Raum zu Euch selbst gekommen? Geht es Euch nun um den Raum, den Weg, oder Euch selbst?

Respekt gegenüber leeren Räumen

Mir ist sehr klar geworden, dass ich viel mehr gehen muss und dass ich viel mehr Räume durchqueren muss. Respekt gegenüber den leeren Räumen heißt ja auch, den Raum als solchen überhaupt erst einmal wahrnehmen zu können. Und das geht eben auch nur dadurch, dass man den Raum öfter betritt, so wie wir, und auch immer wieder den gleichen Weg geht, weil sonst verwendet man den Raum ja immer zur Überwindung der Entfernung von Punkt A zu Punkt B. Und erst durch das Gehen lernt man einen Respekt gegenüber dem Raum zu entwickeln.

Ihr habt davon gesprochen, daß Ihr erwartet, dass das Gebiet auf Euch zukommt, Euch etwas sagt?

„das Areal schert sich nicht um uns"

Ja, aber das Areal verweigert sich, es schert sich eigentlich überhaupt nicht um uns.

Von der Bewegung zur Behausung?

Wie geht es also weiter?

Ich erwarte mir von zukünftigen Begehungen mit Leuten, die das erste Mal mitgehen, neue Impulse und vielleicht eine Erklärung von einer anderen Ebene aus, was wir dort eigentlich tun. Es müsste jemand sein, der sehr theoriegebildet ist, und das, was wir dort tun, sofort einordnen kann. Und uns dann sagt, was das ist. Wir haben halt auch bei uns manchmal so etwas wie eine Sinnkrise.

neue Impulse

Die andere Ebene, die immer stärker wird, ist, dass wir am Ort verweilen möchten. das heißt, wir sind auch beim Gehen immer langsamer geworden, zeitweise längere Zeit stillgestanden und der nächste Schritt wäre eigentlich, einen Ort zu haben, wo man eben in dem Gebiet verweilen kann, wo man sitzen bleiben kann. Wir haben da auch ein E-Häuschen entdeckt, das uns sehr anzieht.

der Wunsch, am Ort zu verweilen

Inwiefern anzieht?

Es fasziniert uns die Idee, dort unten eine Hütte zu haben, wo man für niemanden erreichbar ist, wo man quasi unsichtbar wird. Ohne Telefon und Fax. Wenn mir alles zuviel wird und ich genug herumgesurft bin, zum Beispiel im Internet, dann fahre ich hinunter und ziehe mich zurück in mein Versteck.

unsichtbar im Versteck

Wir sind sozusagen auf der Flucht und das ist unser Fluchtort, wo uns niemand finden kann. Ein Klausurort. Und es ist ja auch das Gute, dass dort kein Fremder hineinkommen kann oder hineinfahren kann, dazu gibt es ja den Werkschutz und die Zäune rundum. Es kann niemand zu uns herkommen und wir sind auch

ein Klausurort

nicht anrufbar. Und auch die Betriebe rundherum stören uns sicher nicht. So etwas wie Nachbarschaft, wie in einer Wohngegend, gibt es dort unten auch eben nicht. Man müsste sich halt selbst auch als Betrieb definieren.

eine Art Virus im Gebiet

Ihr seid ja dann eine Art Virus im Gebiet.

Ja, ein Virus gegen die zunehmende Dynamik. Quasi ein Gradmesser der Veränderung. An uns kann immer gemessen werden, wie stark sich das Gebiet verändert hat.

Habt Ihr tatsächlich vor, Grund zu kaufen? Wie geht das mit der Intentionslosigkeit zusammen?

nicht ganz deckungsgleiche Bedürfnisse

Es ist schon ein neues Projekt, aber es wäre nicht denkbar ohne die Zeit, die wir bisher in diesem Gebiet verbracht haben. Und es ist auch nicht so, dass unter uns darüber schon Einigkeit herrscht, ob wir das tatsächlich angehen wollen. Es haben sich eben nicht ganz deckungsgleiche Bedürfnisse aus den vergangenen zweieinhalb Jahren entwickelt.

klassischer Verlauf

Wie auch immer. Euer Projekt zeigt eigentlich einen ziemlich klassischen Verlauf. Zuerst entdeckt Ihr ein Land, dann sucht Ihr Euch einen Weg, dann lernt Ihr ihn kennen, dann langsam gewöhnt man sich daran, dann will man sich dort auch niederlassen, wo Ihr dann einen Platz, Eure Bleibe habt. Der endlose Kreislauf.

Heimat ist, wo alles selbstverständlich ist

Ja, Heimat ist dort, wo man nicht mehr fragen muss, wo man nicht mehr schauen muss, wo man alles kennt. Wo alles selbstverständlich ist, könnte man auch sagen. Aber grundsätzlich hast Du schon recht, wir kommen aus diesem endlosen Kreislauf irgendwie nicht recht aus.

VI Anhang

Namensverzeichnis

Ortsverzeichnis

Stichwortverzeichnis

Die Autoren

Peter Arlt
ist freischaffender Soziologe im öffentlichen Raum mit den Schwerpunkten Forschung, Konzept, Planungen, Aktionen, temporäre Bauten. Er wohnt in Linz und Berlin. Er ist einer der „Fabrikanten".

Tim Collins
teaches at Carnegie Mellon University (since 1994) and is Research Fellow at the STUDIO for Creative Inquiry, Carnegie Mellon University (since 1996). He holds a B.F.A. from the University of Rhode Island, Kingston (1982) and a M.F.A. from the San Francisco Art Institute (1984). He received many awards and fellowships including the New Langton Arts Interdisciplinary projects grant (1989), the California Arts Council Fellowship (1988), the Eureka Fellowship (1988) and was Artist in Residence at the Tryon Center for Visual Art, Charlotte N.C. (2000), the Headlands Center for the Arts (1992), and for the Capp St. Project (1988). Since 1993, Tim Collins is Board Member Public Art Works San Francisco, CA. In 1994, he was Member of the Carnegie Mellon Open Space Planning Committee and hosted the Arts Conference on the WELL 1993-95. He is also Member of Artswire since 1993.

✉ *Tim Collins, Carnegie Mellon University, Studio for creative Inquiry, RM III College of Fine Art, PA 15203 Pittsburgh, USA; http://slaggarden.cfa.cmu.edu*

Antonia Dinnebier

ist Landschaftsplanerin und arbeitet im Schloß Lüntenbeck bei Wuppertal. Sie studierte an der Technischen Universität in Berlin Landschaftsplanung, bevor sie wissenschaftliche Mitarbeiterin am Institut für Landschaftsökonomie an der TU-Berlin und später am Institut für Ökosystemforschung Berlin-Halle (der früheren Akademie der Wissenschaften der DDR) wurde. Nach der Geburt ihrer Tochter Pepita und vor der Geburt ihrer Tochter Philine promovierte sie mit einer Arbeit zur „Innenwelt als Außenwelt – Die schöne Landschaft als gesellschaftliches Problem".

✉ *Antonia Dinnebier, Lüntenbeck 1b, D-42327 Wuppertal*

Peter Drecker

leitet das Bottroper Stammbüro das „Planungsbüro Drecker – Ingenieur-, Grün- und Landschaftsplanung". Er studierte Landschaftsplanung und Landespflege in Berlin und Hannover und ist seit 1982 freischaffend als Landschaftsarchitekt tätig. 1983 gründete er das Bottroper Stammbüro, das „Planungsbüro Drecker – Ingenieur-, Grün- und Landschaftsplanung". Er ist vereidigter Sachverständiger, Mitglied in der Architektenkammer Nordrhein-Westfalen und im Bund Deutscher Landschaftsarchitekten (BDLA) und aktiv in weiteren berufsständischen Gruppierungen.

Das Planungsbüro Drecker ist auf allen Arbeitsfeldern der Landschaftsarchitektur tätig. Moderne Methoden der Informationsgewinnung und -verarbeitung sind ihm ebenso selbstverständlich wie die Anwendung neuer qualitätssichernder Forschungsergebnisse. Visionäre Ideen, innovative Gestaltung und eine effiziente Umsetzung in das gebaute Projekt, das sind die wesentlichen Bausteine einer zukunftsorientierten Planungsphilosophie. Das Team um Peter Drecker nahm an zahlreichen nationalen und internationalen Wettbewerben mit Erfolg teil.

✉ *Peter Drecker, Planungsbüro Drecker Bottrop, Halle (S), Potsdam, Bottroper Straße 6, D-46244 Bottrop-Kirch-hellen. 🖱 bottrop@ drecker.de*

Die Fabrikanten

Schon geraume Zeit – vor den Maschinenstürmen in Industriehallen – machten sich Fabrikanten und Erfinder daran, die Eigenschaften der revolutionären Technologien zu untersuchen. Sie wollten unerforschte Einsatzgebiete, veränderte Produktionsmöglichkeiten, neue Fabrikate, noch nicht dagewesene Nutzen entwickeln. Die Erfolgreichen kümmerten sich anfangs nur manchmal um soziale Ungereimtheiten, noch weniger um breite Kommunikation. Abgesehen davon gingen sie meist Bankrott oder wurden – wenn sie Pech hatten – in moderne Unternehmen umgewandelt. Unzählige wurden von großen Konzernen einfach geschluckt.

Wie unbedeutend mag es unter diesen Gesichtspunkten erscheinen, dass sich vor mehr oder weniger 10 Jahren ein paar Verwegene zusammentaten, um in den abenteuerlichen Winden, Stürmen oder den Flauten des Weltgeschehens die Segen zu setzen. Spielerisch bewegen sie sich in politischen, kulturellen, wirtschaftlichen sowie technologischen Gefielden (fehlt noch was?). Fabrikanten bereisen heute im Licht des vorüberziehenden Abendlandes ungewohnte Horizonte. Unsere Einladung: reisen Sie mit, begleiten Sie uns auf Abenteuern.

✉ DIE FABRIKANTEN. *Peter Arlt, Gerald Harringer & Wolfgang Preisinger, Promenade 15, A-4020 Linz, Austria EU, www.fabrikanten.at*

Eduard Führ

lehrt Geschichte der Theorie der Architektur, Wissenschaftstheorie der Architektur, Theorie der Geschichte der Architektur und neue Städtebau- und Baugeschichte an der Brandenburgischen Technischen Universität Cottbus. Er wuchs im Ruhrgebiet auf, studierte in Bochum und Bonn Kunstgeschichte, Philosophie und Soziologie und ist seit einigen Jahren Professor für Theorie der Architektur an der Brandenburgischen Technischen Universität in Cottbus sowie Herausgeber von '*Wolkenkuckucksheim – Cloud-Cuckoo-Land*'.

Eduard Führ, Brandenburgische Technische Universität Cottbus, Fakultät für Architektur, Bauingenieurwesen und Stadtplanung, Lehrstuhl Theorie der Architektur, Universitätsplatz 3- 4, D-03044 Cottbus; www.theo.tu-cottbus.de/Lehrstuhl/deu/willkommen.html

fuehr@tu-cottbus.de

Dieter D. Genske

ging nach seinen Studien des Bauingenieurwesens und der Geologie, die er in Deutschland und den USA absolvierte, im Rahmen eines Stipendiums der Alexander von Humboldt-Stiftung für ein Jahr an die Universität von Kyoto. 1990 wurde er Projektmanager bei der Deutschen Montan Technologie DMT Essen und leitete eine Reihe von Großprojekten des urbanen Flächenrecyclings, u.a. im Rahmen der Internationalen Bauaustellung IBA Emscherpark und der Entwicklung des Berliner Spreebogens als neuem Regierungssitz. In diese Zeit fällt auch das Visualisierungsprojekt „Graf Moltke", ein virtueller Videoclip zur Revitalisierung einer Industriebrache, den er in Zusammenarbeit mit der Kunsthochschule für Medien in Köln realisierte. Im Jahre 1994 folgte er einem Ruf auf ein Ordinariat an die Technische Universität Delft. 1997 ging er an die Eidgenössische Technische Hochschule in Lausanne, wo er das *Laboratoire d'Ecotechnique* EGS gründete, das erste seiner Art in der Schweiz, aus dem 2001 das Network Environmental Geosciences EGS hervorging. Dieter Genske folgte wiederholt Einladungen auf Gastprofessuren in Japan und Südafrika. Im Jahre 2000 zeichnete der ETH-Rat sein Engagement in der Lehre im Rahmen des *New Learning Technology Programmes* aus.

Dieter Genske ist seit 1998 im Beirat der GUG..

Dieter D. Genske, Falkenweg 9, CH 3012 Bern. www.egs-net.ch *dgenske@swissonline.ch*

Joachim W. Härtling

ist Master of Science (Physical Geography, Kingston, Kanada) und promovierter Geograph. Seit Februar 2001 hat er den Lehrstuhl für Physische Geographie an der Universität Osnabrück inne. Seine Forschungsschwer-punkte liegen im Übergangsbereich Wasser – Boden – Sedimente in ihrer Verknüpfung mit Umweltschutz und Umweltplanung. Seine jüngsten Forschungsarbeiten beschäftigen sich mit natürlichen und anthropogenen Umweltveränderungen in Vergangenheit und Gegenwart, der Regionalisierung von geoökologischen Daten und der Entwicklung und Umsetzung von Bewertungsverfahren, Zielsystemen und Leitbildern in der ökologischen Planung.

Seit 1996 ist er im Vorstand der GUG, und zwar von 1996 bis 1998 als stellvertretender Vorsitzender und seit 1998 als Vorsitzender.

Prof. Dr. Joachim W. Härtling, Universität Osnabrück, Kultur- und Geowissenschaften, Fachrichtung Geographie, Seminarstraße 20, D-49069 Osnabrück *jhaertli@uos.de*

Gerald Harringer

siehe „Die Fabrikanten".

Susanne Hauser
ist Privatdozentin am Kulturwissenschaftlichen Seminar der Humboldt-Universität zu Berlin und Gastprofessorin an der Universität Gh Kassel im Studienbereich Architektur, Stadtplanung und Landschaftsplanung.

Sie studierte Geschichte, Germanistik, Philosophie, Soziologie und Kunstgeschichte und war von 1983 bis 1988 wissenschaftliche Mitarbeiterin an der TU Berlin, Arbeitsstelle für Semiotik. Von 1988 bis 1995 leitete sie ein Büro für Organisationsberatung in Berlin. 1995/96 war sie Fellow am Wissenschaftskolleg zu Berlin und ist seit 1999 Privatdozentin am Kulturwissenschaftlichen Seminar der Humboldt-Universität. Sie lehrte an kulturwissenschaftlichen und Architekturfakultäten in Innsbruck, Stockholm und an drei Universitäten in Berlin. Gastaufenthalte führten sie u.a. an die EHESS in Paris und nach Washington, D.C. an das GACVS. Ihre Publikationen behandeln kulturtheoretische und -historische sowie architektur- und planungstheoretische Themen. Aktuelles Forschungsprojekt: „Stadtbildproduktionen".

✉ *PD Dr. Susanne Hauser, Humboldt-Universität Berlin, Kulturwissenschaftliches Seminar, Sophienstr. 22a, D-10178 Berlin* 🖱 *susanne.hauser@rz.hu-berlin.de*

Klemens Heinrich
studierte Geographie an der Ruhr-Universität in Bochum und an der Universität von Oviedo, Spanien. Anfang der 90er Jahre befaßte er sich bei der Deutschen Montan Technologie in Essen mit der Wiedernutzbarmachung von Industriebrachen im Rahmen der Internationalen Bauausstellung IBA Emscherpark. Im Jahre 1998 wurde er Mitglied des *Laboratoire d'Ecotechnique* EGS an der Eidgenössischen Technischen Hochschule in Lausanne und leitete die Taskgroup „Site Investigation and Risk Assessment". Während dieser

Zeit promovierte er an der Technischen Universität in Delft. Er ist Projektmanager bei Mateboer Milieutechniek Almere – Kampen, Niederlande.

Dr. Klemens Heinrich, Mateboer Millieutechniek, Almere – Kampen, NL; www.mateboer.nl

Nicole Huber

diplomierte an der Technischen Universität Darmstadt und arbeitete seitdem als freie Architektin in Paris und Berlin. Von 1995 bis 2000 unterrichtete sie Architektur und Städtebau als wissenschaftliche Mitarbeiterin an der Universität der Künste Berlin und in Kooperation mit der Technischen Universität Berlin. Seit 2001 lehrt sie an der Universität der Künste Berlin als Gastprofessorin das Program for Urban Processes. In diesem Kontext verfolgt sie zwei Forschungsvorhaben: Erstens erforscht sie im Rahmen eines EU-Projekts das Thema nachhaltiger Stadtentwicklung im deutsch-amerikanischen Vergleich. Zweitens arbeitet sie über Konzeptionen der französischen Stadtentwicklung zur Zeit der Aufklärung.

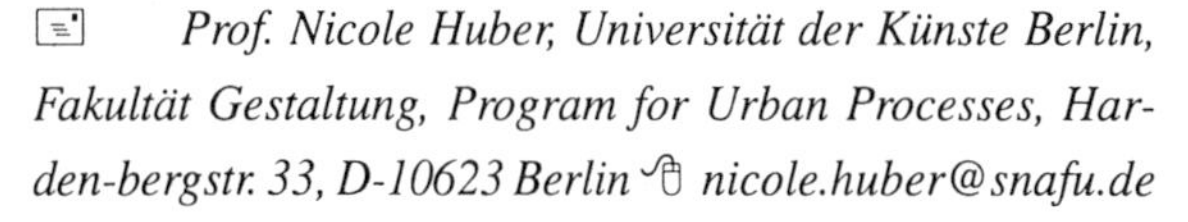

Prof. Nicole Huber, Universität der Künste Berlin, Fakultät Gestaltung, Program for Urban Processes, Harden-bergstr. 33, D-10623 Berlin *nicole.huber@snafu.de*

Stefan Körner

ist seit 2001 Lehrbeauftragter für das Fach Kulturgeschichte der Natur an der TU Berlin. Er studierte Landschaftsplanung an der TU Berlin. Nach Forschungsarbeiten am Lehrstuhl für Landschaftsökologie an der TU-München-Weihenstephan und Mitarbeit in mehreren Büros für Landschaftplanung wurde er 1997 in die Berliner Architektenkammer aufgenommen.

Stephan Körner, Modersohnstraße 58, D-10245 Berlin *spj.koerner@web.de*

Anneliese Latz

ist Mitglied des Büros Latz + Partner. Sie erhielt ihr Diplom 1963 an der Technischen Universität München und war zunächst bei der Deutschen Landentwicklung München auf dem Gebiet der Ortsplanung tätig. Seit 1968 ist sie selbständige Landschaftsarchitektin.

Anneliese Latz, Büro Latz + Partner, Ampertshausen 6, D-85402 Kranzberg, www.latzundpartner.de
latz.und.partner@t-online.de

Peter Latz

gründete 1968 in Aachen und Saarbrücken das Büro Latz + Partner. 1973 wurde er an die Gesamthochschule Kassel berufen und verlagerte das Aachener Büro nach Kassel. Nach seinem Ruf 1983 an die Technische Universität München eröffnete er ein Teilbüro in Freising und verlagerte wenig später den Hauptsitz des Büros in die Region München. In Kassel setzte er die Partnerschaft mit Dipl.Ing. W. Riehl (Büro Latz-Riehl) fort und gründete in Duisburg (1991) und Potsdam (1997) Projektbüros. Außer den beiden Inhabern, Anneliese und Peter Latz, und ihrem Sohn Tilman arbeiten in den Büros in Kranzberg, Duisburg und Potsdam z.Zt. 15 Dipl.-Ing. Landschaftsarchitekten als ständige Mitarbeiter. Die Bandbreite der durchgeführten Planungen umfaßt neben Projekten des Städtebaus und der Stadtgestaltung großräumige Landschaftsarchitektur, Frei-raumplanung und ökologisches Bauen bis hin zu Forschungsarbeiten im Bereich alternativer Technologien.

Peter Latz, Büro Latz + Partner, Ampertshausen 6, D-85402 Kranzberg, www.latzundpartner.de
latz.und.partner@t-online.de

Wolfgang Preisinger

siehe „Die Fabrikanten".

Christine Rupp-Stoppel
ist Mitglied des Büros Latz + Partner. Christine Rupp-Stoppel schloß 1987 ihr Studium der Landschaftsarchitektur mit einem Diplom der Technischen Universität München, Weihenstephan, ab. Seit 1987 ist sie Mitarbeiterin im Büro Latz + Partner und u.a. Projektleiterin für den Landschaftspark Duisburg-Nord.

Christine Rupp-Stoppel, Büro Latz + Partner, Ampertshausen 6, D-85402 Kranzberg, www.latzundpartner.de, *latz.und.partner@t-online.de*

Boris Sieverts
leitet das alternative *Büro für Städtereisen* in Köln. Nach dem Kunststudium (bei Gerhard Merz in Düsseldorf) arbeitete er einige Zeit als Schäfer in Frankreich und kehrte dann nach Köln zurück, wo er bereits vor dem Studium gewohnt hatte. Hier arbeitete er in verschiedenen Architekturbüros und trieb sich nach Feierabend so oft es ging in jenen Gegenden der Stadt herum, deren Ortsbezeichnungen im allgemeinen nur von den Schildern der Autobahnausfahrten bekannt sind. Anfangs versuchte er, die ästhetischen Qualitäten dieser von kaum jemandem als solcher wahrgenommenen Landschaft fotografisch wiederzugeben und stellte dabei fest, daß der eigentliche Erkenntnisprozess nicht durch das Fotografieren, sondern durch das Verbringen seiner Tage vor Ort stattfand. Also nahm er Freunde und Bekannte mit auf seine Reisen und verdichtete im Laufe der Zeit die Wege zu komponierten Raumfolgen. Später wurden Begegnungen mit Bewohnern und anderen Nutzern dieser Räume immer wichtiger, und damit auch die soziale Bedeutung der ästhetischen Sphäre. Dieses Thema bearbeitete er in Vorträgen, Ausstellungen, Buchbeiträgen und eben, als zentrale und direkteste Vermittlungsform, auf mehrtägigen Gruppenreisen durch Stadtrandgebiete.

Boris Sieverts, Büro für Städtereisen, Göddestr. 14, D-51067 Köln, www.neueraeume.de.
borissieverts@gmx.de

Peter Wycisk

ist Diplom-Geologe. Seit 1995 vertritt er die Fachrichtung Umweltgeologie an der Martin-Luther-Universität Halle-Wittenberg. Seit 1996 ist er Direktor des Universitätszentrums für Umweltwissenschaften (UZU) an der Martin-Luther-Universität Halle-Wittenberg. Seine Forschungsschwerpunkte umfassen Bewertungskonzepte zu Umweltfolgewirkungen der Bereiche Boden und Grundwasser sowie Umwelt- und Raumverträglichkeitsuntersuchungen zu geo-relevanten Vorhaben.

Seit 1996 gehört er dem Vorstand und Beirat der GUG an, seit 2000 ist er stellvertretender Vorsitzender der GUG.

Prof. Dr. Peter Wycisk, Fachgebiet Umweltgeologie, Institut für Geologische Wissenschaften, Martin-Luther-Universität Halle-Wittenberg, Domstraße 5, D-06108 Halle (Saale) wycisk@geologie.uni-halle.de

Franz Xaver

ist Medienkünstler. Er lebt in Österreich. Siehe „Die Fabrikanten".

GUG-Schriftenreihe „Geowissenschaften + Umwelt"

Mit der Schriftenreihe „Geowissenschaften + Umwelt" schafft die GUG ein Diskussionsforum für Umweltfragestellungen mit geowissenschaftlichem Bezug, um zukunftsfähige Lösungen für bestehende und zukünftige Umweltprobleme aufzuzeigen. Die Bände greifen aktuelle Themen auf, die das Spannungsfeld Mensch, Natur und Gesellschaft betreffen.

Bisher erschienen:

Umweltqualitätsziele. Schritte zur Umsetzung.
Bandherausgeberin: GUG. Schriftleitung: Monika Huch und Heide Geldmacher.
161 S., 19 Abb., broschiert. 1997. ISBN 3-540-61212-2
Die Definition von Umweltqualitätszielen und ihre Umsetzung in die Praxis steht im Vordergrund dieses Bandes. Zunächst wird der logische Aufbau von Umweltzielsystemen sowie die Rolle von Dauerhaftigkeitsindikatoren diskutiert. Weitere Beiträge stellen bisherige Vorgehensweisen in der umwelt-geowissenschaftlichen Praxis vor.

GIS in Geowissenschaften und Umwelt
Bandherausgeberin: Kristine Asch.
173 S., 69 Abb., davon 41 in Farbe, 11 Tab., broschiert. 1999. ISBN 3-540-61211-4
Das große Spektrum möglicher GIS-Anwendungen in sehr unterschiedlichen Disziplinen und zu verschiedensten geowissenschaftlichen, umweltbezogenen Fragestellungen wird vorgestellt. Im Vordergrund steht nicht die Software, sondern die konkrete arbeitstägliche Anwendung in der Planung und in der geowissenschaftlichen Praxis.

Ressourcen-Umwelt-Management. Wasser. Boden. Sedimente.
Bandherausgeberin: GUG. Schriftleitung: Monika Huch und Heide Geldmacher.
243 S., 64 Abb., 34 Tab., broschiert. 1999. ISBN 3-540-64523-3
In je vier Beiträgen geht es um Wassermanagement, die Belastung sowie die Verwertung von Boden und Flußsedimenten. Breiten Raum nimmt der Umgang von Baggergut in Deutschland sowie dessen Nutzung ein.

Rekultivierung in Bergbaufolgelandschaften.
Bodenorganismen, bodenökologische Prozesse und Standortentwicklung
Bandherausgeber/innen: Gabriele Broll, Wolfram Dunger, Beate Keplin, Werner Topp.
306 S., 75 Abb., 4 Tafeln, davon 2 in Farbe, 71 Tab., broschiert. 2000.
ISBN 3-540-65727-4
Der aktuelle Stand langjähriger Rekultivierungspraxis und die Ergebnisse zu mikrobiologischen, zoologischen, pflanzenökologischen und geowissenschaftlichen Forschungen, die auch auf andere Anwendungsbereiche übertragbar sind, wird ausführlich und mit gutem Bildmaterial dokumentiert.

Bergbau und Umwelt. Langfristige geochemische Einflüsse.
Bandherausgeber: Thomas Wippermann.
238 S., 87 Abb., davon 2 in Farbe, 40 Tab., broschiert. 2000. ISBN 3-540-66341-X
Langfristige geochemische Reaktionen spielen im humiden mitteleuropäischen Klima als Spätfolge von Bergbau vor allem aufgrund der durch Pyritverwitterung beeinflußten Versauerung eine große Rolle.

Umwelt-Geochemie in Wasser, Boden und Luft.
Geogener Hintergrund und anthropogene Einflüsse
Bandherausgeberin: GUG. Schriftleitung: Monika Huch und Heide Geldmacher.
234 S., 68 Abb., 23 Tab., broschiert. 2000. ISBN 3-540-67440-2
Die Beiträge dieses Bandes decken ein weites Spektrum geochemischer Prozesse ab, die in der Luft, in Gewässern, in Böden und Sedimenten relevant sind und sich z.T. gegenseitig bedingen.

Im Einklang mit der Erde. Geowissenschaften für die Gesellschaft
Bandherausgeber: Monika Huch, Jörg Matschullat und Peter Wycisk
228 S., 62 Abb., 16 Tab., broschiert, ISBN 3-540-42227-7
Ausgehend von Überlegungen, wohin sich die zukünftige Umweltforschung orientieren wird, geben die Beiträge des Bandes aktuelle Einschätzungen über den momentanen Stand ausgewählter Forschungsrichtungen im geowissenschaftlichen Umweltbereich.

Bodenmanagement.

Bandherausgeber: Bernd Cyffka und Joachim W. Härtling

215 S., 37 Abb., 14 Tab., broschiert, ISBN 3-540-42369-9

Zu einem handlungsorientierten Bodenmanagement gehören neben rechtlichen Vorgaben und fachlichen Informationen über die Beschaffenheit der Böden und deren Darstellung auch konfliktmindernde Strategien. Die Beiträge des Bandes greifen die verschiedenen Aspekte aus der jeweiligen Praxis auf.

In Vorbereitung:

Umweltziele und Umweltindikatoren.
Wissenschaftliche Anforderungen an die Festlegung, Fallstudien und Anwendung.

Bandherausgeber: Hubert Wiggering und Felix Müller

Schriftleitung: Monika Huch und Heide Geldmacher

ca. 400 S., 50 Abb., 10 Tab., broschiert, ISBN 3-540-43307-4 vorauss. 2003

Politik-, Natur- und Wirtschaftswissenschaftler stellen die Theorie der Herleitung von Umweltindikatoren dar, die zukünftig für umweltrelevante Aktivitäten im EU-Raum verbindlich sein werden, und geben in Fallbeispielen Anwendungsmöglichkeiten.

Stoff- und Wasserhaushalt in Einzugsgebieten.
EU-WRRL – Konzept und ausgewählte Beispiele.

Bandherausgeber: Carsten Lorz, Dagmar Haase und Roland Börger.

Schriftleitung: Monika Huch

ca. 250 S., 60 Abb., 20 Tab., broschiert, vorauss. 2003

Die EU-WRRL stellt für Kommunen und Planer eine außergewöhnliche Herausforderung dar. Der Band will aus der Praxis heraus und anhand ausgewählter Beispiele Handlungsempfehlungen geben.

Bernd Cyffka und Joachim W. Härtling (Hrsg.)

Bodenmanagement

215 S., 37 Abb., 14 Tab., Broschur.
Geowissenschaften + Umwelt.
Springer-Verlag Berlin. ISBN 3-540-42369-9

Schriftleitung: Monika Huch

Lassen sich die vielfältigen Nutzungsansprüche an den Boden, von und auf dem wir leben, vereinbaren? Seit fast zwei Jahrzehnten entwickelt die Konfliktforschung fachübergreifend – nicht nur im Bodenschutz und in der Altlastenbewältigung – Handlungsempfehlungen zur Konfliktregelung und Entscheidungsfindung. Welche Lösungsansätze erfolgversprechend sind, zeigt die Geographin Silvia Lazar auf.

Die Altlastenproblematik führte dazu, dass nach dem gesetzlichen Schutz für die Umweltmedien Wasser (bereits in den 50er Jahren) und Luft (in den 70er Jahren) mit der Verabschiedung des Bundes-Bodenschutzgesetzes Anfang 1998 nun auch diese seit langem erkannte Rechtslücke geschlossen wurde.Der Jurist Wilhelm König stellt das Bodenschutzgesetz im Kontext eines „Management(s) von Böden" vor.

Erst mit Hilfe leistungsfähiger Computer sind große Datenmengen sinnvoll zu manövrieren. Hans J. Heineke und seine Kollegen erstellten mit dem Niedersächsischen Bodeninformationssystem NIBIS ein Methodenmanagementsystem zur systematischen landesweiten Nutzung vorliegender Daten und Methoden. Als Grundlage dienen unter anderem Bodenbewertungen in Form von Karten, wie sie Stefanie Kübler von der Freien Universität auch im Zusammenhang von Umweltverträglichkeitsprüfungen vorstellt.

Und die vorliegenden Daten?
Sie sind so verschieden wie die regionalen geologischen Gegebenheiten.

Manfred Frühauf untersuchte im Mansfelder Land die Auswirkungen des 800 Jahre alten Bergbaus auf Kupferschiefer. Carsten Lorz spürte im oberen Erzgebirge den Zusammenhängen von Gewässerversauerung und Bodenzustand nach.
Welche Rolle Schwermetalle wie Arsen, Cadmium, Blei oder Zinn spielen, die mit dem Sickerwasser aus Böden ausgewaschen werden, haben Thomas Kaltschmidt und Jürgen Schmidt in einem Methodenvergleich untersucht.

Gesellschaft für
UmweltGeowissenschaften

in der
Deutschen
Geologischen
Gesellschaft
(DGG)

Die GUG
ist eine gemeinnützige wissenschaftliche Gesellschaft. Sie sieht ihre Hauptaufgabe darin, eine fachübergreifende Plattform zur Bündelung umwelt-relevanten Fachwissens im geowissenschaftlichen Bereich zu schaffen.

Die Mitglieder der GUG
kommen aus allen Bereichen der umwelt-relevanten Geowissenschaften, z.B. aus der Geochemie, der Hydrogeologie, der Bodenkunde, aber natürlich auch aus den „klassischen" Geowissenschaften.

Die GUG
ist eine deutschsprachige Gründung. Da Umweltprobleme aber nicht an Sprachgrenzen aufhören, ist sie offen für internationale Kooperationen und für Mitglieder aus allen Teilen der Welt.

Die GUG
ist eine der ersten geowissenschaftlichen Gesellschaften in Deutschland, die das Internet als wichtigen Informationsträger erkannt und genutzt hat. Bereits im November 1995 war die GUG mit einer eigenen Homepage im Internet vertreten.

Zur Verbesserung des Informationsflusses innerhalb der Umwelt-Geowissenschaften hat die GUG einen **multimedialen Informationsservice** eingerichtet:

- das GUG-Online-Info
- das GUG-Info als Informationsforum der GUG-Mitglieder
- die GUG-Schriftenreihe „Geowissenschaften + Umwelt"

Weiterhin bietet die GUG ihren Mitgliedern

- die Mitgliederliste als Basis des GUG-Netzwerks
- den Bezug von Zeitschriften zu Sonderkonditionen
- den Besuch von Tagungen und Workshops zu ermäßigten Gebühren

Fordern Sie detaillierte Informationen an:

- allgemein zur GUG
- zum GUG-Informationsservice
- zur GUG-Schriftenreihe „Geowissenschaften + Umwelt"
- zu GUG + Environmental Geology
- zu Wissenschaftlichem Arbeiten in der GUG

GUG im Internet:
http://www.gug.org

GUG-Referentin für
Öffentlichkeitsarbeit:
Dr. Claudia Helling
DGFZ e.V.
Meraner Str. 10
01217 Dresden
0351 – 405 06 71 (T)
0351 – 405 06 79 (F)
e-mail: chelling@dgfz.de

Sicherer Boden unter Ihren Füßen? Unsere Aufgabe!

Wir von der **DMT Safe Ground Division** sorgen weltweit für sicheres Bauen unter schwierigen Bedingungen.

- Geotechnik
- Spezialtiefbau
- Flächenrecycling
- Hydrogeologie

Als Systemdienstleister bieten wir umfassendes, wirtschaftliches Consulting rund um Geo - Bau - Umwelt. Zum Beispiel beim Tunnelbau oder bei Großbaustellen:

Baugrundanalyse, Ingenieurbau, Grundwassermanagement, Planung, Projektmanagement - alles aus einer Hand.

www.safe-ground.de

DIN EN ISO 9001 zertifiziert

Deutsche
Montan Technologie GmbH
Safe Ground Division

Am Technologiepark 1
45307 Essen
Tel.: 02 01 - 1 72 19 01
Fax: 02 01 - 1 72 17 73
E-Mail: safe-ground@dmt.de
Internet: www.dmt.de

Druck: Strauss Offsetdruck, Mörlenbach
Verarbeitung: Schäffer, Grünstadt